美国摄影用光教程（第6版）

Light | Science & Magic

[美]
菲尔·亨特（Fil Hunter）
史蒂文·比韦（Steven Biver）
保罗·富卡（Paul Fuqua）
罗宾·里德（Robin Reid） 著

刘冰心 杨健 王玲 译

人民邮电出版社
北京

图书在版编目（CIP）数据

美国摄影用光教程 ：第6版 / （美）菲尔•亨特（Fil Hunter）等著 ；刘冰心，杨健，王玲译. -- 北京 ：人民邮电出版社，2022.7
ISBN 978-7-115-59065-7

Ⅰ. ①美… Ⅱ. ①菲… ②刘… ③杨… ④王… Ⅲ. ①摄影光学－教材 Ⅳ. ①TB811

中国版本图书馆CIP数据核字(2022)第053515号

◆ 著　　[美]菲尔•亨特（Fil Hunter）
[美]史蒂文•比韦（Steven Biver）
[美]保罗•富卡（Paul Fuqua）
[美]罗宾•里德（Robin Reid）
译　　刘冰心　杨　健　王　玲
责任编辑　杨　婧
责任印制　陈　犇

◆ 人民邮电出版社出版发行　　北京市丰台区成寿寺路 11 号
邮编　100164　　电子邮件　315@ptpress.com.cn
网址　https://www.ptpress.com.cn
北京九天鸿程印刷有限责任公司印刷

◆ 开本：787×1092　1/16
印张：12.5　　2022 年 7 月第 1 版
字数：320 千字　　2024 年12月北京第 13 次印刷
著作权合同登记号　图字：01-2021-4504 号

定价：89.00 元

读者服务热线：(010)81055296　印装质量热线：(010)81055316
反盗版热线：(010)81055315
广告经营许可证：京东市监广登字 20170147 号

内容提要

本书以丰富的案例和实践指导，为读者提供了全面的有关光线特性和用光原则的理论。书中包含大量精彩作品和布光示意图，并提供详细的步骤指导。对于如何对那些较为困难的被摄对象，如各种性质的表面、形状和轮廓，人物、极端情形（白色对白色和黑色对黑色）等进行用光，本书也提供了全方位的指导。

第6版重新修订并扩充了第8章“表现人物”，以及拍摄外景和在摄影棚内拍摄时所需的照明设备等内容，提供了超过100张新照片，更新了有关闪光灯、LED灯板和荧光灯的最新信息。

本书适合专业摄影师及摄影爱好者阅读，也可作为摄影艺术等专业课程的教材。

关于本书

无论相机变得多么复杂，其他摄影技术发展到何种程度，摄影用光都是一个永远不会过时的话题。即便拥有了最高端的设备，为了获得出色的照片，摄影师仍然需要在摄影用光方面绞尽脑汁。掌握这一关键技能，可以显著且迅速地提升你的作品质量和工作效率。

本书提供了全面的有关光线特性和用光原则的理论，丰富的实际应用案例和说明，辅以照片、图表等，适合不同层次的摄影师使用。关于如何为那些棘手的被摄对象进行布光、用光，如各种性质的表面、形状和轮廓，人物、极端情形（白色对白色和黑色对黑色）等，本书均提供了极具参考意义的信息。

第6版扩充了：

- 关于肖像和照明设备的章节；
- 关于拍摄外景和在摄影棚内拍摄时所需设备的章节；
- 超过100张新照片和信息栏；
- 有关闪光设备、LED灯板和荧光灯的新近信息。

摄影风格日新月异，但光线的特性始终如一。摄影师一旦掌握了摄影用光的基本原理（无须成为物理学家），便可以将这些知识应用到各种摄影风格中。

关于作者

菲尔 · 亨特（Fil Hunter）是一位备受尊敬的商业摄影师，专门从事用于广告和杂志插图的静物和特效照片的拍摄工作。在超过30年的职业生涯中，他的客户包括美国在线（America Online，AOL）、美国新闻（*US News*）、《时代生活》图书公司（*Time-Life Books*）、《生活》杂志（*Life Magazine*，27个封面）、美国国家科学基金会（National Science Foundation）和美国《国家地理》杂志（*National Geographic*）。他在大学里教授摄影，并为许多摄影出版物担任技术顾问。亨特先生曾3次赢得"弗吉尼亚专业摄影师大奖"（Virginia Professional Photographer's Grand Photographic Award）。他与罗宾 · 里德（Robin Reid）合著了《聚焦摄影用光》（*Focus on Lighting Photos*）一书。

史蒂文 · 比韦（Steven Biver）是一名拥有超过20年商业摄影经验的专业商业摄影师，专攻肖像、静物、摄影蒙太奇和数字制作。他的客户包括强生公司（Johnson & Johnson）、美国农业部（USDA）、威廉玛丽学院（William & Mary College）、康泰纳仕集团（Condé Nast）和IBM。他曾荣获*Arts*、*Graphis*、*HOW*多家杂志和Adobe公司的诸多奖项。Adobe公司将他的作品纳入Photoshop附赠光盘，以激励其他摄影师。此外，他还是《面孔：人像摄影艺术》（*FACES: Photography and the Art of Portraiture*）一书的合著者。

保罗 · 富卡（Paul Fuqua）是一名从业经验超过35年的杂志摄影师和野生动物摄影师。1970年，他成立了自己的制作公司，致力于运用视觉效果进行教学。此外，保罗还撰写并制作了法律、公共安全、历史、科学和环境等领域的教育和培训材料。在过去的10年里，他制作了涉及自然科学和全球栖息地管理需求的教育材料。他也是《面孔：人像摄影艺术》一书的合著者。

罗宾 · 里德（Robin Reid）是一名从业经验超过30年的专业摄影师。她的客户包括多家美国联邦法院（美国最高法院、美国税务法院、美国联邦巡回上诉法院等）、达美乐比萨、《时代生活》图书公司、麦格劳希尔出版公司（McGraw-Hill）、美国管理协会（American Management Corporation）及黑克勒科赫公司（Heckler & Koch）等。里德女士曾荣获弗吉尼亚专业摄影师协会（Virginia Professional Photographers Association）颁发的各种奖项，包括最佳儿童肖像奖。多年来，她为亚历山大艺术联盟(Art League of Alexandria)教授摄影棚肖像拍摄和摄影的工具等课程。此外，她还与菲尔 · 亨特合著了《聚焦摄影用光》一书。

献辞

我们将本书献给所有能够充分分享知识的优秀老师，他们非常重要。菲尔 · 亨特曾毫无保留地教授了他所知道的一切，本书在很大程度上反映了他开创性的视野。我们很荣幸能够延续这一传统，并感谢所有这样的老师，无论他们的专业领域是什么。

我们要特别感谢这两位老师——老罗斯 · 斯克罗格斯（Ross Scroggs）和罗伯特 · 亚伯勒（Robert Yarborough）。老罗斯 · 斯克罗格斯不仅教菲尔摄影，还教他如何做人，而罗伯特 · 亚伯勒对保罗产生了终身的影响。

——史蒂文 · 比韦、保罗 · 富卡、罗宾 · 里德

特别感谢

感谢我的妻子吉娜（Gina）和我的孩子杰德（Jade）、奈杰尔（Nigel）和特莎（Tessa）。

——史蒂文 · 比韦

感谢我始终耐心的妻子。

——保罗 · 富卡

我要感谢苏珊娜 · 阿登（Suzanne Arden），她是我的摄影伙伴，也是我在金印实验工作中最好的支持者(并让我对熔凝玻璃产生了兴趣)；感谢埃莱娜 · 利盖利斯（Elaine Ligelis）和约翰 · M. 哈特曼（John M. Hartman）为我提供了许多道具；还要感谢我的模特们——基兹塔（Kizita）、福雷斯特（Forrest）、罗宾（另一位，不是我）、加布里埃尔（Gabriel）、金（Kim）、伊丽莎（Eliza）、关（Kwan）、伊莎贝尔（Isabel）、大卫（David）和瓦伦丁（Valentine）。当然还有菲尔，我每一天都深深地怀念着他。

——罗宾 · 里德

前言

在第6版中，我们的目标仍然是以清晰的、容易理解的方式提出一些关键的用光概念。用光是摄影的核心技术。即便拥有一位漂亮的模特或是与一位才华横溢的造型师一起工作，也并不能确保你拍出一张出色的照片，因为你必须还要有好的光线。

这不是一本通常意义上关于“如何去做”的书。在本书中，关于合适的镜头光圈、快门速度、闪光灯设置或诸如此类的其他信息，我们鲜少给出建议，而这些信息通常是当前流行的“食谱”式用光教程的重要组成部分。如果你寻求的是这类内容，那么你需要另请高明了。[我们推荐由斯科特・凯尔比（Scott Kelby）编写的优秀的《数码摄影手册》（*Digital Photography Book*）系列图书。]

我们提供的是对光线基本性质的理解，并展示了如何将其关键特性应用于任何拍摄环境中的任何类型的被摄对象上。在本书中，我们提出了一个摄影用光的总体性方法。运用这一方法，你可以理解为什么一个被摄对象在特定的照明环境下会呈现特定的外观，并学会如何运用这种理解来精准地拍摄出你想要的照片。

本书的部分章节还涉及如何处理使用热靴闪光灯和类似闪光灯时会遇到的特殊问题，并且针对那些正在考虑建立自己的第一个摄影棚的读者给出了建设性意见。

目录

第10章 移动光源 171

第11章 建立第一个摄影棚 191

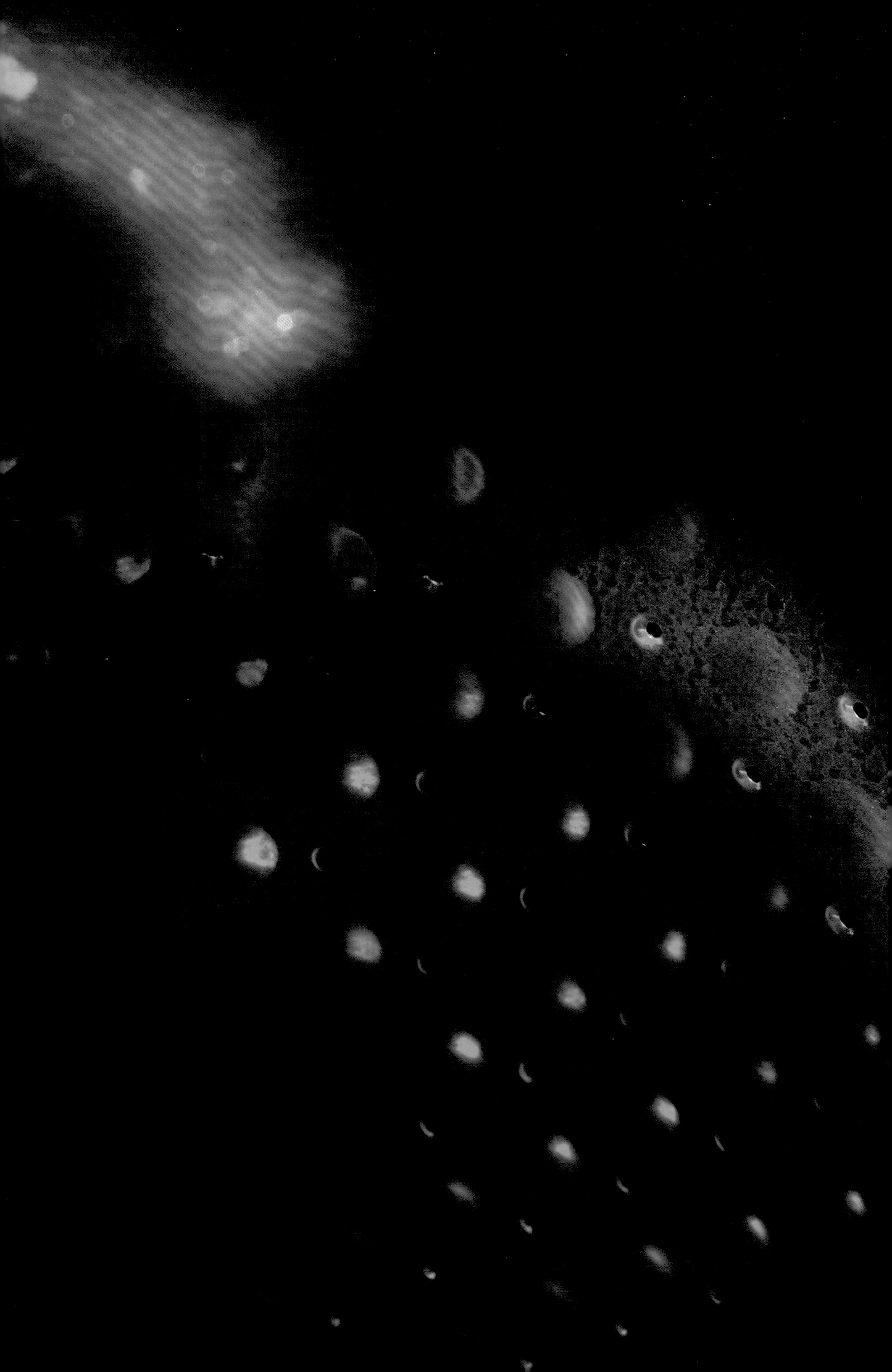

第1章

1

光线：摄影之始

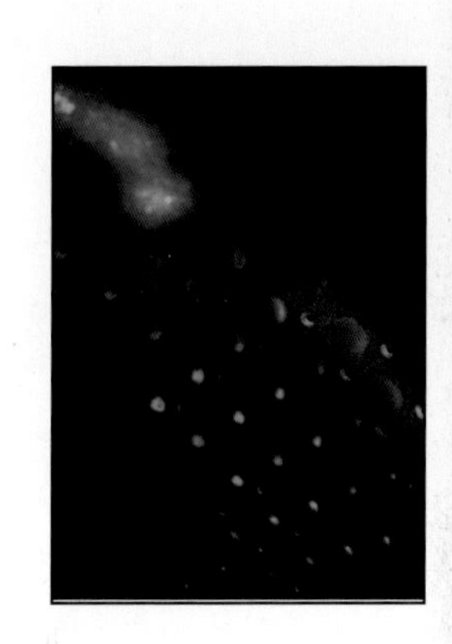

本书不会进行说教，而是对摄影用光进行探讨。你可以把自己对艺术、美和美学的个人观点加入其中。我们无意改变你的观点，甚至不想过多地影响你的观点。如果读了本书之后，你的摄影作品跟我们的作品差不多，我们只会感觉枯燥无趣而非受宠若惊。因为无论好坏，你都必须基于自己的视角来创作摄影作品。

大多数新手摄影师都觉得摄影用光很神秘，但又极其乏味，令人沮丧。然而事实上，光线会遵循一定的规则，当我们理解了这些规则，一切都会变得简单！我们可以创作神秘的照片，如本章的开篇照片一般，但摄影用光并不一定那么深奥。如果你对这张照片感到疑惑，我们会在本书的末尾进行解释。

我们为你提供了一套创作工具。本书介绍了与摄影用光有关的技术、原理和相关的基础知识，并教你如何在实践中加以运用。然而，这并不意味着本书没有介绍摄影观念，本书其实涉及许多摄影观念。

用光的基本工具是原理，而非硬件设备。正如莎士比亚创作的工具是伊丽莎白一世时期的语言，而非鹅毛笔。摄影师如果不懂摄影用光的技法，就好比莎士比亚只会讲环球剧场里的人们所使用的语言。这样的莎士比亚，或许仍有可能创作出一部精彩的戏剧，但需要付出更多的努力，而且还需要拥有大多数人所不敢奢望的运气。

用光是摄影的语言

用光的方式蕴含着和语言一样明确的信息，光线所传达的信息清晰而具体。其中包括一些明确的陈述，例如“这棵树的树皮很粗糙”“这个器皿是不锈钢的，那个是纯银的”。

和其他语言一样，摄影用光有其自身的语法和词汇，优秀的摄影师需要掌握这些语法和词汇。幸运的是，掌握摄影用光比掌握任何一门语言都要简单得多，这是因为建立起摄影规则的是物理定律，而非社会上的各种奇思妙想。

我们所说的创作工具就是指摄影用光的语法和词汇。书中所提及的某项具体技法，只对说明某种用光原理具有重要意义，因此你无须记住本书中的用光示意图，但要理解它们背后的原理。

按照书中用光示意图的指示，把灯具放在完全相同的位置上，你仍有可能拍出一张糟糕的照片，特别是当你的被摄对象与示意图中的被摄对象不同时。但是你一旦掌握了本书介绍的这些用光原理，你可能就会想到用一些我们未曾涉及，甚至从未想到过的用光方法去拍摄相同的被摄对象。

何为用光“原理”

对摄影师而言，用光的重要原理是能够预见光线的效果，其中一些理论非常强大。也许你会感到惊奇：这些理论虽然只有寥寥几条，并且简单易学，却能解释很多问题。

我们将在本书的第2章和第3章中详细讨论这些原理。这些原理同样适用于其他被摄对象的拍摄。在后面的章节中，我们会运用这些原理来拍摄各种对象。这里简单归纳如下。

1. 光源的有效面积是摄影用光中唯一重要的决定性因素。它决定了所产生的阴影类型，也可能会影响反射的类型。

2. 任何表面都有可能产生3种类型的反射：直接反射、漫反射和偏振反射。反射的类型决定了为什么被摄对象看起来是这个样子。

3. 有些反射只有在光线从特定的角度投射到被摄对象的表面时才会发生。在我们确定了何种类型的反射最为重要后，特定的角度范围决定了应该（或不应该）将光源设置在何处。

请认真思考以上原理。如果你认为摄影用光是一门艺术，那么你是对的，但它也是一门技术，即便是拙劣的艺术家也能够很好地学习并掌握摄影用光技术。这是本书中最重要的观念之一。如果你密切关注这些原理，你会发现它们将不断提醒你可能忽略或我们忘记提及的任何细节。

拍摄中的用光

图1.1中的4张照片的用光方式完全不同，这些照片有的是在摄影棚内拍摄的，有的是在室外拍摄的。这里的用光方式是众多摄影用光方式的一小部分。

拍摄者：史蒂文·比韦

拍摄者：保罗·富卡

拍摄者：约翰·M.哈特曼

拍摄者：罗宾·里德

图1.1　一些摄影师在不同的光线环境下拍摄的照片示例

原理的重要性

上文提到的三大原理都是亘古不变的物理定律，它们与风格、品位或时尚无关。这些原理具有永恒的价值，因而在实践中发挥着巨大的作用。

例如，不妨考虑一下如何将其应用于人像摄影。1952年的代表性人像作品与1852年或2020年的大多数人像作品风格迥异。然而请牢记一点：掌握了摄影用光原理的摄影师对任何一种风格都能驾驭自如。

本书的第8章介绍了一些人像摄影中有效的用光方式，但有些摄影师不愿意采用这套方法，20年后这样做的人甚至会更少。我们并不介意你是否运用了我们提供的用光方法拍摄人像。然而，我们非常关心你是否充分理解了我们用光的方法和原理。掌握这些用光的方法和原理是进行自由创作的基础。出色的工具不会限制你创作的自由，而会使之成为可能。

好的摄影作品需要规划，而用光是规划的重要组成部分。因此，完美的布光始于你打开第一盏灯之前。这个规划可能需要很多天，也可能在按下快门前不到一秒钟就完成了。何时规划以及规划多久并不重要，只要你把规划做好就行。你用头脑完成的工作越多，用手做的工作就越少。

理解了上文提到的这些原理，我们就能够在设置灯光前知道灯具应该放置的位置。这是很重要的工作，剩下的就是对灯具进行微调。

本书如何选择图例

人像只是我们讨论的几个基本的摄影主题之一，我们选择了多种不同的被摄对象来多方面阐释基本的用光原理。我们通过这些被摄对象来演示这些原理，不管是否还有更好的用光方法。一旦掌握了这些基本原理，你无须我们的帮助，也能独自发现其他方法。

这意味着你至少应该对每种具有代表性的被摄对象给予一定的关注，即便你对其中的某种被摄对象缺乏兴趣，但它也可能与你想要拍摄的事物有关。

我们还选择了一些据说非常难以表现的被摄对象。通常缺乏拍摄此类题材技巧的人会散布这种言论，本书将为你提供相应的拍摄技巧来粉碎这些谣言。

此外，我们尽可能地在摄影棚中拍摄图例，但这并不意味着本书的内容仅局限于摄影棚内的用光。光线的特性在任何地方都是相同的，无论它是由摄影师、建筑设计师还是由大自然控制。你可以像我们一样，在任何天气条件下，在一天中的任何时间，进行室内实验。而后，当你置身于美景中，置身于一座公共建筑中或是一个新闻发布会上时，再运用相同的用光技巧，你就会得心应手，因为你曾经遇到过同样的情况。

我们尽可能地选择了简单的拍摄图例。如果你正在学习摄影，那么你可以在你的客厅或者在你工作的摄影棚中练习一段时间，直到掌握为止。如果你教授摄影，你可以在课堂上完成这些演示。

我需要这些训练吗

如果你正在缺乏正规指导的情况下学习摄影，我们建议你尝试本书介绍的所有基本案例。不要不求甚解，对于摄影用光而言，思考固然是最重要的环节，但观察和动手操作同样重要。在本书指导下的实践过程能够将三者合而为一。

例如，当我们在谈论柔和的阴影或偏振反射时，你已经知道它们是什么样了。它们出现在这个世界上，并且你每天都能见到。但是如果你能够自己设置这些光线，你会更好地了解并掌控它们。

如果你是一名学生，课堂作业已经足够让你忙碌，我们不做更多的要求，你的老师可能会介绍本书的案例或是创作新的案例。但无论采用何种方式，你都需要掌握本书的用光原理，因为这些最基本的理论可以应用在所有的光线环境下。

如果你是一位专业摄影师，想要拓展自己的专业知识，那么你会比我们更明白自己需要什么样的训练。书中介绍的这些案例可能与你拍摄的内容几乎毫无关系，也许你会觉得我们的案例过于简单，不足以构成挑战，那么去尝试更复杂的内容吧。在我们的基本案例中添加一个意想不到的道具，选择不同寻常的视角，或是增加一种特殊的效果，也许你能一边学习一边收获一份引人注目的作品集。

如果你是一位摄影老师，不妨翻翻本书。书中大多数训练都提供了至少一种简单且易于掌握的用光方法，即使是对那些拍摄难度非常大的被摄对象，比如金属制品、玻璃制品，以及黑色对黑色和白色对白色等极端情况而言。需要注意的是，尽管我们在每个案例中都努力做到这一点，但也不能说我们已经尽善尽美。例如，第6章中的“不可见光”训练对于大多数初学者而言都非常困难。有的读者可能会发现在第7章提到的装满液体的玻璃杯后面会出现第二个背景，从而失去耐心。因此，在你怀疑本书提到的这些方法是否适用于你的学生之时，我们强烈建议你先亲自动手尝试一下。

我需要何种类型的相机

在经验丰富的摄影师看来，“我需要什么样的相机”这个问题似乎有点儿傻，但我们从事教学工作，深知许多学生都会问这个问题，我们必须回答。这个问题有两种答案，通常这两种答案会有些许矛盾之处，但我们对每种答案的重视程度比答案本身更重要。

好的摄影作品更多地取决于摄影师而非摄影器材，缺乏经验的摄影师用自己熟悉的相机能够拍出更好的作品，而经验丰富的摄影师用自己喜欢的相机更能拍出好的作品。这些人为的因素有时比纯粹的技术原理更能影响一张照片的效果。

数码相机是当今人们学习摄影的理想器材，因为它可以在你拍摄后提供即时反馈。另外，使用数码相机拍摄的成本低得多，而且如今数码相机的拍摄质量也令人惊叹。本书的照片几乎都是由数码相机拍摄的。数码摄影唯一的缺点就是你会自然而然地过度拍摄，这会增加很多后期制作的工作。因此，你对用光原理掌握得越好，你就越有可能在更短的时间内获得正确的光效，从而避免无穷无尽的拍摄。

该买什么样的数码相机完全取决于你自己。幸运的是，大多数相机制造商都提供了一系列价格合理的相机，你可以在摄影杂志或网上找到很多测评。你还可以与其他摄影师进行交流，或是跟懂行的数码相机销售人员讨论。摄影俱乐部也是一个很好的信息来源。如果你还是一名学生，你的老师也可以帮助你选择一台既能满足你的需求又价格合理的相机。如果可能的话，你可以找一位与你拥有相同型号相机的同学分享装备，比如你的同学有一支长焦镜头，而你有一支广角镜头，你可以尝试跟他互换，看看你是否喜欢另一支镜头，再决定是否购买。似乎每个摄影师都购买过他们后来发现自己并不喜欢的装备，所以，先租用或借用，可以帮你避免不必要的开支。

现如今手机的功能也越来越强大。它们虽然没有像数码相机一样强大的操控性，也不具备输出40英寸×60英寸（1英寸=2.54厘米，余同）的大尺寸照片的分辨率，然而，依然有人能够利用手机拍摄出一些很棒的照片。我最近做了一次罕见的牙科手术，牙髓医生需要给我的牙齿拍照。我想看看她会用到什么样的相机和灯光设备，结果她只是拿出了装有特写镜头的手机，使用了现场的光线。这些照片与艺术无关，甚至在我看来它们相当可怕，然而它们是非常好的手术记录。随着手机摄像头的不断改进，手机也可以成为我们的器材之一。

注意事项

无论如何，数码相机的出现对于学习摄影的人而言都是一件无比美妙的事情，然而这并没有带来完全双赢的局面。数码相机的本质是计算机，正因为如此，相机制造商可以通过设置相机程序，在摄影师事先不知情或未经摄影师同意的情况下改变他们拍摄的照片。通常这是件好事，根据我们的经验，相机的决定往往是正确的。然而，有时也并非如此。

更大的问题在于，无论好坏，学生们很难判断作品效果是由相机决定的还是由摄影师决定。也许你会犯一些错误，而相机弥补了你的错误，这会让你错失一个学习的良机；或是相机出了错，你却以为是自己的错误而不断自责。

综上所述，我们提出如下建议。

1. 掌握一些图片后期处理的基本技巧。要想成为一名出色的数码摄影师，你无须通晓Photoshop，但你至少需要在众多的图片后期处理软件（通常价格很低）中选择一种，掌握一些基本知识。

2. 使用“手动”模式拍摄。这将避免相机“帮助”你获得一张技术完善的照片。不过按照这种方法操作，大部分拍摄决策将由你自己而不是相机的计算机做出。

3. 使用RAW格式进行拍摄。RAW格式文件在相机内的压缩程度极低，所以与经过转换的JPEG格式相比，能够存储更多相机影像传感器上的图像信息。因此，在精细的后期处理过程中，软件能够基于更多的数字信息进行操作，这会使图像质量得到巨大的改善。

RAW格式的优势

我们以RAW格式拍摄了图1.2。虽然整体还说得过去，但我们觉得这张照片的影调不够丰富，色彩也不够鲜明，换句话说，就是缺乏“快照”所需的视觉冲击。

图1.2　这是一张多米尼加共和国农场男孩的照片，以RAW格式拍摄而成，未经任何后期处理

图1.3是我们对这张照片做了一些后期处理后的效果。由于照片是以RAW格式拍摄的，所以我们有足够的空间去调整，以得到我们想要的色彩和反差。

图1.3　在原图的基础上，我们做了一些后期处理

图1.4是同一张照片的黑白版本。

图1.4　这张照片的黑白版本是我们在RAW格式的基础上进行后期处理得到的。RAW格式给了我们充分的空间和自由度来制作这种黑白照片

遗憾的是，篇幅有限，本书未能详细讨论上述3个建议。在使用RAW格式拍摄时，如果你需要更详细的信息，请参看其他有关此话题的书籍。

如果你是一名学生，你可以向老师请教，讨论照片中存在的问题。如果你是一名经验丰富的摄影师，你应该已经有能力判断相机何时能助你一臂之力，何时却在影响你的发挥。

对于还没入门的摄影新手而言，在没有任何正规指导的情况下学习本书的内容是一个艰巨的任务。但我们可以保证的是，摄影新手能够通过本书掌握摄影用光的方法。本书的4名作者就是这样做的。我们建议你尽可能多与其他摄影师进行交流，勇于提问，并将学到的方法与他人分享。

我需要哪些用光设备

我们预想会有很多读者问这个问题。关于这个问题，我们可以从以下两个看似矛盾的方面来进行解答。

1. 没有哪个摄影师拥有的用光设备能多到确保他圆满地完成每一项拍摄任务。无论你有多少用光设备，你都会觉得不够。举个例子，假设你拥有一套大型的照明设备，可以允许你的相机以1/5000秒、f/96的设置进行拍摄（开灯前请先通知消防部门），你可能还是会发现某一阴影处需要更多的灯光，或者需要照亮更大的区域才能满足你构图的需要。

2. 大多数摄影师都有足够的用光设备来完成几乎每一项任务。即使你根本没有用光设备，也能完成拍摄工作。被摄对象是否可以在户外拍摄？如果不能，透过窗户照射进来的自然光可能是一个很好的光源。白布、黑纸、泡沫板、黑胶带、铝箔之类的廉价实用工具跟那些高级的用光设备一样，同样能帮助你有效地控制光线。

综上所述，好的用光设备会为你的拍摄带来极大的便利，这一点毫无疑问。如果你还没准备好拍摄，天色就暗下来，以至于无法拍摄，你可能就要等到第二天，而且还得期盼着第二天天空中的云彩既不会太多也不会太少。专业摄影师知道，当他们不得不在客户需要的时间拍摄客户需要的照片时，便利才是第一位的。

这一点并不仅仅是针对专业摄影师而言，毕竟他们已经知道应该如何利用现有的资源来做需要做的事情。我们现在对鼓励学生更感兴趣。学生们有着专业摄影师不具备的优势。他们没有过多的拍摄限制，可以自由地选择喜欢的被摄对象。

小的场景只需要较少的光线。你无须拥有3英尺×4英尺（1英尺=0.3048米，余同）的大柔光箱，一个配有60瓦灯泡的台灯和一张具有柔光效果的描图纸，同样可以照亮一个小的被摄对象。

缺少用光设备无疑会成为你拍摄时的障碍，这一点我们大家都清楚。但这并不一定是不可逾越的障碍。出色的创造力能够让你很好地克服困难。请记住，创造性地用光是你合理规划的结果，但创造性地用光也意味着你需要拥有预见局限性并找到最佳解决方法的能力。

我还需要了解什么

你需要了解基本的摄影技法。你应该了解如何进行合理的曝光，至少要知道包围曝光能够掩盖你的错误，要了解景深，掌握基本的相机操作。

这些已经足够。我们无意苛刻地审查你的背景材料，但保险起见，建议你在阅读本书的同时，手边最好准备一本基础摄影教程（我们编写本书的时候也是这么做的），因为我们不希望你觉得这本通俗易懂的书晦涩难懂，理由仅仅是我们无意间使用了一个你以前没有听过的术语。

另外，请不要忽视互联网的作用。网络上可以找到大量关于摄影和摄影用光的重要信息。无论你是高手还是初学者，每一位摄影师都值得花一点儿时间在网络上。

本书的奇妙之处

学习摄影用光的原理和技巧，将帮助你开启摄影的奇妙之门！

第2章

2

光：摄影的原材料

在某种程度上，摄影师更像音乐家而非画家、雕塑家和其他视觉艺术家。这是因为摄影师和音乐家一样，将更多的兴趣用在操纵光和声等能量上而非物质材料上。

摄影从光源发出光的那一刻开始。光线从书本上反射过来或从显示器的屏幕发出，最终照射到人眼中。摄影过程中的所有步骤都涉及对光线的控制，无论是调整光线、记录光线，或是最终将其呈现给观看者。

摄影的核心就是对光线的控制。这种控制是出于艺术目的还是出于技术目的都无关紧要，而且这两者通常是紧密相关的。无论这种控制是物理的还是化学的，都是为了完成同样的任务，并且都是建立在对光线的性质有着相同理解的基础之上。

本章我们将探讨光，因为光是我们拍摄照片的原材料。相信你对我们即将探讨的大部分观点已经有所了解，这是因为你从出生那天起就一直在学习看东西。即便你是一位新手摄影师，你的大脑里也已经储存了足够多的有关光线性质的信息，这些信息足以让你成为摄影大师。

在本章中，我们的目标是将这些下意识的或半下意识的信息归纳为一些名词或概念，这样你就能更轻松地和其他摄影师讨论摄影用光的问题了，就像音乐家说“降B调”或者“4/4拍”要比说“哼一个音阶”或者“打一个节拍”更方便一样。

本章是全书最具理论性的内容，同时也是最为重要的内容，因为本章是后续所有章节的理论基础。

什么是光

光的性质的完整定义是非常复杂的。事实上，我们现在使用的一些定义几次被授予了诺贝尔奖。在本书中，我们将在摄影领域对此进行探讨，如果你读完这部分内容后仍然觉得好奇，请参阅基础物理课本。

光是一种被称为电磁辐射的能量。电磁辐射以微小的光子“束”在空间中传播。光子是纯能量，静止时没有质量。即便在体积和大象一样大小的箱子里装满光子，这时箱子的质量也只是它本身的质量。

光子的能量会在光子周围产生电磁场。电磁场是看不见的，除非在场内有一个物质对象对其施加力，电磁场才能被探测到。这一切听起来相当神秘，为了便于理解，我们不妨将其想象为比较常见的一块磁铁周围的磁场。当我们把一根钉子放在离磁铁足够近的地方，磁铁便能够吸引它，否则我们无法确定磁场的存在。磁场的作用是显而易见的：钉子被吸到了磁铁上。

然而，与磁铁周围的磁场不同，光子周围的电磁场强度不是恒定的，而是随着光子的运动而波动。如果我们能够看到磁场强度的变化，它类似于图2.1。

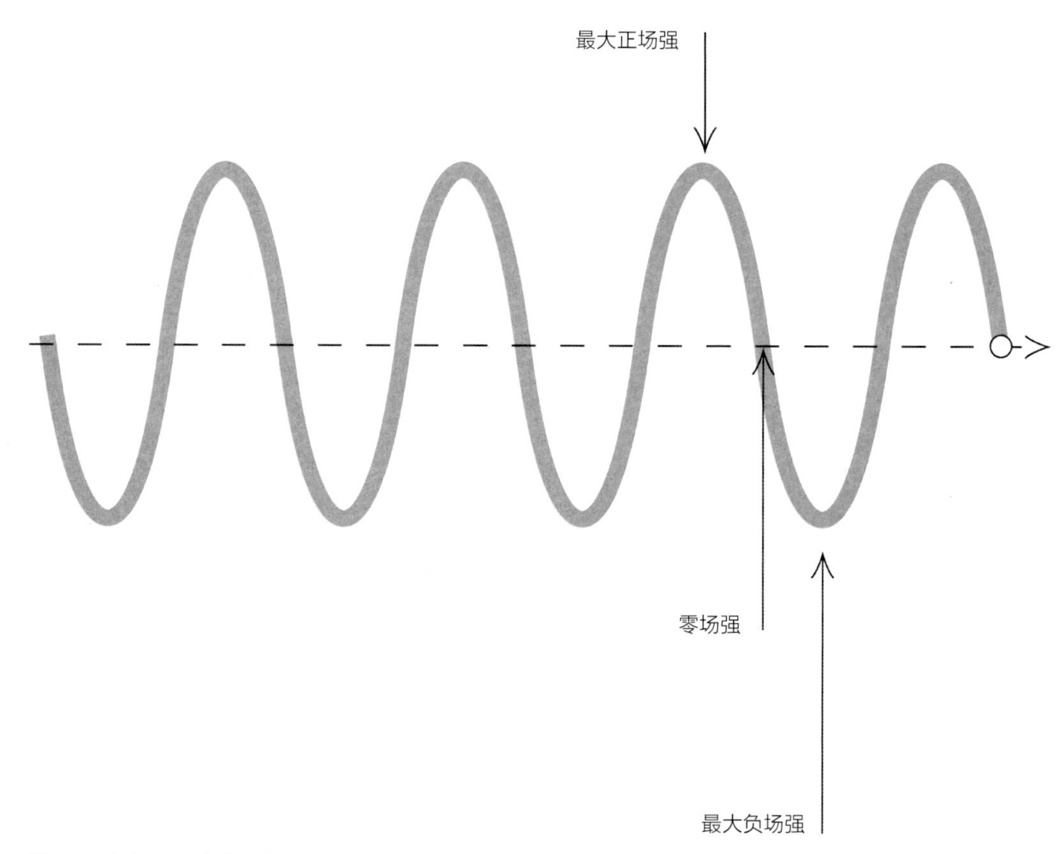

图2.1　当光子运动时，光子周围的场强会在最大正值和最大负值之间波动。电场与磁场的运动相同，但相位不同。当电场位于最大场强时，磁场正处于最小场强，反之亦然

磁场的强度从零到达最大正值，随后又回到零，然后在负数方向重复这个模式。这就是光束周围的场不像磁场那样能吸引金属的原因。光子周围的场一半时间是正的，一半时间是负的，两种状态的平均电荷为零。

顾名思义，电磁场既有电场，也有磁场，两者具有相同的波动模式：从零到正，到零，到负，再回到零。电力线与磁力线是相互垂直的。

如果我们用图2.1表示磁场，那么两者的关系就很容易理解了。当你把图2.1旋转180°后，这张图就代表电场。当磁场或电场的强度处于最大值时，另外一个场强正处于最小值，因此总场强保持不变。

所有的光子都以相同的速度在空间中传播，但有些光子的电磁场波动要比另一些光子快。光子的能量越大，波动就越快。人类用肉眼可以看到光子能量和波动速率的这种差异所产生的效果。

我们将这种差异所产生的效果称为颜色（见图2.2）。例如，红色光的能量比蓝色光低，因此红色光的电磁场波动速率只有蓝光的2/3。

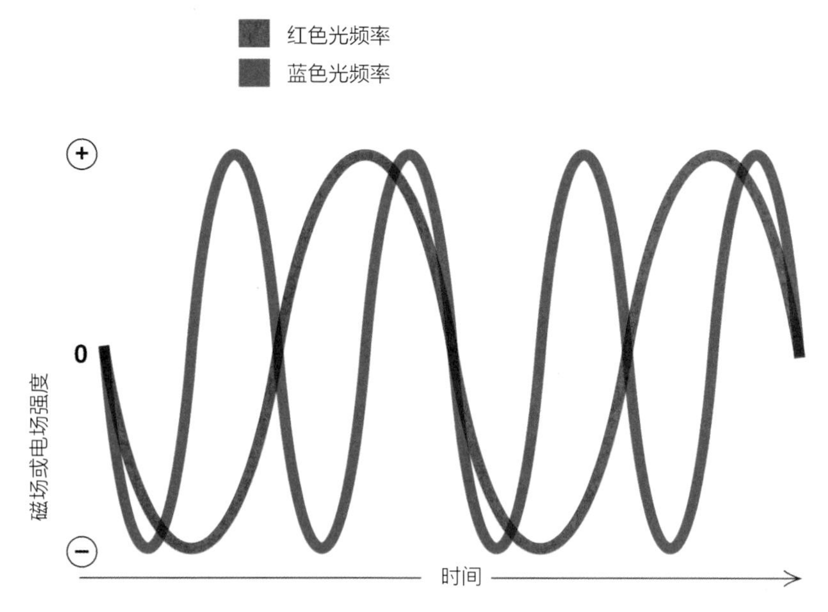

图2.2　电磁场波动的速率是不同的。我们将这种变化识别为不同的颜色

我们称电磁场的波动速率为频率，以赫兹（Hz）为单位来衡量，为了方便，有时也使用兆赫（MHz）（1MHz=1000000Hz）。频率是光在一秒内通过空间中某一点的完整波长的数量。可见光只是全部电磁频率中的一小频段。

电磁辐射可以穿过真空，也可以穿过许多物质。例如，我们知道光能够穿过透明的玻璃。

电磁辐射与机械传输的能量并没有紧密的联系，例如声音和热量只能通过物质传播。（红外线辐射与热量经常被混淆，因为两者总是相伴出现。）太阳光无须通过任何光纤线缆就能够到达遥远的地球表面。

现代相机对电磁频率的感知范围远比人眼所能感知的范围广（见图2.3）。这就是一张风景照片受到紫外线的影响会变糟，而我们用肉眼却看不到这种情况的原因。胶片也会受到机场安检设备发出的X射线的影响，而我们却无法看到这种电磁波。

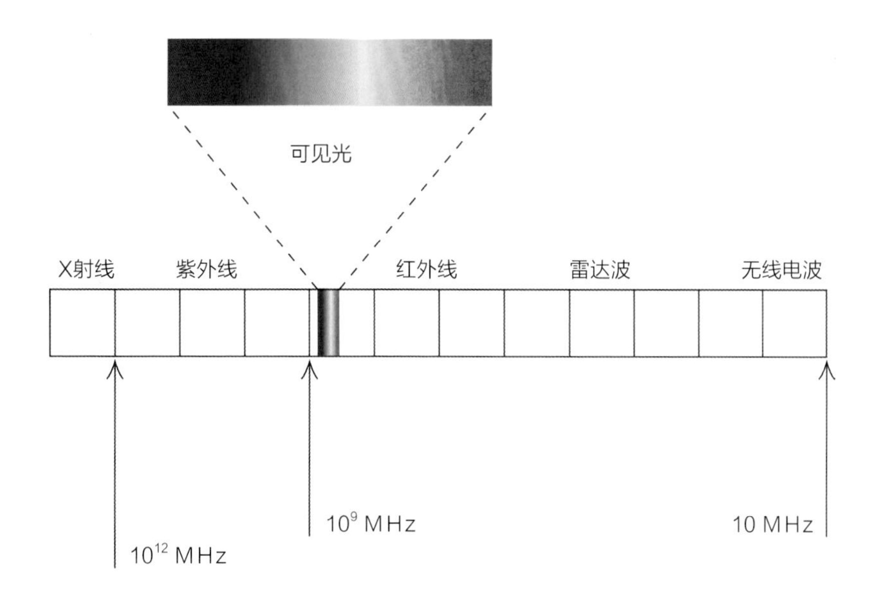

图2.3　该图为电磁波谱图，请注意，可见光只占其中一小部分

摄影师如何描述光线

即使我们将注意力限定在电磁波谱中的可见光部分，每个人也都知道，一组光子的效果可能与另一组光子的效果完全不同。

不妨回想一下我们脑海中的影像，我们都能够分辨秋天的落日、焊接电弧与晨雾之间的区别。甚至在一个标准的办公场所中，荧光灯、白炽灯或大型天窗的位置都会对房间的装饰风格产生很大的影响（同样会影响到该环境中工作人员的心情和工作效率）。

然而，摄影师感兴趣的不仅仅是特定用光效果所产生的心理作用，他们需要对这种效果进行技术性描述。能够描述光线是控制光线的第一步。在某些情况下，光线是不可控的，比如在风光摄影或建筑摄影中，描述光线意味着对光线有充分的了解，从而知道是现在就按下快门还是等光线条件好一些的时候再进行拍摄。

作为摄影师，我们首先要关注的是光线的亮度、色彩和对比度。在接下来的内容中，我们将对它们分别进行简要的介绍。

亮度

对于摄影师而言，光源最重要的性质是它的亮度，这是最基本的。如果光线的亮度不够，我们甚至无法拍到一张照片。如果光线亮度高于我们必需的最低水平，那么我们就有可能获得更好的效果。

对于那些仍在使用胶片相机的摄影师而言，如果有更充足的光线，他们就可以使用更小的光圈或更快的快门速度。如果他们不需要或不想要更小的光圈或更短的曝光时间，那么充足的光线可以允许他们使用感光度更低、颗粒更细的胶片。无论使用哪种方式，图像的质量都能够得到提升。同样，数码相机也可以进行类似的调整。

色彩

我们可以使用自己喜欢的任何色彩的光线进行拍摄，色彩鲜艳的光线通常会为摄影作品增添艺术效果。然而，大多数照片都是在“白色”光线下拍摄的，即便是这种所谓的“白色”光线也有着不同的颜色。

这种“白色”光线其实是由3种原色光——红光、蓝光、绿光大致均匀混合得到的。人类肉眼将这种混合光识别为无色光。

混合光中各种色光的比例有可能相差极大，然而人们却无法察觉到这种差别，除非把不同的光源放在一起比较。我们的眼睛能够识别色彩混合时的微小差别，但大脑却拒绝承认这种差别。只要每种原色光的数量处于一个合理范围，大脑就会认为“这种光线是白色的”。

数码相机也能像大脑一样自动调整颜色，但往往不那么可靠。因此，摄影师必须注意各种白光光源之间的差异。为了对白光的颜色变化进行分类，摄影师使用了一个概念——色温。

色温以某种材料在真空中加热到一定温度时便会发光这一物理现象为基础，发出的光的颜色取决于我们对材料加热的程度。我们用开氏温标上的度数来测量色温，其计量单位为开尔文（Kelvin），符号为K。

有趣的是，高色温光源是由大量被艺术家称为“冷色”的色彩组成的。例如，10000K的光源中含有大量的蓝色。而低色温光源是由大量被艺术家称为“暖色”的色彩组成。例如，2000K的光通常为红黄色系（这种现象不足为奇，任何一位焊工都可以告诉我们，蓝白色的焊弧要比焊接的红热金属热得多）。

摄影师通常采用3种标准光源色温。一种是5500K，称为日光色温，还有两种白炽光色温标准，分别为3200K及3400K。后两种光源色温差别较小，有时两者之间的差别无关紧要。这3种光源色温标准是由胶片公司开发出来的，现在我们仍然能够买到按照这3种光源色温标准进行色彩平衡的胶片。

在这方面，数码相机更具灵活性，它可以在数据处理的过程中，通过调整不同色光的数值，从而拍摄出色彩平衡的照片。它不仅能够以3种标准色光中的任意一种拍摄，得到色彩准确的照片，即使在低于3200K和高于5500K的色温下拍摄也同样可以。

对比度

摄影用光的第三个重要特性是对比度。如果光线以几乎相同的角度照射被摄对象，那么它会产生较高的对比度。如果光线从不同的角度照射被摄对象，将产生较低的对比度。

晴天的日光就是最常见的高对比度光源。在图2.4中，光线是相互平行的，所以光线都以几乎相同的角度照射到物体上（尽管将三维空间置于平面纸张之上，角度会有明显的差异）。

识别高对比度光源最简单的方法是看是否出现阴影。在图2.4中，我们看到光线没有进入阴影区域，阴影的边缘非常锐利、清晰。

我们用这种光源拍摄了图2.5。注意图中清晰、界限分明的阴影，这样边缘分明的阴影被称为硬质阴影。因此，高对比度光源也被称为硬光。

图2.4　来自一个小型、高对比度光源的光线以几乎相同的角度照射到物体上，产生了轮廓分明的硬质阴影

图2.5　小型光源往往会产生边缘清晰的阴影

现在让我们想象一下，当云层遮住太阳时会发生什么。在图2.6中，日光在穿过云层时散射开来，穿过云层的光线从不同的角度照射到物体上。因此，阴天时的日光就变成了低对比度光源。

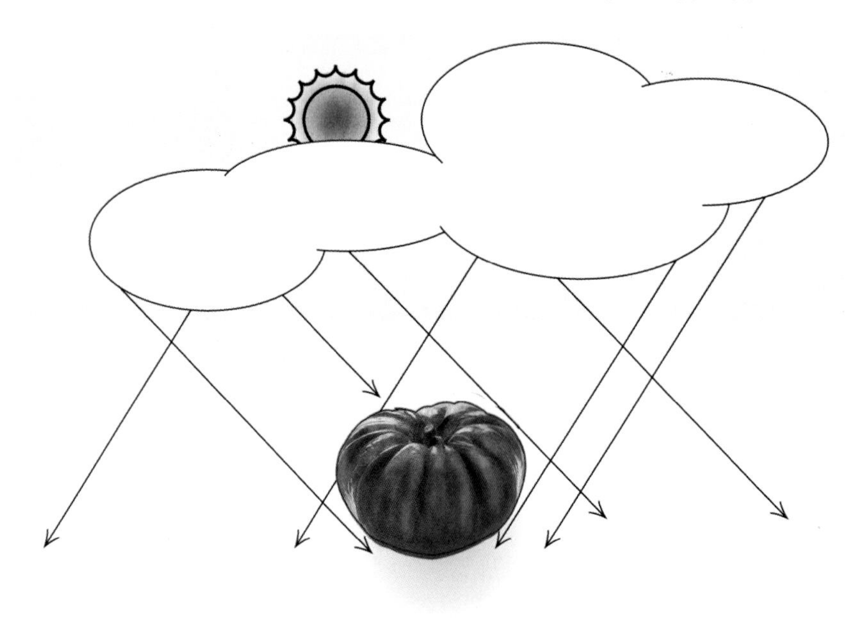

图2.6　云层使日光散射开来，从不同的角度照射被摄对象，这就产生了大型光源所特有的柔和阴影

对比度再次通过阴影的特点显现出来。低对比度光源中有些光线会部分照射到阴影区域，尤其是边缘部分。这种差别在图2.7中非常明显。

图2.7　使用大型光源的结果是产生的阴影非常柔和，大部分阴影几乎看不见

在使用低对比度光线拍摄的照片中，番茄的阴影不再清晰，阴影的边缘也不再“生硬”。观看者无法准确地判断桌面的哪些部分处于阴影中，哪些部分处于阴影外。像这种边缘没有清晰界限的阴影，我们称之为软质阴影，低对比度光源被称为柔光。

注意，我们使用“硬”和“柔”这样的词语来描述阴影边缘的清晰程度，而不是用它们来描述阴影是亮还是暗。

软质阴影可以是亮的也可以是暗的，硬质阴影也一样，这取决于阴影区域的表面性质及周围物体反射进阴影区域的光量等因素。

对于单个光源而言，光源的面积大小也是影响对比度的主要因素。小型光源产生的往往是硬光，而大型光源产生的往往是柔光。我们看到，在图2.4中，太阳在图中占据的面积很小，所以它是一个小型光源。而在图2.6中，云层覆盖的面积很大，使太阳变成了一个大型光源。

光源的实际大小并不能完全决定它作为摄影光源的有效大小，理解这一点是非常重要的。例如，我们知道太阳的直径超过100万千米，但是它离地球太远了，对于地球上的被摄对象而言只能作为一个小型光源。

假如我们能把太阳移到离我们足够近的地方，它就会变成一个巨大的光源。即使天空中没有任何云层覆盖，利用这种光源我们也能获得柔光照明的照片。

另外一个比较极端的例子更具有实用性：如果我们把实验室工作台上的台灯放在离昆虫标本特别近的地方，它也会成为一个有效的大型光源。然而需要注意的是，光源大小和对比度之间的关系具有普遍性，但并不绝对。

我们可以通过专门的摄影灯光附件来改变光源的光学特性。例如，束光筒能够汇聚光源发出的光线，栅格可以阻断其他方向的光线，让光线只从一个很小的角度范围发出。在这两种情况下，光线都无法从许多不同的角度照射到被摄对象上。不论光源的面积有多大，这些附件均会使其成为硬质光源。

照片的对比度

光线的对比度只是影响照片对比度的因素之一。如果你是一位经验丰富的摄影师，你就知道可以在低对比度的光线条件下拍摄出高对比度的照片。

照片的对比度也取决于被摄对象的构成、曝光等因素，如果你使用胶片拍摄，还和显影有关。众所周知，一个包含黑色和白色被摄对象的场景可能要比一个完全是灰色被摄对象的场景具有更高的对比度。然而，即使在光线对比度较低的环境下拍摄完全是灰色被摄对象的场景，也可以在后期制作的过程中通过“色阶”“曲线”功能调整画面的对比度。

曝光与对比度之间的关系稍显复杂。增加和减少曝光都能够降低一般景物的对比度。然而，增加曝光会增大深暗色被摄对象的对比度，而减少曝光则有可能增大浅灰色被摄对象的对比度。

我们将在本书中讨论用光与对比度之间的关系，第9章将介绍曝光是如何影响对比度的。

光与用光

我们已经讨论了光的亮度、色彩和对比度，这些都是光的重要特性。然而，我们几乎还没有提及如何用光。的确，与光线本身相比，对于阴影，我们还有更多的话要说。

阴影是场景中大部分光线无法照射到的区域，高光则是被光线照射到的区域。我们想要讨论高光，但还没有准备好如何谈论这个话题。如果你看了前面的两张番茄的照片（见图2.5和图2.7），就会明白其中的原因。这两张照片的用光大相径庭，这从它们的高光区就能够看出区别。然而，尽管两张照片的高光区不同，但大多数人却只留意到了阴影区的不同。

光线的运用有可能只决定阴影区的形状特征，而对高光区没有影响吗？图2.8和图2.9证明了并非如此。

图2.8　小型光源在红酒瓶上产生了较小的硬质高光区。请将本图中的高光区与图2.9中的高光区进行对比

图2.9　使用大型光源拍摄，红酒瓶上产生了较大的高光区

图2.8中的红酒瓶被高对比度的小型光源照亮，而图2.9采用了柔和的大型光源。由此，高光区的差别非常明显。为什么不同对比度的光源会对红酒瓶上的高光区产生如此巨大的影响，对番茄却几乎不起作用呢？正如图例所示，这是由被摄对象本身造成的。

我们需要重点掌握的是，摄影用光远不止光线本身那么简单。摄影用光探讨的是光线、被摄对象和观看者之间的关系。因此，如果我们想要谈论更多关于摄影用光的话题，我们就必须讨论被摄对象的特点。

被摄对象如何影响用光

光子是移动的，而被摄对象通常是静止的，这就是为什么我们总是倾向于认为光是摄影活动中“积极”的角色，但这种态度会妨碍我们“看”一个场景的能力。

相同的光线照射到两个不同的表面上，在眼睛和相机看来，都会有很大的不同。被摄对象会改变光线，不同的被摄对象会以不同的方式改变光线。被摄对象和光子一样起着积极的作用。为了感知或控制光线，我们必须了解被摄对象是如何改变光线的。

对于照射在被摄对象上的光线，被摄对象能够以3种方式做出反应：透射、吸收和反射。

光的透射

光线穿过介质被称为透射，如图2.10所示。洁净的空气和透明的玻璃是常见的能够透射光线的优良介质。

展示光线透射的照片用处不大。只透射光线的介质是看不见的，不以某种方式改变光线的物体也是看不见的。在光线与物体之间的3种基本作用方式中，简单的透射在摄影用光的探讨中的意义微乎其微。

然而，图2.10所示的简单透射只有在光线垂直照射在玻璃表面的时候才会发生。在以其他任何角度照射时，光线的透射都会伴随折射现象。折射是光线从一种介质进入另一种介质时所发生的光路弯曲现象。

有些材料比其他材料更容易产生折射现象。例如，空气几乎不能折射光线，而相机镜头使用的光学玻璃却能强烈地折射光线。图2.11说明了这一现象。

折射是由光在不同介质中的传播速度不同而产生的（光速在真空中为常量）。如图2.11所示，光线在进入密度较大的玻璃时传播速度减慢。

最先照射在玻璃上的光线的传播速度会最先减慢，而仍旧处于空气中的光线仍保持直线前进，从而造成光线的弯曲。然后，随着光线从玻璃中出来，再次回到空气中，重新恢复原来的传播速度，光线会产生第二次弯曲。

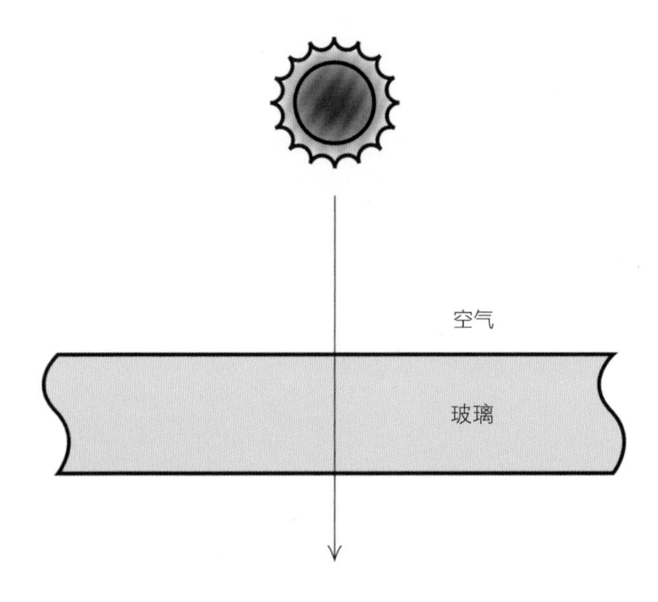

图2.10　光的透射。洁净的空气和透明的玻璃是常见的透射可见光的优良介质

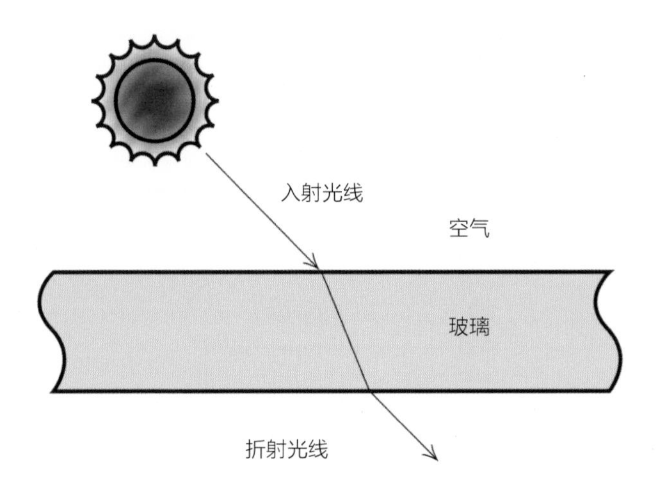

图2.11　光线以任何非垂直角度照射在透明材料上都会发生弯曲，这种弯曲被称为折射。密度较大的玻璃（如相机镜头使用的玻璃）对光线的折射更为强烈

与简单的透射不同，折射可以被拍摄下来，如图2.12所示。

图2.12　经过玻璃瓶折射后的马提尼酒杯

直接透射和漫透射

直接透射，即光线以可预测的路径穿过介质。光线在穿过白色玻璃和薄纸这样的介质时，会以随机的、不可预测的方向四处扩散，光线的这种扩散现象被称为漫透射（见图2.13）。

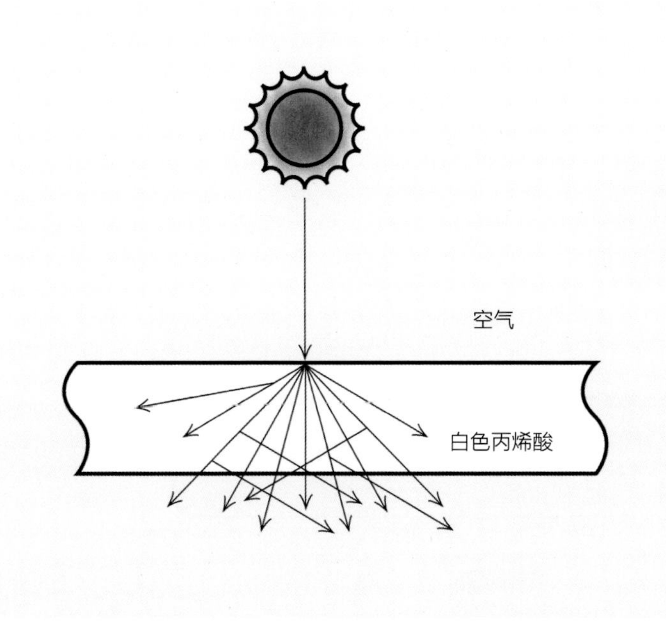

图2.13　光线穿过半透明介质时四处扩散的现象被称为漫透射

产生漫透射的介质被称为半透明介质，它们有别于不产生明显漫透射的透明介质，如透明的玻璃。

当我们讨论光源时，漫透射比被摄对象更重要。将大块的半透明材料覆盖在小型光源的前面，可以增大光源的面积，并使光线变得更加柔和。在闪光灯前加装的柔光板和遮住太阳的云层都可以看作发挥了这一功能的半透明材料。

摄影师通常无须特别斟酌如何对半透明的被摄对象进行布光，因为半透明的物体除了会透射光线外，还会吸收部分光线，同时反射部分光线。吸收与反射都会对摄影用光产生重大影响，接下来我们将讨论这些问题。

光的吸收

被物体吸收的光线不再被视为可见光。被吸收的能量依然存在，但会以一种不可见的形式（通常是热量）由物体释放出来（见图2.14）。

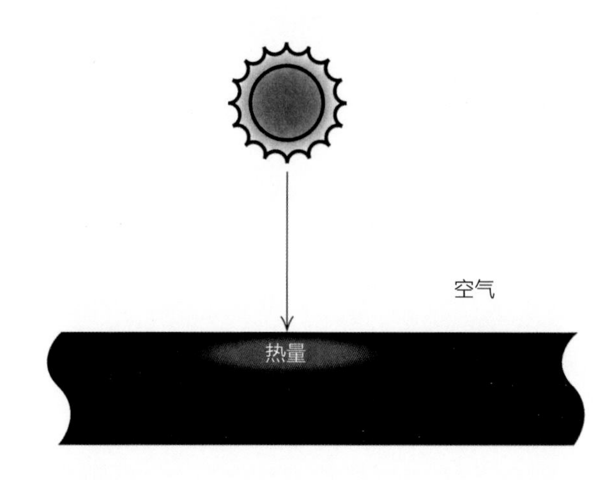

图2.14 被物体吸收的光线以不可见的形式释放出来，通常这种不可见的形式为热量

和光的透射一样，光的简单吸收是无法被拍摄下来的。只有当我们将吸收的光线与场景中其他未被吸收的光线进行比较时，它才是“可见”的。这就是为什么高吸光性的物体，如黑色天鹅绒或黑色毛皮，是最难拍摄的东西之一。

大多数物体只吸收部分光线，而非全部。这种对光线的部分吸收是决定我们看到的物体是黑色、白色还是中灰色的因素之一。任何特定的物体都会比其他物体更多地吸收某些频率的光线，这种对特定频率光线的选择性吸收是决定物体色彩的因素之一。

光的反射

相信你已经知道，光的反射是指光线照射到物体表面后被反弹回来的现象。这个概念非常容易理解，因为我们每天都会用到它。反射使人类视物成为可能，因为大多数物体并不发光，其可见性完全取决于它们反射的光线。这里无须展示有关光线反射的图例，你手头上的任何一张照片几乎都可以用来说明这一问题。

然而，我们熟悉反射并不意味着我们不需要对反射进行进一步的讨论，恰恰相反，它极其重要，值得我们在下一章中用大部分篇幅来对其进行探讨。

第3章

3

反射与角度的控制

在上一章中，我们介绍了光线及其表现特性，了解了光源的3种最重要的特性是亮度、色彩和对比度。我们还了解到不只是光线，被摄对象对用光也有着重要的影响。物体能够以透射、吸收或反射3种方式对照射过来的光线做出反应。

在这3种影响光线的方式中，反射最为直观。高透明度的物体对光产生的影响最小，往往是不可见的。高吸光性的物体也可能看不到，因为它们将光转换成了其他形式的能量，比如我们看不到的热量。

因此，摄影用光的过程主要是控制光线反射。通过理解和控制光线的反射，得到你想要的结果，就可以称为好的用光。在本章中，我们将探讨物体如何反射光线，以及我们应如何利用反射。

在开始探讨光线的反射之前，我们先来做一个“想象实验”。请在脑海中想象3种不同的物体。首先，想象一张非常厚实且平滑的灰色卡纸。这种灰色应该是不深不浅的中灰色。其次，想象一块和卡纸一样大小的金属，比如一块旧的锡合金。锡合金的表面应该是光滑的，其灰度和卡纸是完全一样的。再次，想象一块富有光泽的瓷砖，其大小和灰度与前两种物体完全一样。最后，想象将这3种物体并列放在同一张桌子上，观察它们之间的区别。

注意，这3种物体都不能透射任何光线（这就是让你想象一张厚实的卡纸的原因）。此外，它们吸收的光线的量也是相同的（因为它们的灰度相同）。然而，你应该已经感觉到了这3种物体的差别非常明显。（如果没有，不妨再试一次——现在你知道我们为什么希望你这样做了吧！）

这几种物体对光线具有相同的透射和吸收特性，但看上去却全然不同，原因在于它们对光线的反射不同。你无须看本书的图例就能理解这种差异，因为它们早已是你大脑中的视觉印象的一部分。

在本章中，我们不打算讲太多你不知道的事情。不过我们会提及其中一些知识，这有助于我们在本书的其他章节进一步探讨反射的问题。

反射的类型

光线会在物体的表面发生漫反射、直接反射和偏振反射（通常被称为“眩光”）。大多数物体表面都会产生这3种反射，每种反射所占的比例因物体而异。正是因为在这种混合反射中，每种反射所占的比例不同，某一物体的表面看起来才与其他物体不同。

接下来，我们将详细探讨每种反射的特性。在每个图例中，我们假设每种反射都是在理想的条件下发生的，不受另外两种反射的影响。这将简化我们对每种反射的分析（自然界有时也会提供近乎完美的例证）。

现在，我们不考虑何种类型的光源可以用于以下的图例，因为反射只与物体的表面性质有关，任何类型的光源都是适用的。

漫反射

不论从哪个角度看，漫反射光线的亮度都是一样的，这是因为来自光源的光线照射在物体的表面，均匀地向各个方向反射。图3.1展示了漫反射现象，在该图中，我们看到光线照射在一张白色的小卡纸上，3台相机从不同的角度对准这张卡纸。

如果3台相机都拍摄这张卡纸，那么3张照片中的卡纸亮度必然相同。如果用胶片拍摄，那么每张胶片上的卡纸影像的密度也是相同的。在这张图片中，光源的照射角度和相机的拍摄角度，都不会影响照片中被摄对象的亮度。

除了在摄影用光的教科书中，没有任何物体表面能够完全以漫反射的形式反射光线，白纸只是近似于这样的一个表面。下面我们来看看图3.2。

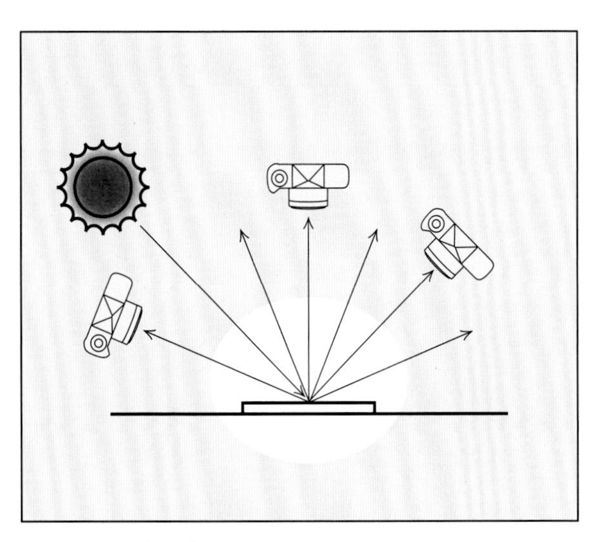

图3.1　漫反射现象

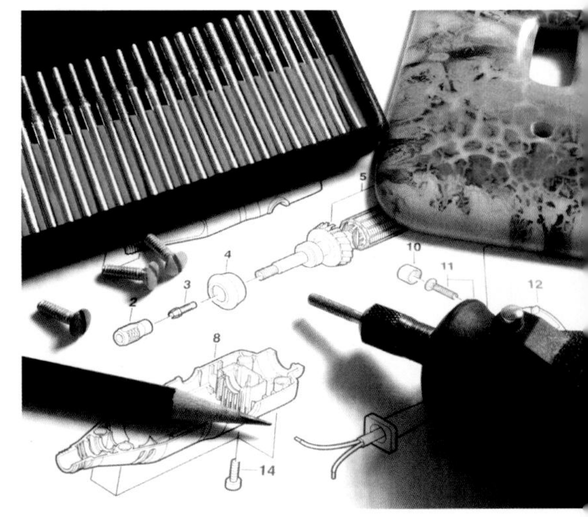

图3.2　该场景中的简图反射出大量的漫反射光线，使得它从任何角度看都是白色的

我们选择白色的简图作为特别的例证是有原因的。所有白色的物体都会产生大量的漫反射，我们知道这是因为无论从哪个角度看它都是白色的。（绕着你所在的房间走一圈，从不同的角度观察白色物体和黑色物体。请注意，黑色物体的亮度会因视角的变化而改变，但白色物体的亮度保持不变。）

光源的对比度不影响漫反射的结果。相同场景的另一张照片可以证明这一点。图3.2采用的是小型光源照明，我们可以看到物体投射的硬质阴影。现在我们通过图3.3看看使用大型光源会产生怎样的效果。

结果是，大型光源柔化了阴影。但请注意，简图在图3.2和图3.3中，看起来是一样的。这是因为在两幅图中，纸张表面的漫反射是相同的。现在我们已经看到，无论是角度还是光源的大小都不会影响漫反射的结果。

然而，从光源到被摄对象表面的距离却影响着漫反射的效果。光源离被摄对象越近，被摄对象就越亮，在给定的曝光设置下，最终照片上的被摄对象也就越亮。

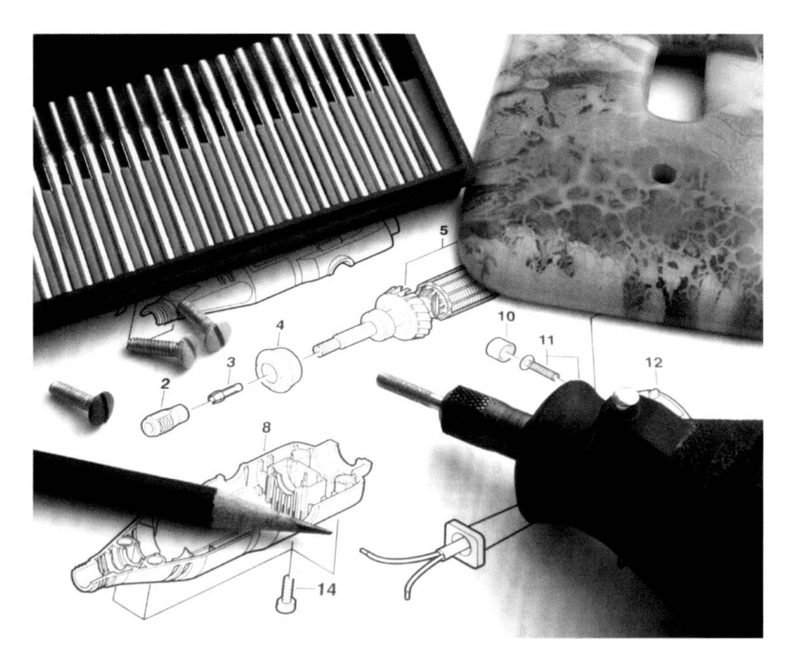

图3.3 柔和的软质阴影证明我们在拍摄时使用了大型光源

漫射

摄影师通常通过反光伞或在光源前蒙上一层半透明材料的方式来漫射光源。我们把透过半透明材料发出的光称为漫透射光。现在我们谈及的是漫反射光，这两个概念有许多相同之处，但我们应该特别注意它们之间的差异。

物体的反射光是否具有漫射性质与光源是否为漫射无关。请记住，小型光源总是“硬质”（非漫射）光源，而大型光源几乎都是“软质”（漫射）光源。

“漫射”一词能够非常恰当地概括以上两种情况的意思。在以上两种情况下，漫射都是指光线的分散。然而是什么导致了这种分散呢？是光源还是物体？光源决定了光的类型，物体的表面决定了反射的类型。任何光线都会产生各种反射，反射类型取决于物体本身。

镜面反射和镜面光

摄影师有时将直接反射称为镜面反射。作为直接反射的同义词，这是一个非常形象的术语。如果你在这层意义上使用“镜面”（specular）这个词，那么在读到“直接反射”这一术语时完全可以将其替换为“镜面反射”。

然而，有些摄影师也用“镜面”表示大面积高光区域中更小、更明亮的高光区，而另一些摄影师则用“镜面”指使用小型光源产生的高光区。直接反射不一定表示以上这两种情况，因为镜面反射对不同的人有不同的含义，因此在本书中我们不使用这一术语。

现代的用法进一步增加了不一致性。最初，“镜面”只被用来描述光的反射，而与光源无关（“光源”的希腊语词根的意思是“镜子”）。今天，一些摄影师将镜面光作为硬质光的同义词，但“镜面”光并不一定产生“镜面”反射。硬质光始终是硬质光，但它的反射形式取决于被摄对象的表面性质。所以我们称镜面光为硬质光，以确定我们讨论的是光源而不是反射。

平方反比定律

如果我们把光源移近物体，物体就会变得更亮。若有需要，我们可以根据平方反比定律计算出亮度的变化。平方反比定律是指亮度与距离的平方成反比的规律。

因此，与物体保持特定距离的光源照射在物体上产生的亮度，将是2倍距离外的相同光源所产生的亮度的4倍，是3倍距离外的相同光源所产生的亮度的9倍。随着照射在物体上的光线亮度发生变化，漫反射也会发生变化。

忽略数学问题，这一定律意味着如果我们把光源移近一些，物体表面的反射光就会更亮；反之，如果我们把光源移远一些，反射光就会变暗。这似乎是显而易见的现象，为什么我们还要不厌其烦地谈它呢？因为这种直觉往往会产生误导。我们很快就会看到，有些物体并不能在光源靠得更近的时候产生更亮的反射光。

直接反射

直接反射是由光源产生的镜像，也被称为镜面反射。图3.4与图3.1相似，但这次我们把白卡纸换成了闪亮的奶酪刀，光源和相机的位置与图3.1中的一样。

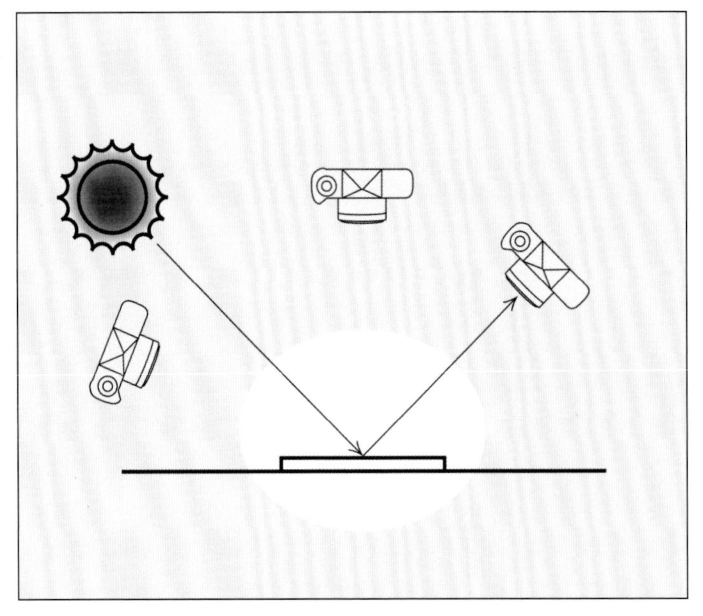

图3.4　直接反射。注意观察示意图，只有箭头指向的相机拍到了明亮的反射光，而其他两台相机则没有拍摄到任何反射光

注意发生了什么。这一次，3台相机中只有一台拍到了明亮的反射光，其他两台相机则没有拍摄到任何反射光。

这张示意图说明了当光线直射在光滑的金属或玻璃之类的表面上时会产生直接反射。光线从光滑的表面以与照射角度相同的角度反射出去，更准确地说，反射角等于入射角。这意味着能够看到直接反射的点取决于光源和被摄对象的角度以及相机所处的位置。

处于其他位置的相机根本就没接收到反射光，所以从它们的视角看，奶酪刀就是暗淡的。因为它们没有从光源能够产生直接反射的（唯一）角度拍摄，所以根本没有光线反射到它们所在的方向。

与直接反射光处于一条直线的相机从反射表面看到的光点几乎和光源本身一样亮，这是因为从它所处的位置到反射表面的角度与从光源到反射表面的角度相同。再次强调，现实中没有一个物体能够产生完全的直接反射，但打磨得很亮的金属、水面或者玻璃能够产生近乎完美的直接反射。

打破平方反比定律？

当你读到拍摄直接反射的场景会得到和光源一样明亮的影像时，是否得到了一些启示？如果我们不知道光源的距离，那怎样才能得知直接反射的影像的亮度呢？

其实我们不需要知道光源与物体的距离有多远。无论距离光源多远，直接反射的影像的亮度都是一样的。这个原理看似是对平方反比定律的挑战，但一个简单的实验能说明这并没有违背该定律。

如果愿意的话，你可以自己进行验证。放置一面镜子，这样你就可以看到反射在镜子里的一盏灯。如果让镜子离灯近一些，你的眼睛能非常明显地看到灯的亮度保持不变。

然而需要注意的是，反射光的面积发生了改变。这种面积上的变化并没有违反平方反比定律。我们把灯移到之前距离的一半处，镜子会反射4倍亮度的光线，正符合平方反比定律，但是反射影像的覆盖面积也扩大到原来的4倍，因此影像在图片中的亮度仍保持不变。举个具体的例子，我们用4倍的黄油涂在一片4倍大的面包上，黄油的厚度是保持不变的。

现在我们来看一下图3.5中的场景。同样，我们要从高对比度光源讲起。图3.5中的刀具表面富有光泽。我们依据两点可以看出光源面积很小。首先，它出现了硬质阴影；其次，从光源在刀具光滑表面上产生的反射光也可以看出光源很小。

因为能够看到光源的影像，所以我们能够轻而易举地预见光源面积增大后的效果。因此我们可以事先确定光滑表面上高光区的面积大小。现在我们来看图3.6。

图3.5　从两点可以看出这张照片使用了小型光源：硬质阴影和刀具上的反射光面积

图3.6　大型光源能够使阴影更柔和。然而更重要的是，反射光覆盖了整个刀具表面，这是因为这次使用的光源足够大，足以覆盖产生直接反射的整个角度范围

我们再次看到，使用柔和的大型光源会产生更柔和的阴影。这张照片看起来更令人愉悦，但这并不重要，更重要的是大型光源的反射光覆盖了刀具的整个表面。

换言之，较大的光源能够覆盖所有产生直接反射的角度范围。角度范围是摄影用光中最有用的概念之一，下面我们将进行详细探讨。

角度范围

之前的示意图只考虑了反射平面上的一个单独的点。实际上每个表面都是由无穷个点组成的，观看者稍稍改变角度就可以看到平面上的这些点，这些不同的角度组成了能够产生直接反射的角度范围。

理论上，我们也可以探讨产生漫反射的角度范围，不过这种讨论毫无意义，因为任何角度的光源都可以产生漫反射。因此，当我们使用“角度范围”这一术语时，始终指的是产生直接反射的角度。

角度范围对摄影师而言非常重要，因为它决定了我们应该把光源放在哪里。我们知道，光线的反射角等于入射角，因此我们能够很容易地确定相对于相机和光源位置的角度范围。这样我们就能够控制画面上是否出现直接反射以及在哪里出现。

图3.7显示了光源位于角度范围内和角度范围外的效果。在图3.7中可以看到，角度范围内的光源会产生直接反射。因此，任何处于角度范围外的光源都无法照亮镜面类的被摄对象，至少在相机的视野范围内是这样的。

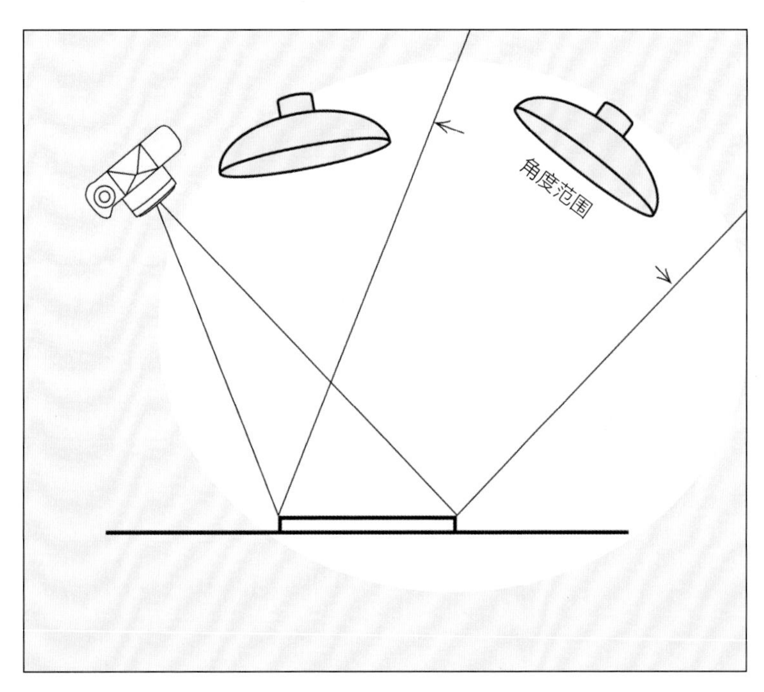

图3.7　角度范围内的光源会产生直接反射，而角度范围外的其他光源则不能产生直接反射

摄影师有时希望镜面物体上的大部分区域都可以看到直接反射，这就需要使用（或在自然界中找到）足够大的光源来照亮角度范围。但在另外一些场景中，摄影师不希望看到直接反射，这时就需要调整相机和光源的位置，使光源不出现在角度范围内。我们会在后面的章节中反复运用这一原理。

偏振反射

偏振反射与普通的直接反射非常相似，摄影师通常采用同样的方式处理这两种反射光。然而，偏振反射还可以借助几种专门的技术和工具进行处理。

与直接反射一样，图3.8中只有一台相机能够拍到反射光。但与直接反射不同的是，偏振反射的影像总是比非偏振反射的图像暗得多。

理想状态下，偏振反射的亮度正好是非偏振反射的一半（只要光源不是偏振光）。但是，因为偏振反射不可避免地总伴随着光线的吸收，所以我们在场景中看到的反射光可能会比理想中的反射光更暗。

要弄清为什么偏振反射不像非偏振反射那么亮，我们需要了解一些关于偏振光的知识。我们已经知道电磁场是围绕运动的光子波动的，在图3.9中，我们将波动的电磁场描述成像在两个孩子之间晃动的绳子。左边的孩子摇动绳子，而右边的孩子只是握住绳子。

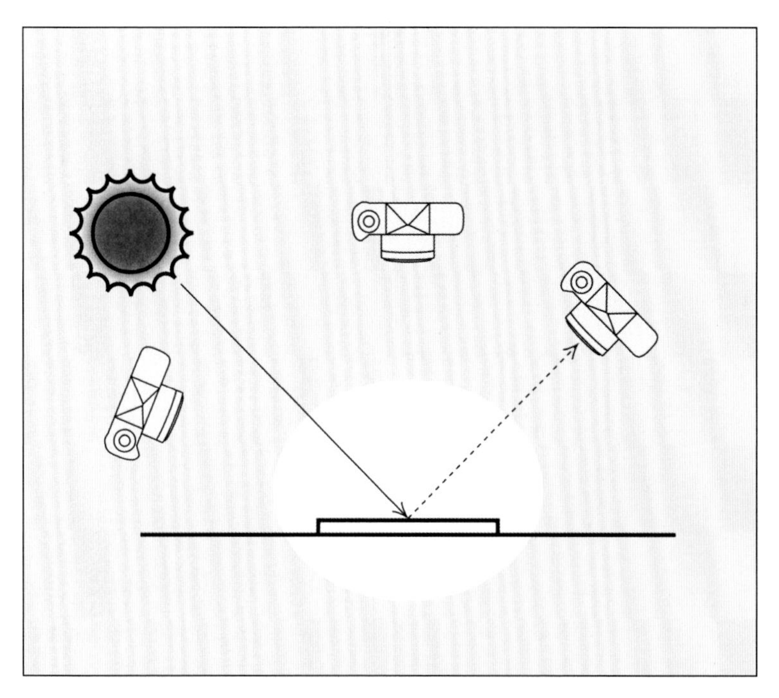

图3.8　偏振反射看上去与非偏振反射相似，只是亮度更低

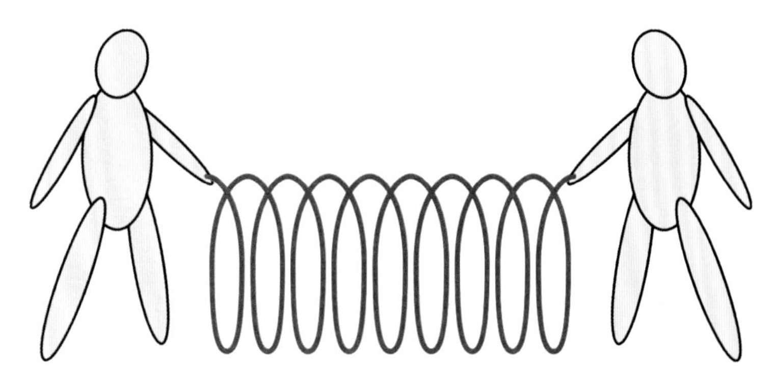

图3.9　用一根绳子代表光子周围振荡的电磁场。左边的孩子摇动绳子，而右边的孩子只是握住绳子不动

现在，我们在两个孩子之间设置一排栅栏，如图3.10所示。可以看到，绳子现在上下弹跳，而不是呈弧形摆动。这根弹跳的绳子就类似于偏振光光子路径上的电磁场。

就像栅栏阻隔了绳子振荡一样，偏振滤镜中的分子阻隔了光子能量，使光子能量只能在一个方向振荡。有些物体表面的分子结构也会以同样的方式阻隔部分光子能量，我们将这种光线看作偏振反射或眩光。

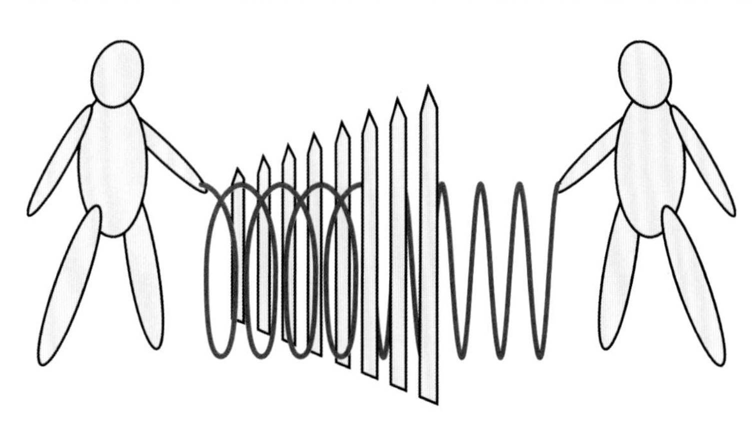

图3.10　摇动的绳子在穿过栅栏后，只是上下弹跳，而不再呈弧形摆动。偏振滤镜就是以这种方式阻断了光子能量的振荡

现在，假设我们不满足于这种部分性的阻隔，那么我们可以再加上一排水平栅栏，如图3.11所示。设置了第二排栅栏后，当左边的孩子摇绳时，右边的孩子根本看不到绳子运动。十字交叉的栅栏阻止了能量从绳子的一端向另一端传递。使两块偏振滤镜的轴线呈十字交叉也会阻止光线的传播，就像两排栅栏会阻止绳子的能量传递一样。

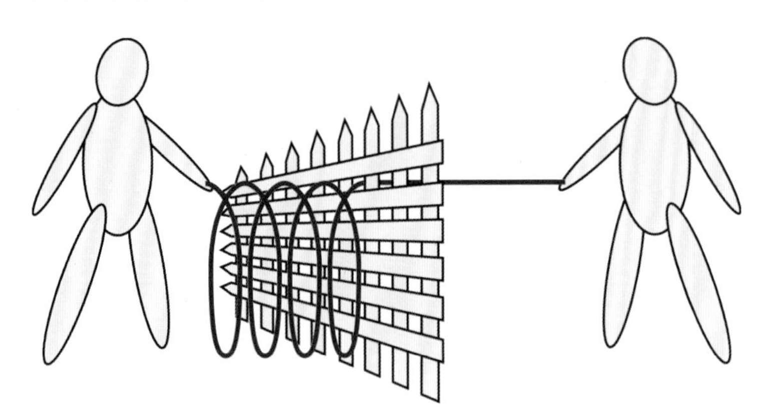

图3.11　加一排水平栅栏后，当左边的孩子摇绳时，右边的孩子却看不到绳子运动

图3.12展示了这一结果。当两块偏振镜相互重叠且轴线相互垂直时，就无法看到相应页面上的内容了，因为从该处页面反射到相机的光线已经被完全阻断了。湖面、喷过漆的金属、光滑的木材或塑料都能产生偏振反射。与其他类型的反射一样，偏振反射也不完美，一些漫反射和非偏振直接反射都会混杂眩光。有光泽的物体会产生更多的偏振反射，但即使是亚光表面也会产生一定程度的偏振反射。

图3.12　两块重叠的偏振镜轴线相互垂直，就像两排栅栏阻隔绳子的能量一样阻隔了光线的能量

黑色物体和透明物体上的偏振反射更为明显。黑色物体和透明物体并不一定会比白色物体产生更强的直接反射，只是它们产生的漫反射较弱，使我们能够更容易看到直接反射。这就是你在房间里走动时，可以看到黑色物体的亮度发生明显变化，而白色物体却没有什么变化的原因。

光滑的黑色塑料能够为我们充分展示偏振反射，因此非常适合作为范例。在图3.13中，一个黑色的塑料面具和一根白色的羽毛放在一张光滑的塑料板上。

图3.13采用了和图3.4中相同的机位、光源位置和光滑表面，从反光的面积大小可以判断出我们使用了一个大型光源。

面具和塑料板都产生了近乎理想的偏振反射。从这个角度看，光滑的塑料几乎不会产生非偏振反射；黑色物体也不会产生大量的漫反射。然而，羽毛的特性全然不同，它几乎只能产生漫反射。

光源足够大，大到能够照亮整张塑料板的角度范围，使整个表面产生直接反射。但相同的光源只能照射面具的部分角度范围，我们之所以知道这一点，是因为我们只能在面具的前端看到高光。

现在来看图3.14。我们使用了与图3.13相似的拍摄设置，但这次在相机镜头前加了一片偏振镜。因为图3.14中的黑色塑料只能产生偏振反射，而偏振镜阻隔了这些反射光，致使几乎没有光线能够反射到相机中，因此塑料板看上去就变成了黑色。

我们必须把光圈开大两挡来补偿偏振镜的中性密度。怎么判断我们有没有不小心算错曝光量？（也许我们是有意这样做的，目的是拍摄到足够黑的影像以证实我们的观点。）羽毛的亮度证明我们没算错曝光量。偏振镜并没有阻隔来自羽毛的漫反射，因此通过精确的曝光补偿，两幅照片中的羽毛均还原为浅灰色。

图3.13 光滑的塑料板和面具几乎只能产生直接偏振反射，而白色羽毛几乎只能产生漫反射

图3.14 相机镜头前的偏振镜阻隔了偏振反射，因此只有产生漫反射的羽毛清晰可见

偏振反射还是普通的直接反射

通常，偏振反射和非偏振直接反射看起来很相似。无论是出于需要还是好奇心，摄影师都想将两者区分开来。

我们知道，直接反射看起来和光源的亮度相同，而偏振反射看起来会暗一些，但是仅凭亮度是无法判断哪个是偏振反射的。

记住，现实中的物体所产生的反射都是混合反射。看起来具有偏振反射的表面，实际上可能也有微弱的直接反射和部分漫反射。

以下几个标准通常能够帮我们判断直接反射是否带有偏振光。

- 如果物体表面由能够导电的材料（金属是最常见的例子）制成，其反射可能是非偏振反射；而塑料、玻璃和陶瓷等电子绝缘体更容易产生偏振反射。
- 如果物体表面看起来类似镜面（如光滑的金属），可能只会产生简单的直接反射，而不是眩光。
- 如果物体表面不像镜面（如光滑的木头或皮革），以40° ~50° 的角度（具体的角度取决于材质）观看时，更可能产生偏振反射；从其他角度观看，更可能产生非偏振反射。
- 然而，最终的测试是受试者通过偏振镜观察物体的外观。如果偏振镜消除了反射，那么这种反射就是偏振反射。
- 然而，如果偏振镜对未判定的反射类型不起任何作用，那么这种反射就是普通的直接反射。如果偏振镜只是降低了反射的亮度，但没有完全消除它，那么这种反射就是混合型反射。

将普通的直接反射转换为偏振反射

摄影师通常更喜欢把直接反射转换为偏振反射，这样他们就可以通过将偏振镜安装在镜头前来控制反射光了。如果反射不属于眩光，那么镜头前的偏振镜除了增加中性密度减弱光线外，起不到其他作用。

然而，在光源前放置一块偏振滤光片便可以将直接反射转换为偏振反射了，然后相机镜头前的偏振镜就可以有效地控制反射了。

偏振光源并不局限于摄影棚内的用光，广阔的天空通常也可以作为非常有效的偏振光源。以天空反射偏振光最多的角度面对被摄对象，镜头前的偏振镜便可以有效地发挥作用。这就是摄影师有时会发现偏振镜对某些被摄对象（如明亮的金属等）非常有效的原因，即使偏振镜制造商已经告知用户偏振镜对这些被摄对象没有影响。在这些情况下，被摄对象反射的是偏振光。

增加偏振反射

大多数摄影师都知道偏振镜可以消除他们不想要的偏振反射，但是在有些场景中，我们可能会喜欢偏振光甚至希望出现更多的偏振光。在这种情况下，我们可以使用偏振镜来有效地增加偏振反射。将偏振镜从能减少偏振反射的位置旋转90° ，偏振光便能顺利通过偏振镜了。

偏振镜总是会阻挡一些非偏振光，理解这一点非常重要。在这种情况下，偏振镜实际上变成了一片中性密度滤光镜，影响除直接反射外的一切反射。因此，当我们为补偿中性密度而增加曝光时，直接反射会增加得更多。

应用原理

想要出色地拍摄某一物体，需要准确的聚焦和精确的曝光。物体和光线之间存在着一种相互关系。一张精彩的摄影作品，不仅光线要适合被摄对象的需要，被摄对象也要适合光线的需要。

适合是指摄影师的创造性决定。如果摄影师理解并意识到被摄对象和光线是如何共同产生影像的，那么摄影师做出的任何决定可能都是适合的。

我们要确定什么类型的反射对被摄对象具有重要意义，然后要好好利用这种反射。在摄影棚内，这意味着我们需要控制光线；在摄影棚外，则通常意味着我们要确定相机的位置，预测太阳和云的运动，等待一天中适合的时间，或去寻找有效的光线。无论是哪种情况，对于已经掌握了光线的性质以及能够预见光线的作用的摄影师而言，这项工作更容易。

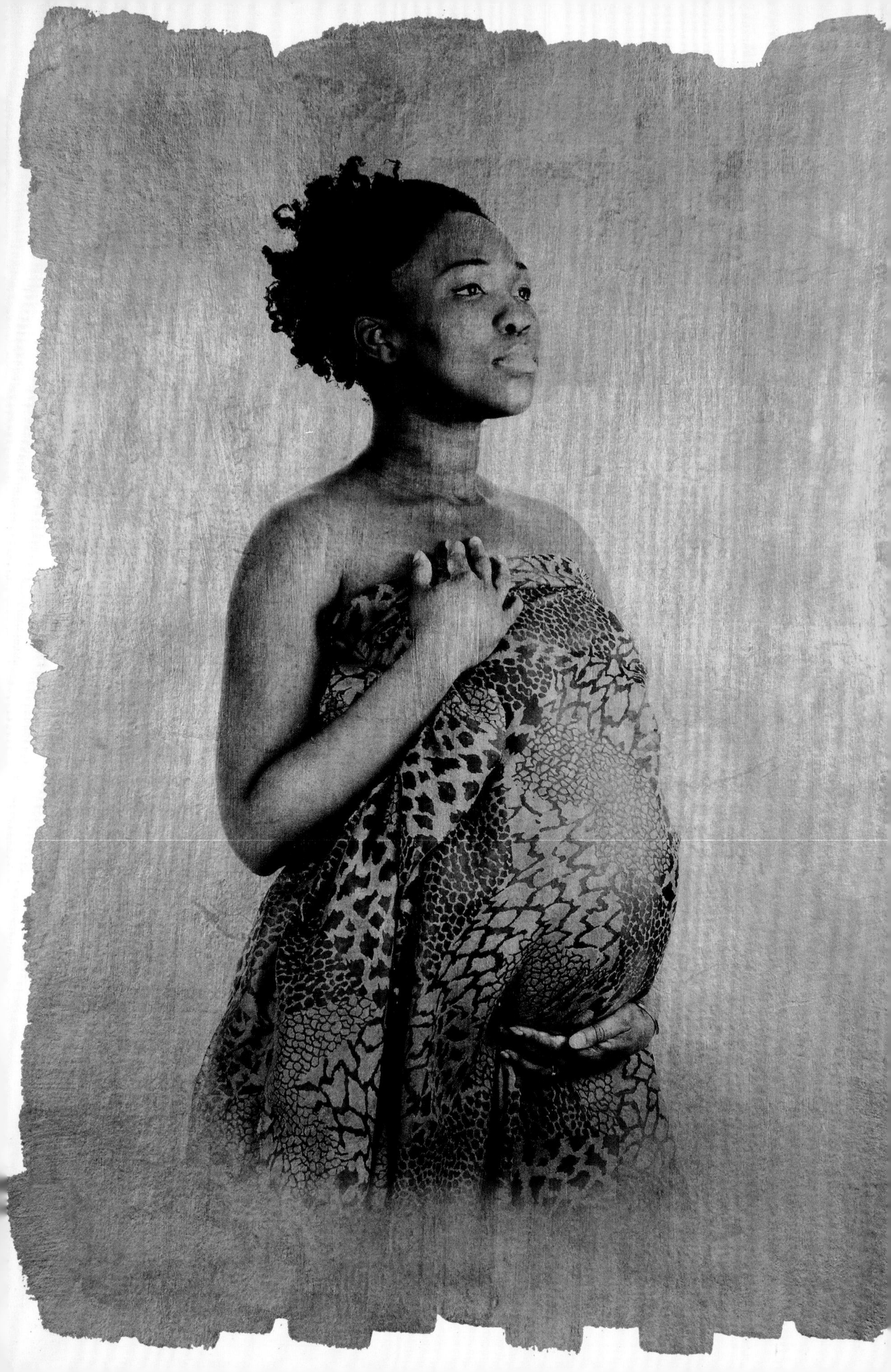

第4章

4

表现物体的表面

所有物体的表面都会产生不同程度的漫反射、直接反射和偏振反射。我们能看到所有这些反射，但并不一定能够意识到它们。

多年的生活经验使我们的大脑能够对场景中的视觉形象加以处理。这种处理通常会把令人分心或无关紧要的形象最小化，同时最大限度地强调光线对我们理解场景的重要性。大脑中想象的心理学影像可能和眼睛实际看到的光化学影像有很大的不同。

心理学家还不能完全解释为什么会存在这种差异。运动当然是原因之一，但并非全部。一些视觉缺陷在电影中要比在静态照片中更不易引人注目，但它们在这两种状态下的差别并不是很大。

摄影师们知道经过大脑处理的场景影像与实际场景是有区别的。我们发现了这样一个事实：我们能够迅速发现照片中的缺陷，但我们在检查原始的实际场景时哪怕再仔细，也可能根本发现不了这些缺陷。大脑中的无意识部分为我们提供了处理场景的“服务”，删除了无关的和矛盾的信息，然而观看者在观看照片时会充分意识到这些细节。

照片是如何揭示那些我们或许从来都没有注意到的细节的呢？这是另一本书要探讨的问题。本书只探讨我们应该如何处理这种情况以及如何利用这种现象。我们在拍摄一张照片时，必须有意识地进行别人可能没有意识到的处理工作。

摄影师的处理工作

摄影用光主要是处理两种极端情况：高光与阴影。当我们妥善处理好这两种极端情况时，两者之间的中间影调也基本会取得令人满意的效果。高光与阴影一起表现物体的构成、外形和立体感，但高光通常足以表现物体的表面状态。

在本章中，我们主要关注高光区与表面的问题。在大多数图例中，被摄对象都是平面的，也就是二维或接近二维的。在第5章中，我们会用稍复杂一些的三维物体，并且更详细地探讨阴影的表现特性。

在上一章中，我们了解了所有的物体表面都能产生漫反射和直接反射，并且一些直接反射带有偏振反射。但大多数物体表面产生的反射并不是这3种反射的均匀混合，对于某些表面，某一种反射可能会远远多于其他类型的反射。3种反射的强度差异决定了物体表面的差异。

用光的第一步是观察场景中的被摄对象，确定是何种反射造成了被摄对象的特定外形。下一步是确定光源、被摄对象和相机的位置，以便能够更好地利用某种反射而将其他两种反射的影响降至最低。

当我们在进行这些工作时，要先明确我们想让观看者看到哪种反射，然后再进行拍摄，以确保他们看到的正是这种反射，而非其他。

“确定光位”和“进行拍摄”指在摄影棚内移动灯架，但也不限于此。我们在摄影棚外选择相机位置、拍摄时间，做的是完全相同的工作。在本章中，我们之所以选择摄影棚作为例证，只是因为在摄影棚内便于我们控制，便于清楚地展示细节。事实上，这些原则适用于任何类型的摄影。

在本章的其余部分，你将看到一些需要利用各种基本反射的图例，还将看到对被摄对象采用了不合适的反射时会发生什么。

利用漫反射

摄影师有时会接到拍摄绘画、插图或老照片的任务。这种翻拍工作较为简单，通常只需要漫反射而不需要直接反射。

因为这是本书第一次具体演示用光技术，所以我们将进行详细探讨。案例展示了一位经验丰富的摄影师是如何考虑并确定用光方式的。初学者可能会对如此简单的用光竟涉及如此多的思考而感到惊讶，但也不必因此而感到畏惧。

拍摄照片涉及的思考是相似的，这种思考很快就会成为一种习惯，一旦养成，你在之后的拍摄中几乎就不需要再花费时间和力气。随着内容的进一步深入，你会领会这一点，在后面的章节中我们也将省略部分细节内容。

漫反射能够使我们了解被摄对象的明暗程度。本书的页面上黑白分明，这取决于产生大量漫反射的区域（纸张空白处），以及几乎没有漫反射的区域（油墨）。

因为漫反射会对光波进行选择性的反射，所以反射光中会包含被摄对象的大部分色彩信息。如果我们用品红色油墨和蓝色纸张印刷，你就明白这个道理了，因为页面的漫反射会告诉你一切。

注意，漫反射并不能告诉我们更多有关被摄对象材质的信息。如果我们不是用白色的纸张，而是用光滑的皮革或塑料，那么漫反射看上去仍然是一样的（然而，你可以通过直接反射来辨别材料的不同）。

我们在翻拍一幅油画或一张照片时，通常不会去关注它的材质属于哪种类型，我们需要知道的是原始影像的色彩和明暗关系。

光源的角度

何种类型的用光才能完成翻拍任务呢？为了回答这个问题，我们先看一下标准的翻拍设置以及能够产生直接反射的角度范围。

图4.1展示了标准的翻拍用光设置。相机装在三脚架上，对准翻拍台上的原件。假设相机的高度为刚好能使原件的影像充满相机的成像区域。

我们已经画出了光源能够产生直接反射的角度范围。大多数翻拍只在相机一侧布置一个光源，因此我们只需要一个光源来验证该原理。

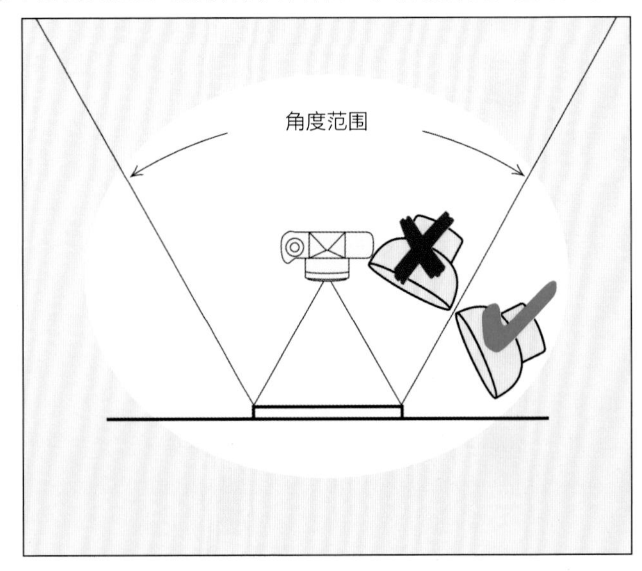

图4.1　翻拍布光中产生直接反射的角度范围。角度范围内的光源会产生直接反射，范围外的光源不会产生直接反射。相机两侧的角度范围相似

按照该示意图，我们能够很方便地进行布光。再说一遍，角度范围内的任何光源都会产生直接反射，如果将光源设置在角度范围之外就不会了。我们已经从第3章得知光源可以从任何角度产生漫反射。因为我们只需要漫反射，所以可以把光源放在角度范围外的任何位置。

在图4.2中，粉笔画的照片使用的是设置在角度范围外的光源拍摄的。我们只看到了来自画作表面的漫反射，照片的影调与实物大致相同。作为对比，在图4.3中，由于光源位于角度范围内，所产生的直接反射在照片中的画作表面产生了让人难以接受的“亮斑”。

图4.2　这是一张成功的翻拍照片，我们在粉笔画上只能看到漫反射，并且照片的影调与实物大致相同

图4.3　处于角度范围内的光源在照片中的画作上产生了让人难以接受的“亮斑”

在摄影棚内控制光源的角度是很简单的事情，然而摄影师也会接到在博物馆或其他无法移动原作的地点拍摄大型油画的任务。那些曾经接到过这种任务的人应该都知道，通常在我们想要放置相机的地方都设有展示柜或座椅。在这种情况下，我们需要让相机离被摄对象更近，然后换用广角镜头，以便将被摄对象全部纳入成像区域。

图4.4为博物馆翻拍设置的俯视图。相机上装了一支水平视角约为90° 的超广角镜头。

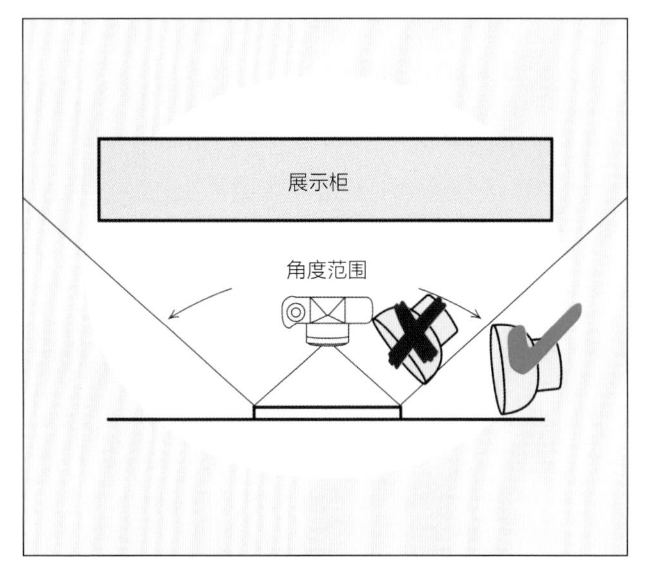

图4.4　在这个设置中，使用广角镜头使角度范围扩大了很多，导致可以接受的照明角度范围变小了。只有角度范围外的光源才能产生不带眩光的照明效果

现在我们来看看角度范围发生了什么变化。产生直接反射的角度范围增大，同时可以接受的翻拍用光的角度范围小了很多。现在需要将光源放置在更靠近边缘的位置，以避免产生不可接受的直接反射。

如果我们将光源设置在图4.1所示的位置，那么翻拍效果将非常糟糕。相同的光源角度，当相机距离被摄对象较远时，才能产生很好的效果；如果相机离得较近，则会造成直接反射。在这种情况下，我们应该把光源移到更远一些的位置。

另外，请注意，在一些类似博物馆的环境中，房间的布局可能会导致放置光源比放置相机更困难。如果不可能把光源放置在能够避免直接反射的位置，那么我们可以把相机放置到距被摄对象更远的位置来解决这个问题（使用长焦镜头可以获得足够大的影像尺寸）。

在图4.5中，由于房间过于狭长，放置光源非常困难，但这也允许我们将相机放置在较远的位置。我们看到，当相机远离被摄对象后，产生直接反射的角度范围变小了，这样就能很容易地找到可避免产生直接反射的用光角度了。

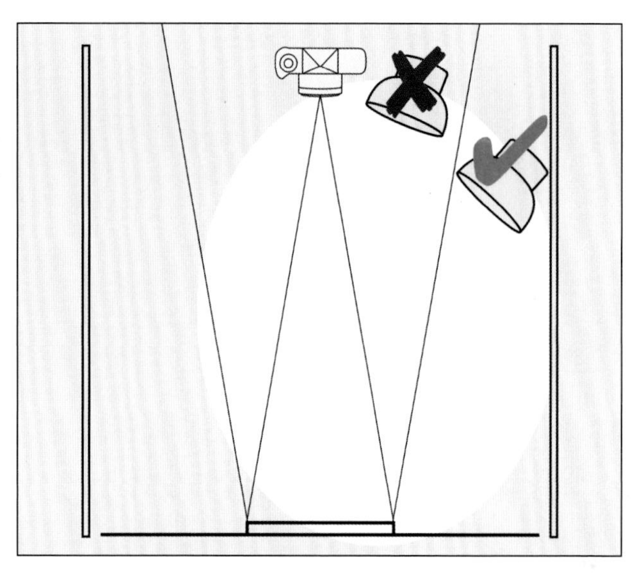

图4.5　使用长焦镜头的翻拍设置。因为产生直接反射的角度范围较小，所以找到合适的光源位置通常比较容易。（如果右边的墙更靠里，就会限制光源的放置。我们将在下文介绍解决这一难题的方法。）

基本规则的奏效与失效

介绍基本翻拍设置（与一般用光原则相反）的文章通常会使用与图4.6类似的布置来说明标准的翻拍设置。

注意，灯光放置在与原作成45° 角的位置，这个角度没有什么神奇的。这是一个通常能奏效的基本规则，但也并不总是如此。正如我们在上一个案例中看到的，可用的照明角度取决于相机与被摄对象之间的距离以及镜头焦距的选择。

更重要的是，我们应该注意到如果忽视光源与被摄对象之间的距离，那么这个规则可能无法产生良好的用光效果。为了了解其中的原因，我们将图4.1与图4.6结合起来看。

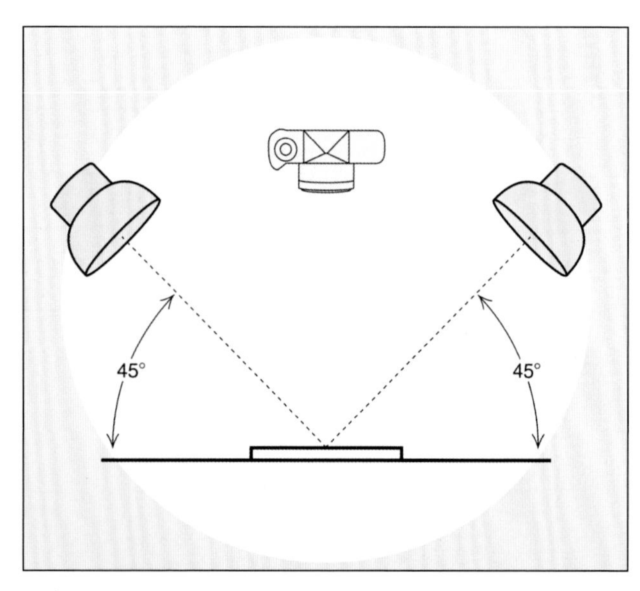

图4.6　标准的翻拍设置有时能获得不错的效果，有时却不能。有效的用光角度还取决于相机与被摄对象之间的距离以及镜头焦距的选择

在图 4.7 中，我们看到了两个可供选择的光源位置。两个光源与被摄对象的角度都是45°，但只有一个能产生合适的照明效果。靠近被摄对象的光源位于产生直接反射的角度范围内，会使物体的表面产生“亮斑”；另一个光源由于距离较远而处于产生直接反射的角度范围外，因此它能够有效地照亮物体表面。

因此，我们了解到如果摄影师将灯光放在距离被摄对象足够远的位置，45° 角规则也能奏效。事实上，这条规则通常都能够奏效，因为摄影师通常都会把光源移到离被摄对象较远的位置，这么做还有另外一个原因，就是可以获得均匀的照明。

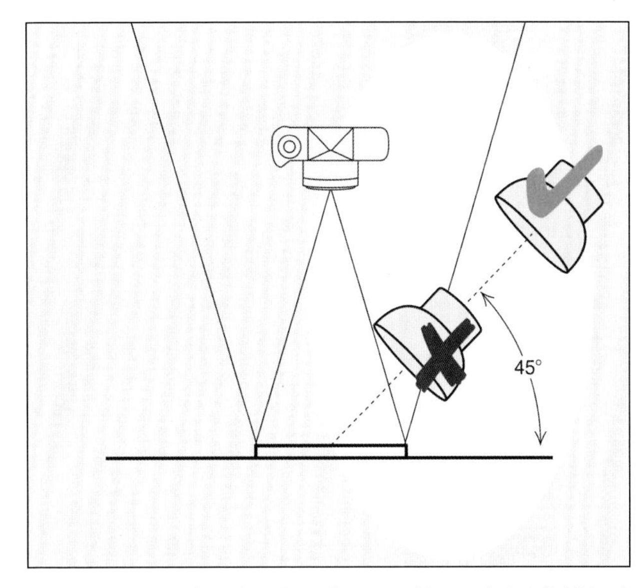

图4.7　光源与被摄对象之间距离的重要性。两个光源与被摄对象表面的角度均为45°，但只有一个光源能产生令人满意的照明效果，位于角度范围内的光源会产生直接反射

光源的距离

到目前为止，我们只考虑了光源的角度，而没有考虑光源的距离。但显然这也很重要，因为我们知道光源距反射表面越近，漫反射的光就越亮。图 4.8 中仍采用之前的布光设置，不过现在我们强调的是光源的距离。

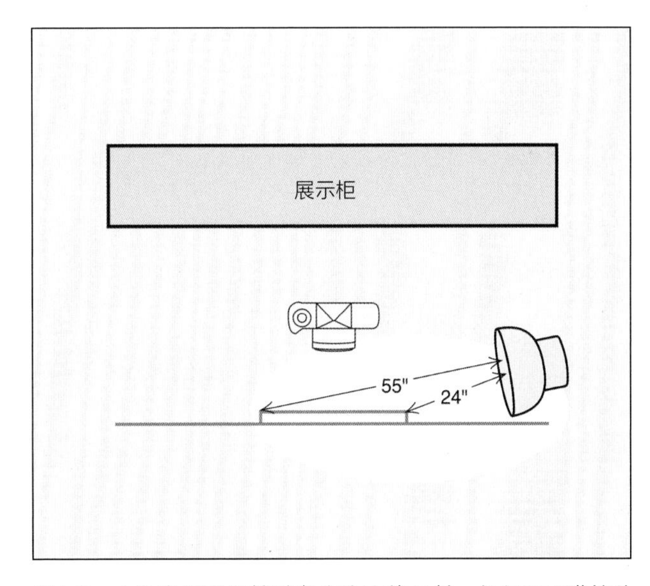

图4.8　小角度照明能够避免产生直接反射，但如果不谨慎处理，有可能会产生不均匀的照明

我们再次使用广角镜头拍摄。在这种条件下，不会引起直接反射的照明角度范围非常小，我们必须将光源放置在与被摄对象表面成较小角度的位置。但被摄对象靠近光源的一侧接收的光照要远远多于远离光源的一侧，因此不可能均匀曝光。

图 4.9 展示了这一设置的拍摄效果。极小的照明角度虽然避免了直接反射，但会导致照片两侧出现令人无法接受的亮度差别。

显然，在被摄对象的另一侧设置第二个光源有助于提供更均匀的照明（这就是大多数翻拍使用两盏灯照明的原因）。然而，由于照明的角度范围极小，第二个光源仍不能提供均匀的曝光，我们也只是获得了一张画面两侧曝光过度而中间黯淡的照片。

解决这个问题的一个方法是将光源移动到离相机更近的位置（比较极端的例子是直接将闪光灯安装在相机上）。由此，光源与被摄对象表面各点的距离大致相等，因而照明变得更加均匀。但这种方法也可能使光源处于产生直接反射的角度范围内，从而导致更糟糕的结果。

那么，解决这个问题的唯一方法是尽可能将光源移动到距离被摄对象更远的位置。从理论上讲，距离无限远的灯光会在被摄对象表面的所有点上产生亮度一致的漫反射，哪怕处于最小的角度也是如此。但不幸的是，距离无限远的灯光也会无限黯淡。

图4.9　采用图4.8的布光设置所拍摄的照片。尽管这种布光方式避免了直接反射，但导致照片两侧出现了令人无法接受的不均匀照明效果

在实践中，我们通常无须将光源设置得太远便能获得令人满意的效果。我们只需将光源移动到距被摄对象稍远一些的位置，使之产生可以接受的均匀照明即可。在此前提下，还要让光源尽量靠近一些，以获得尽可能短的曝光时间。

我们可以为你提供数学公式来计算光源和被摄对象之间在任何角度下的适当距离（以及任何可接受的“边到边”的曝光误差），但你不需要使用这些公式。

人眼完全能够判断合适的距离有多远，前提是摄影师从一开始就能意识到这个潜在的问题。放置好光源，使照明效果看上去均匀，然后用测光表测量被摄对象表面上的不同点，进一步验证自己的判断。

解决布光难题

前面的案例告诉我们，均匀的照明和不产生眩光的照明是相互矛盾的。光源离相机越近，被摄对象受到的光线照射就越直接，也越均匀；光源离被摄对象一侧越远，越不会处于能够产生直接反射的角度范围内。

通常解决这一难题的方法是保证拍摄现场的各个方向都拥有足够大的工作空间，理由如下。

- 例如，将光源移动到更加靠近相机光轴的位置，这意味着要使相机更加远离被摄对象（同时使用长焦镜头以保持影像大小不变）。这使得产生直接反射的角度范围变得更小，而在选择照明角度方面有更大的自由。
- 相反，如果工作空间受限制，相机必须非常靠近被摄对象，那么我们必须以一个很小的角度照射被摄对象，以保持光源处在角度范围之外。此时我们必须把光源放在距被摄对象很远的地方，从而实现均匀照明。

不幸的是，我们有时缺乏这种工作空间。摄影师可能要在塞满了档案柜、几乎没有拍摄空间的储藏室内拍摄珍贵的文件，甚至要在没有足够空间为大型画作提供合适的照明的画廊里拍摄。

图4.10展示了这种难以布光的工作环境。将相机安装在三脚架上，对准地板上的文件，障碍物可能是

文件柜，天花板则限制了相机的升起高度；或者拍摄一幅挂在墙上的8英尺 × 10英尺的大幅油画，其他墙壁或展示柜又成了障碍物。无论哪种情况，我们都无法将相机和光源设置在能够提供均匀照明且没有眩光的位置。

第一眼看到这张布光示意图时，我们就预见以这种设置拍出的照片毫无用处。图4.11证实了我们的预言。如果我们还记得以下两点，就可以轻松解决这个问题：（1）我们在原作表面看到的“眩光”是直接反射和漫反射的混合；（2）镜头前的偏振镜能够消除偏振反射。

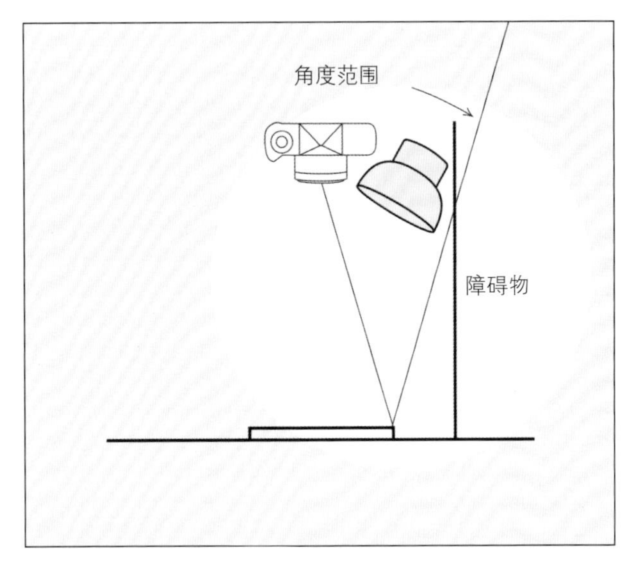

图4.10　一种难以布光的工作环境：我们无法将相机和光源放置在能够提供均匀照明且没有眩光的位置

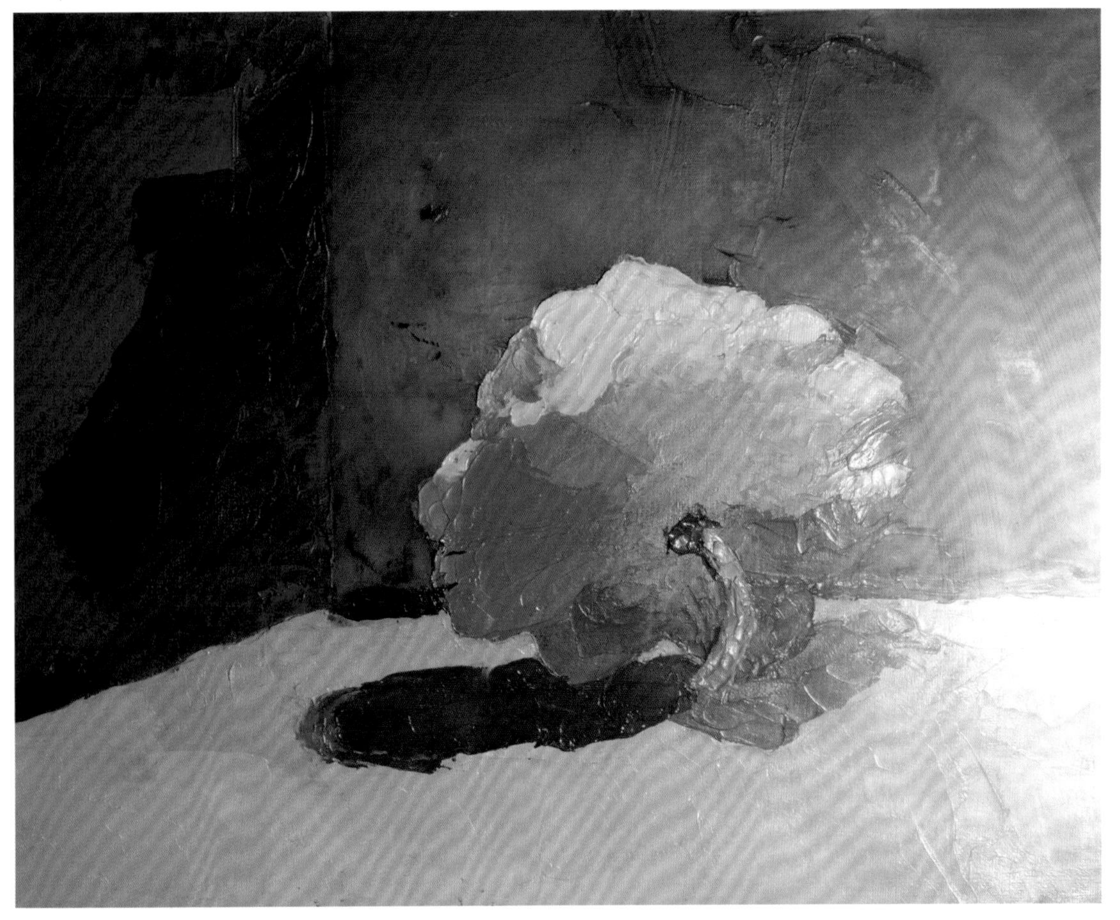

图4.11　按照图4.10所示的布光设置拍摄的结果，可以清楚地看到，这是一张废片。由于环境限制，我们不得不这样安排光源的位置，这导致原作表面因直接反射而变得不清晰

图4.12展示了解决方案。我们首先将光源放置在能够保证均匀照明的位置，暂不考虑光源是否会产生直接反射。然后在光源前放置一块偏振滤光片，并使其轴线对准相机，这种设置能保证光源的直接反射为偏振反射。接下来，在相机镜头前装上偏振镜，并使其轴线与光源滤光片轴线成90° 角，这样就能消除光源直接反射出的偏振光了。

理论上，这种设置能保证相机只“看到”漫反射，但在实际应用中，相机可能还会“看到”部分偏振反射，因为偏振镜并不是完美无缺的，但这种缺陷一般可以忽略不计。图4.13证明了这一点：在既没有移动相机也没有移动光源的情况下，翻拍效果得到了明显改善。

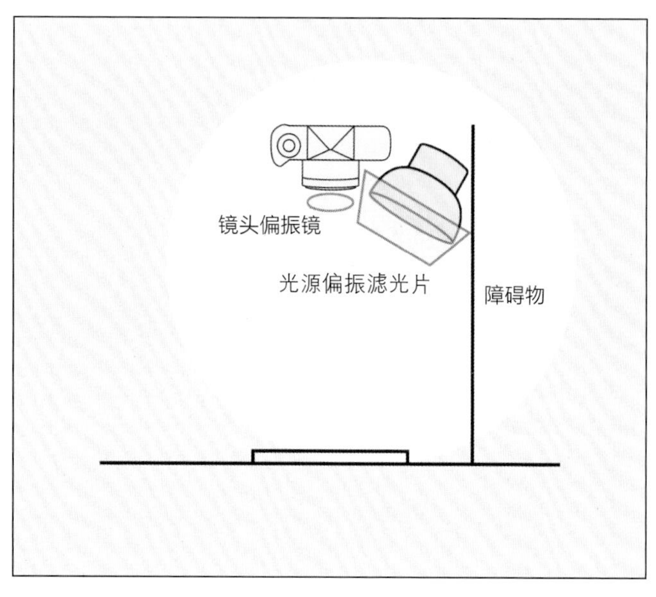

图4.12　对于那些难以布光的工作环境，其解决方案是将光源靠近相机光轴以取得均匀照明，同时使用偏振镜消除眩光。光源前的偏振滤光片的轴线指向相机，而镜头前的偏振镜的轴线应与光源偏振滤光片的轴线垂直

图4.13　尽管是在难以布光的工作环境下，采用图4.12所示的解决方案还是获得了出色的翻拍效果。这张照片中的被摄对象和光源的位置与图4.11完全相同，不妨比较一下两张照片

如何使用光源偏振滤光片

将光源变成偏振光会带来严重的缺陷，因此无论何时均应尽量避免使用这种方法。所幸在大多数情况下，了解并控制光源的面积和角度就已足够，而无须再对光源进行偏振处理。有些入行多年的摄影师从未使用过光源偏振滤光片。

我们有意识地把难以布光的翻拍问题作为较为少见的案例之一，在这个案例中，将光源变成偏振光是唯一可行的解决方案。在日常工作中需要严格控制用光的摄影师偶尔也会遇到这种情况。

发现问题是解决问题的第一步，我们将列举可能会遇到的困难。从理论上讲，“完美”的光源偏振滤光片和镜头偏振镜的结合会损失2挡曝光，尽管实际上偏振镜远远达不到“完美”的程度。在实践中，由于偏振镜具有较大的中性密度，实际曝光损失可能会达到4~6挡。

在其他情况（非翻拍）下，灯光可能会因为透过柔光材料而受损，致使问题更加严重。亮度下降，光圈可能要相应地开得更大，这导致无法获得足够的景深；或者曝光时间过长，导致互易律失效造成计算困难，并且相机或被摄对象的抖动越来越难以避免。

这个问题的理想解决方案是采用现有预算和电流强度所能承受的最大功率灯光。如果这样还不够，我们将采用应对弱光场景的方法，使用尽可能稳固的三脚架，尽可能仔细地聚焦，最大限度地利用仅有的一点景深。

另一个问题是偏振滤光片很容易因为受热而损坏。偏振滤光片吸收的光能不会轻易消失，它会转换成热量，没准儿还能烹饪食物！

在进行闪光摄影时，摄影师通常会在真正拍摄前才装上偏振滤光片。他们会在安装偏振滤光片前关掉造型灯，这样闪光管发出的瞬间闪光只会产生极少的热量。

当光源为白炽灯时，需要将偏振滤光片安装在支架或单独的灯架上，以便与光源保持一定距离。距离的大小取决于光源的功率和反光罩的结构。剪一小块偏振滤光片在灯光前烤一会儿，以此来确定安全距离，是很有必要的。

最后，我们必须记住，偏振镜对色彩平衡的影响很小。如果你正在使用胶片拍摄，无法在相机里调节色彩平衡，那么明智的做法是预拍摄并冲洗一卷彩色测试胶卷，以确保在最终拍摄前调整好彩色补偿（CC）滤光镜。

通过漫反射和阴影表现质感

在任何有关物体表面性质的探讨中，我们必须论及质感（这就是我们在本章开始时提到所有被摄对象都是近似二维物体的原因）。我们首先来看一张没有表现出被摄对象质感的照片，这将有助于我们分析问题并找到更好的解决办法。

我们拍摄了一把放在石板上的毛刷，相机上方安装了机顶闪光灯，如图4.14所示。如果我们的目的是表现其质感，那么毫无疑问，这张照片没有达到目的。

图4.14　使用机顶闪光灯拍摄的一把放在石板上的毛刷。没有对比鲜明的高光和阴影，石板和毛刷的很多细节几乎看不到

毛刷的明亮色彩导致了这个问题。我们知道光照下的所有物体都会产生漫反射，并且理想的漫反射的亮度与照明角度无关。由于这个原因，光线照射在毛刷纹理颗粒的侧面，反射回相机的光线几乎和照射到颗粒顶部的光线一样明亮。

我们可通过使光线与毛刷表面成较小角度，使其“掠过”毛刷表面的方法解决这一问题，如图4.15所示。在这种布光方式下，每一个纹理颗粒都获得了一个高光面和一个阴影面，因此毛刷和石板都会表现出非常理想的质感。

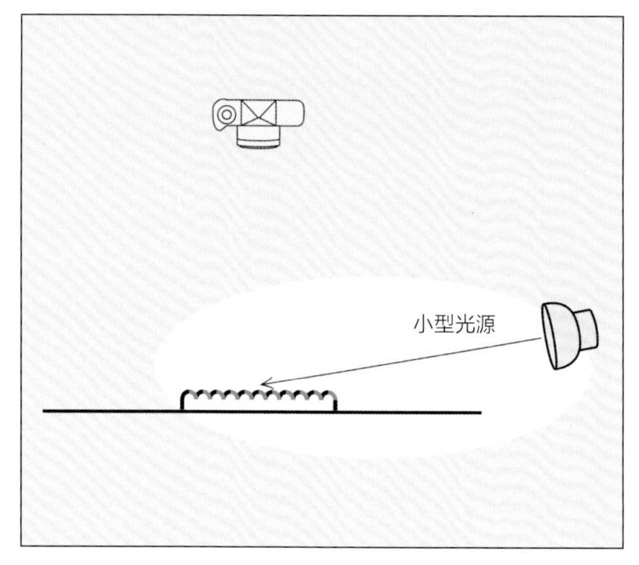

图4.15　小型光源以很低的角度照射被摄对象时能产生反差强烈的高光和阴影，这对于表现中、低影调被摄对象的质感是必不可少的

请注意，这种布光方式可能会产生不均匀照明，和图4.8所示的翻拍设置中的小角度照明结果一样。解决方案也是一样的：把光源移到离被摄对象远一点儿的地方。

光源越小，越有助于表现被摄对象的质感，因为小型光源能够产生清晰的阴影。如果纹理颗粒过小，其影像可能会因为太小而难以分辨。如果你不想要清晰的阴影，使用稍微大一点儿的光源是一个不错的办法。效果如图4.16所示。

图4.16　与图4.14相同的石板和毛刷，只不过这次我们采用了图4.15所示的侧光进行拍摄。毛刷和石板的质感表现都有了明显的改善

这种突出质感的用光方法非常直观，易于理解。即使没有我们的帮助，初学者迟早也能掌握。我们并不打算讲述一些显而易见的道理，相反，我们是想用毛刷的案例与其他不太明显、同样的技术根本不起作用的案例进行比较。

利用直接反射

图4.17的用光方式与图4.16中成功表现毛刷质感的用光方式相同。这个案例展示了即使有非常有效的技术，如果运用的时机不恰当，也可能拍出糟糕的照片。在毛刷的案例中，光线很好地表现了其质感，但同样的用光方式却使笔记本的封面几乎失去了所有的细节。

图4.17　相同的用光方式能够很好地展现出毛刷的质感，却使这个深蓝色的笔记本封面几乎失去了所有的细节

侧光能够在纹理颗粒的一侧形成阴影，在另一侧产生漫反射高光，我们就是运用这种方式来表现毛刷和石板表面的细节的。在深蓝色笔记本封面上，每个纹理颗粒的一侧都有相同的阴影（尽管你看不到它），但颗粒另一侧的漫反射高光却消失了。这张照片的问题在于被摄对象本身。它是深蓝色的，根据定义，深色物体几乎不会产生漫反射。

我们知道增加曝光可以使皮革上微弱的漫反射得以表现，但是这种方法很少被采用，因为重要的浅色区域也存在于大多数场景中。如果我们增加曝光，画面中浅色区域的高光细节可能完全消失。另外，这是一本关于用光的书，我们不能运用调整曝光的方式来解决这一问题，而应该凭借用光技术来解决。

如果我们不能从笔记本的表面获得足够的漫反射，我们将尝试创造直接反射。这似乎是我们唯一的选择了。因为直接反射只能由来自限定角度范围内的光源产生，所以我们的第一步是确定光源的角度范围。

图4.18显示了如果相机要拍到被摄对象表面的直接反射必须设定的光源位置。此外，为了使整个表面都能产生直接反射，光源必须大到能够照亮整个角度范围。因此，我们至少需要一盏大小和位置如图4.18所示的灯。

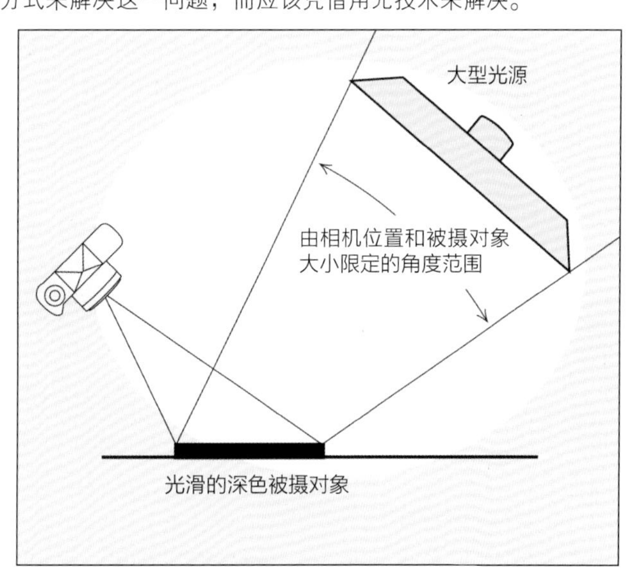

图4.18　这个大型光源照亮了深蓝色笔记本限定的角度范围

这张照片的光源可以是多云的天空，可以是一个柔光箱，也可以是由另一个光源照亮的反光板。最重要的是光源的大小和位置要合适。

请注意，这种布光方式可能和成功拍摄毛刷的布光没有太大区别，只不过我们把光源放置在了被摄对象的上方，而不是被摄对象的一侧，这几乎消除了能够表现毛刷纹理的小块阴影。我们用大型光源取代小型光源，这意味着保留在纹理中的少量阴影会过于柔和，以至于无法清晰地展现被摄对象的质感。

换句话说，拍摄毛刷的最佳用光方式，对于深色笔记本而言却是最糟糕的用光方式！这种显而易见的矛盾是因为之前的理论忽视了一个值得考虑的因素：直接反射。

桌子上方的大型光源使笔记本产生了图4.19所示的漂亮纹理。无须增加曝光量，到达笔记本封面上的光量已与图4.17中的没有区别。尽管如此，笔记本封面纹理中的高光影调值已经从接近黑色上升为中蓝色了（如果笔记本是黑色，本质上相当于中灰色）。

图4.19　使用图4.18的布光方式能够获得最大限度的直接反射，从而表现出笔记本封面的纹理

用光效果的明显提升来自良好的反射控制。笔记本的表面只能产生很少的漫反射，但能产生大量的直接反射。对适用于某一表面的反射类型加以利用，可以让我们获得更出色的效果。

拍摄美食需要特殊布光吗？

应读者的要求，我们增加了这部分关于美食摄影的内容。事实上，关于美食造型的内容就可以写一整本书，这是一门真正的艺术。与一位出色的美食造型师合作，可以帮助摄影师脱颖而出。然而，美食摄影用光也遵循着相同的规则。我们希望观看者将目光聚焦在哪里？想要呈现出什么样的质感和形状？答案决定了我们该如何去做。

在图4.20中，我们使用了与图4.18基本相同的布光方式，只有两个不同之处。第一，我们使用了更大的光源。（还记得图2.7中的番茄吗？）第二，我们添加了一块白色的反光板，以便更好地突出餐具阴影处的细节。

图4.20　我们使用了与图 4.18 类似的布光方式，但是使用了更大的光源和一块白色反光板进行调整

图4.21的布光方式在图4.15的基础上稍微做了一些改变。首先，我们再次使用了更大的光源，并将其升高了一点儿，使光线更轻柔地“扫”过饺子。其次，我们在相机前添加了一块银色的反光板以柔化阴影，并在蘸料的上方使用了一个小的遮光片。

图4.21　我们调整了图4.15的布光方式，使用了一个更大的光源，在相机前添加了一块银色的反光板，并在蘸料的上方添加了一个遮光片

总之，拍摄美食和拍摄其他任何东西一样。正如我之前所说，不要记住布光示意图，而是要理解用光的原理，然后仔细观察你面前的被摄对象，学会随机应变！

表现复杂的表面

在本书中，我们使用“复杂的表面”一词来描述同时需要漫反射和直接反射才能得到准确表现的单一表面。光滑的木材就是一个很好的例子。直接反射只能告诉观看者木材表面是光滑的，而漫反射则是展现其色彩和质感的关键因素。

图4.22中的物体是一个经过高度抛光的木盒，在光源下同时产生直接反射和漫反射。我们设置了一个中型光源，使其在木盒的下半部分产生直接反射，这种用光方式有助于表现木盒富有光泽的表面。注意，此处的直接反射也能表现木盒表面的部分纹理。

图4.22　画面左侧的直接反射用来表现木盒的光滑表面，而右侧的漫反射则更多表现木盒的纹理和色彩

由于光源足够大，足以照亮木盒表面产生直接反射所需的角度范围，所以我们用遮光板遮住了部分光线，使木盒的右侧表面只产生漫反射。这让我们可以看到木盒的纹理和色彩。请注意，右侧是唯一能够清晰看出木盒表面真实色彩的区域。图4.23为这张照片的布光示意图。

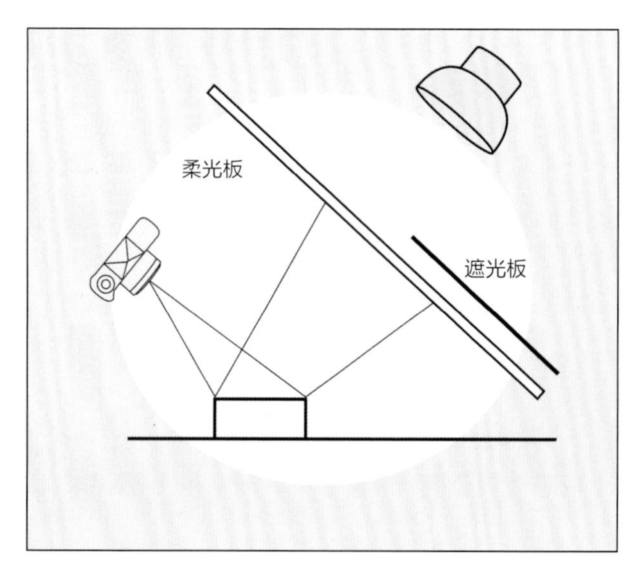

图4.23　拍摄图4.22中木盒的用光设置，能够同时产生直接反射和漫反射

如果我们不把自己局限在二维表面，这个练习将变得更加容易。我们来看看如果在木盒表面放上一个三维物体，如图4.24所示，将会发生什么。

木盒上眼镜的反光告诉观看者木盒表面是光滑的。增加一个被摄对象可能比单独拍摄木盒的效果更好。

此外，在这种情况下增加一个三维被摄对象通常会使用光变得更加简单。但我们不能过分追求这种表现方式，因为我们承诺过本章中的案例使用的都是二维或近似二维的被摄对象。

在下一章“表现物体的形状和轮廓”中，我们将看到当物体同时面向3个不同方向时会发生什么。

图4.24　眼镜为画面增添了立体元素，提供了额外的视觉线索（眼镜镜片的反射），帮助证明木盒的表面是光滑的

结合其他应用技术

我们在处理图像时，总是有多种选择。我们可以选择黑白或棕褐色印刷。使用Photoshop，我们更是有无尽的选择。除此之外，我们还可以选择相纸。本章的开篇照片是我们将图4.25的黑白影像打印在一张22K镀金美术纸上的效果。作为一件纪念特殊时刻的展品来说，这是一个很不错的选择——这张照片我们被用来记录即将出生的婴儿。然而，我也见过用这种方式打印的优美的风景照片和迷人的抽象照片。

我是在巴里·林恩·布莱恩特（Barrie Lynne Bryant）的一篇文章中了解到这个技巧的。他是一位著名的镀金师，利用自己非凡的才华使用喷墨打印机在金箔上打印照片。他也是本书要献给的老师之一，感谢他毫无保留的分享。

尽管这项工艺需要一些时间和耐心，但是非常值得一试。一定要用真正的金箔，人造金箔几乎会立即失去光泽。当然你也可以在这个过程中使用钯和银。

图4.25　本章开篇照片的原始黑白图像，我们将其印刷在用22K金镀金的美术纸上才有了那样的效果

第5章

5

表现物体的形状和轮廓

在上一章中，我们主要探讨了拍摄平面物体或近似平面物体时的用光问题及解决办法，也就是说，用光案例中的被摄对象在视觉上只涉及长度和宽度两个维度。在本章中，我们将为被摄对象加入第三个维度——深度。

例如，一个盒子是一个只能见到3个平面的组合体。因为我们已经掌握了为任何类型的表面布光的方法，所以我们也能够为这3个平面提供有效的照明。这是否意味着我们仅仅运用上一章介绍的原理就足够了呢？通常情况下是不行的。

只为每个可见表面提供有效照明通常是不够的，我们还需要考虑这些表面是如何相互联系的。因此我们必须通过用光和构图来增加照片的深度，至少也要让观看者形成有深度的错觉。

拍摄三维物体需要专门的用光技术。我们将要演示的用光技术能够产生视觉暗示，这种视觉暗示会被我们的大脑理解为深度。

视觉暗示是本章中会不断提到的关键概念，因此本章我们从描述视觉暗示的含义开始。在完全不利用视觉暗示的情况下通过照片来表现深度是非常困难的，然而绘制一幅这样的图就容易许多。图5.1就是一个例子。没有人能确切地说出这幅图要表现什么，我们认为它是一个立方体，但你也有理由认为它是一个中间画有“Y”的六边形。

图5.1的问题在于，它没有为我们的眼睛提供必要的视觉暗示——足以使我们的大脑处理来自视神经的信息，以确定“这是一个三维场景”。我们能够让观看者理解这个物体是一个立方体的唯一方法就是增加视觉暗示。图5.2中具有大脑正在寻找的视觉暗示，不妨将它与图5.1进行比较。

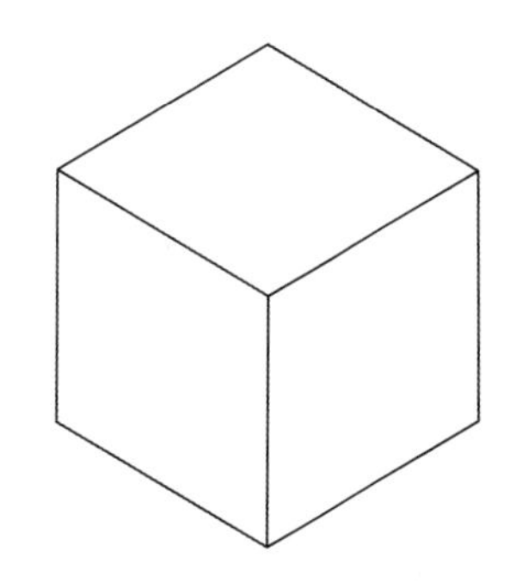

图5.1　这张图无法提供任何视觉暗示使我们将其视为一个三维物体

图5.2　增加了能使大脑将其理解为深度的视觉暗示

深度暗示

为什么图5.2看上去比图5.1更立体？仔细观察，我们立刻得到了两个答案。第一个是透视变形：立方体的一些边看起来比其他边更长，尽管我们知道立方体所有的边长度相等；角的度数也各不相同，尽管我们也知道所有的角其实都是90°。第二个是影调变化，正如我们在图5.2中看到的，画面中影调的区别也有助于大脑感知或“看到”深度。

请注意，这些视觉暗示非常强大，以至于大脑能够感知到不存在并且从未存在过的深度！图5.2展现的并不是真正的立方体，它们只不过是纸上的一点墨水而已。摄影师在记录真实的被摄对象时，实际深度是存在的，但在图片中深度却消失了。纸上或显示器上的照片与这些图画一样都是二维的。

摄影师若想保持画面的深度感，需要用到画插画的技巧。我们的工作通常比插画师的工作简单，因为大自然为我们提供了正确的照明与透视，然而情况并非总是如此。

透视变形和影调变化都会对用光产生影响。照明会产生高光和阴影，其对影调变化的影响是显而易见的。用光与透视变形的关系虽不那么明显，但仍然很重要。

拍摄视角决定了透视变形和产生直接反射的角度范围。通过调整视角来控制角度范围会改变透视变形，反之，通过调整视角来控制透视变形也会改变角度范围。

透视变形

物体处于较远的位置时会显得更小。此外，如果物体是三维的，那么较远的部分与较近的同样大小的部分相比会显得小一些。同理，同一物体较近的部分会显得更大一些。我们称这种现象为透视变形。

一些心理学家认为，婴儿认为远处的物体比实际上要小。没有人能够证明这一点，因为我们到了能够讨论这个问题的年龄时，大脑已经学会将透视变形解释为场景深度。我们知道后天学习确实是一个重要的原因，然而在原始社会长大的人们，即使从未见过带直角的建筑，也不太可能被图5.3中的错觉所愚弄。

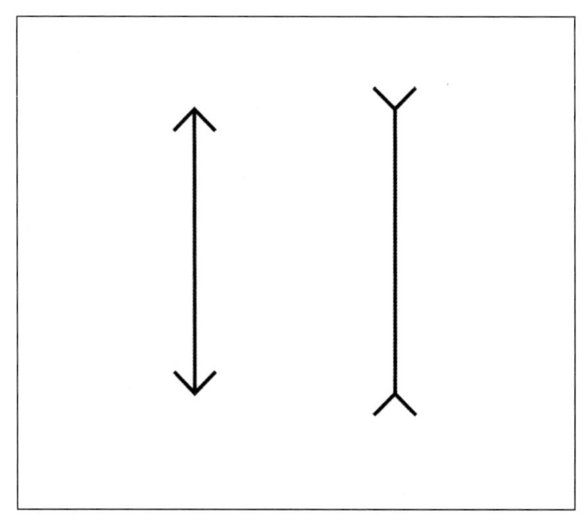

图5.3　图中是长度相等的两条竖线，但大多数人会觉得其中一条要比另一条长

暗示深度的透视变形

当我们俯视铁轨时，眼睛会欺骗我们，然而我们的大脑不会上当。铁轨似乎在远处汇聚，但我们知道它们是平行的。我们知道即使在1000米以外，两根铁轨也像在我们现在站的地方一样保持着同样的距离。

我们的大脑会说："铁轨只是看起来汇聚了，那是因为距离变远了。"

但大脑是如何知道铁轨距我们很远的呢？大脑回答说："因为铁轨看起来汇聚了，所以距离肯定很远。"

我们假设大脑使用了更为复杂的思维程序，结果也是相同的：透视变形是大脑用来感知深度的主要视觉暗示之一。控制了透视变形，我们就能够控制图片的深度错觉。

摄影作品通常都是二维的。观看者会注意到照片的长度和宽度，但不会注意纸张的厚度。我们只是在照片上感知到深度，尽管这个深度实际上并不存在。图 5.4 证明了这一点。

图5.4　尽管这张照片是平面的，是场景的二维表征，但我们可以感知到其中的深度

前景中的棋子清晰地出现在背景中的棋子的前面。但"前景"和"背景"只存在于场景中，而不存在于这张照片中，其影像被打印在一张平整的纸上。透视变形对于传达照片的深度感具有至关重要的作用。

我们知道这个场景具有深度的一个主要原因是，棋盘上的线条，以及在较小程度上，棋盘上的方格看上去变形了。事实上，图中横向和纵向的线条都分别是平行的。然而正如你所看到的，照片中的情况并非完全如此。就像我们之前讨论的铁轨一样，它们在想象中的地平线上汇聚成一点。这种变形给了大脑一个强有力的视觉暗示，于是大脑就"看到"了长度、宽度和深度。

控制变形

虽然受到某些限制，但我们仍然能够在照片中加剧或削弱透视变形。这意味着我们能够控制照片传达给观看者的深度感。

控制照片中的透视变形程度本身并不复杂。相机距被摄对象越近，变形越严重；相机距被摄对象越远，变形越轻微。这是很容易做到的事情。

在图 5.5 中，我们看到了上述规则前半部分的效果。这和图 5.4 中的是同一个棋盘，但相机离棋盘更近。（当然，改变相机距离同样也改变了影像大小，但我们通过剪裁使所有照片中的被摄对象大小相同。）

图5.5　将相机移近会加剧透视变形，使平行线呈汇聚趋势。这是大脑用来感知深度的视觉暗示之一

请注意，较近的视点会加剧被摄对象的变形。与图5.4相比，图5.5中构成棋盘形状的线条看上去汇聚感更强了。

在图5.6中，情况正好相反。这一次，我们把相机往远处移动。照片中棋盘的变形程度减弱了，线条的汇聚程度明显小于前两张照片。

图5.6　随着相机远离棋盘，平行线的汇聚趋势逐渐变弱

影调变化

第二个主要的深度暗示是影调变化。影调变化意味着被摄对象存在亮部和暗部。如果被摄对象是一个立方体，理想的影调变化意味着观看者会看到一个明亮的侧面，一个处于阴影中的侧面以及一个带有部分阴影的侧面。（方便起见，我们使用“侧面”一词。如果立方体悬挂在我们上方，这个侧面可以是立方体的顶部，也可以是立方体的底部。）良好的布光并不总是要求达到理想的影调变化，但理想状态仍然是我们用来评估用光质量的标准。

被摄对象的亮部和暗部由光源的大小和位置决定。我们把大小和位置作为两个不同的概念处理，但它们并不是相互排斥的，其中一个可能会对另一个产生重要影响。例如，一个大型光源会同时从很多不同的“位置”照亮被摄对象。在后文中，我们将介绍这两个变量是如何相互作用的。

镜头会影响透视变形吗?

大多数摄影师第一次使用广角镜头时，会认为这种镜头造成了大幅度的变形。这种想法并不准确，实际上是相机位置决定了透视变形，而不是镜头。

为了证明这一点，我们用同一支广角镜头拍摄了这几张棋盘的照片。这意味着我们必须稍稍放大在中等距离拍摄的照片，并且大幅度放大在更远距离拍摄的照片，以使照片中被摄对象的大小与在最近距离拍摄的影像大致相同。

如果使用长焦镜头，我们就不必放大这两张照片了，但我们展示的3张照片中的棋盘形状有可能因此相同。选择适当焦距的镜头有助于我们控制影像大小，使其适应传感器的尺寸。假设我们想使被摄对象的影像充满整个传感器，那么焦距较短的镜头的机位会造成透视变形。

长焦距镜头允许我们从更远的机位进行拍摄，这可以将透视变形控制到最小，并且后期无须放大影像。在每个图例中，是机位而不是镜头决定了变形程度。超广角镜头和广角镜头都有可能产生其他类型的畸变，但这些畸变不属于透视变形。

光源的大小

选择大小适当的光源是摄影棚用光最重要的一个环节。而在户外，一天中的不同时间和天气状况决定了户外光源的大小。

前几章我们已经探讨了如何调整光源的大小，从而使阴影的边缘变得更清晰或更柔和一些。如果两个阴影所记录的灰度相同，硬质阴影会比软质阴影更加突出。因此，硬质阴影通常比软质阴影更容易让人产生深度错觉。当我们理解了这一概念，我们就有了另一种方法来控制影调值，从而控制照片的深度感。

这似乎是在说硬质光更好，但仅有深度并不能构成一张好照片。过硬的阴影可能会因过于突出，喧宾夺主。因为我们无法提出何种光源大小为最佳的硬性准则，所以我们会更详细地提出一些通用原则。

大型光源与小型光源

在第2章中，我们讨论了以下基本原理：小型光源产生边缘清晰的阴影，而大型光源产生边缘柔和的阴影。大多数光源都是小型光源，这是出于携带方便和经济成本的考虑。因此，摄影师更多时候需要的是放大小型光源，而不是缩小大型光源。

柔光屏、反光伞、柔光箱和反光板都可以增加光源的有效面积，它们的效果大致相同，我们选择最便捷的一种即可。

如果被摄对象的体积很小，我们更有可能使用一个带边框的柔光板，以便将其放置在靠近被摄对象的地方获得更明亮的照明。制作一块超大型的柔光板非常困难，因此我们通常用白色的天花板反射光源来照亮大型被摄对象。

在户外，阴天的光线可以达到同样的效果。云层是极好的漫射材料，能够有效地放大日光的面积。

不过合适的户外光线取决于时间和地点，有时摄影师要花费数日才能等到天空中出现合适的云层。

如果没有时间等待最合适的天气，在摄影棚中使用的框型柔光板也同样适用于在户外拍摄小型被摄对象。此外，我们还可以把被摄对象放在阴影中，让广阔的天空代替小型直射日光作为基本光源（但是如果不进行色彩补偿的话，只有天空光照明的被摄对象会明显偏蓝色）。

光源的距离

你可能会感到惊讶，前文中我们提到云层和天空是比太阳面积更大的光源。光源的大小与光源和它所照亮的被摄对象之间的距离密切相关。

光源距离被摄对象越近，阴影就越柔和；光源距离被摄对象越远，阴影就越清晰。太阳对于生活在地球上的人来说只是一个小型光源，因为它距离地球实在太远了。

请记住，大型光源之所以能够产生柔和的阴影，是因为它会从许多不同的方向照亮被摄对象，图5.7说明了这一点。我们再来看看图5.8，当我们将相同的光源移动到较远的位置时，光源仍然向各个方向发出光线，但只有很小范围内的光线能够照射到被摄对象。

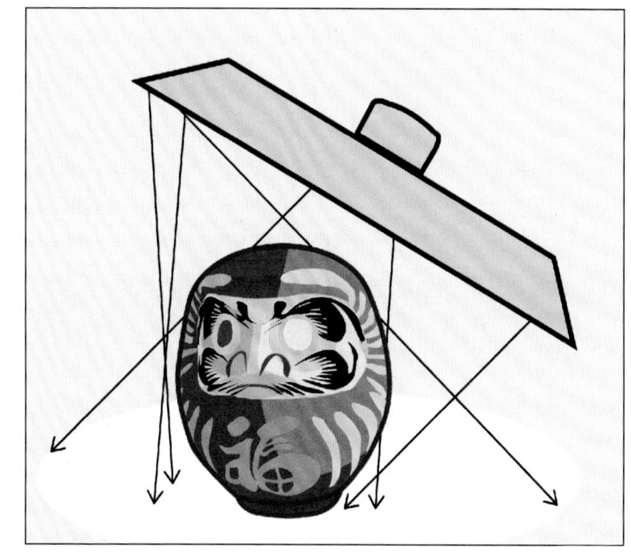

图5.7　当光源靠近被摄对象时，来自大型光源的光线会从许多方向照射被摄对象。光源越近，阴影越柔和

当光源远离被摄对象时，照射被摄对象的角度范围会缩小，从而提高了阴影的对比度。这是大型光源产生软质阴影，小型光源产生硬质阴影的另一种说法。当光源离被摄对象越近时，光源相对于被摄对象而言就越大。

在小房间内使用便携式闪光灯的摄影师有时会坚持认为，情况恰恰相反。他们会认为光源离被摄对象越远，阴影反而越柔和而不是越生硬。其实这是因为把光源移到远处时，周围的墙壁会反射出更多的光线，房间本身成了布光中更重要的组成部分，而且房间显然要比闪光灯大得多，所以这与我们说的原理并不矛盾。

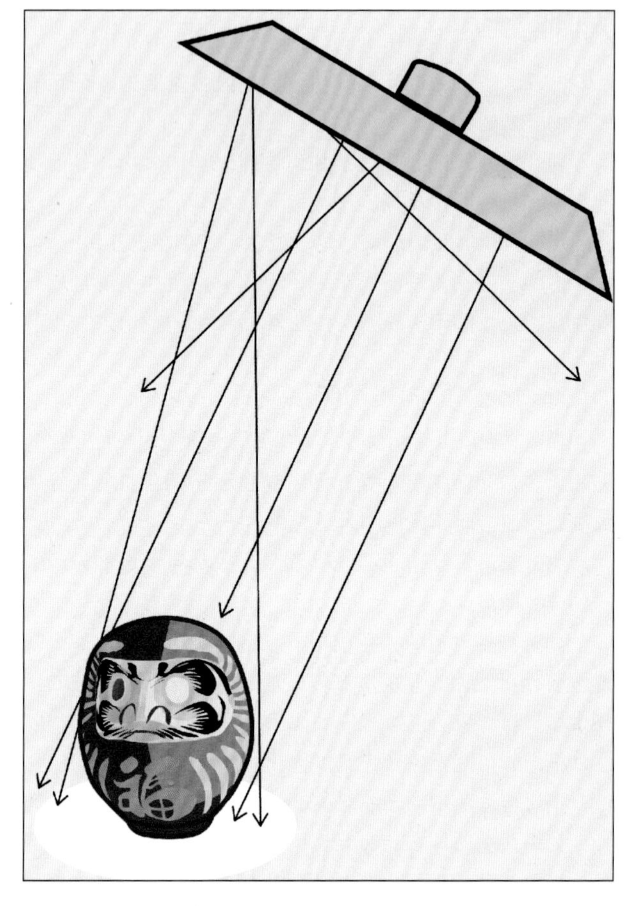

图5.8 当光源远离被摄对象时，照射被摄对象的光线会更趋于平行，这会产生边缘更为清晰的阴影

光位

光位（光源相对于被摄对象的方向）决定了被摄对象的哪些部分处于亮部，哪些部分落在阴影中。来自任何方位的光线均有可能适用于某一特定的场合，但只有少数光位适合用来强调深度。

来自相机方向的光线称为“顺光”，光线主要照亮被摄对象的前面。顺光最不适合表现立体感，因为被摄对象的可见部分都处于高光区域，而阴影落在被摄对象后面相机看不到的地方。由于相机无法记录影调的变化，所以照片会缺少立体感，因此顺光通常也称为平光。

然而，明显缺乏深度并不总是缺点，有时也是一种优点，比如顺光人像照片会因为减弱了皮肤的粗糙质感而显得更加好看。

逆光也无法表现物体的立体感。由于光线是从被摄对象的后面照射过来的，逆光在被摄对象面对相机的一侧产生了阴影。这固然可以增加戏剧性，但如果没有其他光源，就无法表现被摄对象的深度。

立体感需要同时通过高光和阴影来体现，因此介于顺光和逆光之间的光位能更好地表现这种感觉。这样的光位统称为“侧光”。在一定程度上，大多数有效的用光都是侧光。

静物摄影师通常使用顶光拍摄静物台上的物体。顶光与侧光在表现深度方面的效果一样，因为它们所产生的高光和阴影的比例相同。对这两者的选择完全与个人喜好有关，区别只在于我们想让高光和阴影出现在哪里，而不是各占多少比例。

直接来自侧面或顶部的光线通常会将被摄对象的细节过多地隐藏在阴影中，因此摄影师可能会把光源设置在侧光和顺光之间的位置，这种折中性的用光方式被称为“四分之三用光”。

你可以合理地决定对何种被摄对象采用何种光位。你的思考过程比我们提供的规则更重要。对于某一被摄对象，只要你认真考虑过某种光位能达到什么效果，以及能在多大程度上实现你的目标，你的决定基本上就是正确的。

现在我们以一个真实的被摄对象为例，来确定一个有效的布光方案。被摄对象是一个达摩吉祥娃娃，我们的目标是通过用光强调其在照片上的立体感。

侧光

将主光源放在被摄对象的一侧，另一侧会产生阴影，这种阴影是表现被摄对象立体感的一种方式。在图5.9中，我们使用高对比度的小型光源进行了尝试，这样做能够使我们很容易地看到阴影。

这可能是一个不错的方法，但对桌面上的被摄对象而言通常不是最佳选择。高光和阴影的结合的确能表现深度，但是由此产生的硬质阴影却成了一个问题：它有点儿喧宾夺主了。

我们可以使用大型光源来改善效果，它能柔化阴影使其不至于太引人注目。然而，阴影的位置仍然会分散观看者一部分注意力。（达摩吉祥娃娃是被摄对象，而不是阴影。也许有一天我们可能会把阴影作为主体，或者至少作为比较重要的第二主体，到那时我们会围绕阴影进行布光和构图。）

图5.9　阴影有助于我们的大脑感知深度，产生立体感，但在这张照片中，阴影显得过于突出了

防止阴影分散观看者注意力的唯一方法是柔化阴影，柔化到好像它根本不存在的程度。但需要注意的是，阴影也证明了被摄对象是放在桌子上的。没有阴影，大脑将无法判断被摄对象是放在桌子上还是漂浮在桌子上方的。

被摄对象与背景的关系告诉观看者关于场景深度的关键信息，要传达这个信息就必须保留阴影。我们不能去除阴影，那么就必须把它放在合适的地方。

顶光

在大多数照片的构图中，阴影最不引人注目的位置是被摄对象的正下方和正前方。这意味着要将光源放在被摄对象上方且稍微靠后一点儿的位置。

图5.10就是以这种布光方式拍摄的，现在，阴影成了被摄对象站立的一块“场地”。

尽管阴影的位置得到了改善，但这张照片还是存在两个问题。首先，被摄对象仍然没有获得所需的立体感。被摄对象顶部为高光区，但侧面与其他区域都是大致相同的灰色。被摄对象的左侧和右侧之间几乎没有影调差别，这削弱了立体感。其次，被摄对象下面的阴影过于生硬。生硬的阴影显得过于突兀，成为照片中一个显眼的元素。

我们首先来解决硬质阴影的问题。在这个案例中，我们使用了一个小型光源，它使我们更容易看到阴影。现在你已经清楚地看到了阴影，我们将使其变得柔和一些。我们用一个大型柔光箱代替小型光源，图5.11是布光示意图，图5.12是使用这种布光设置产生的效果。

在图5.11中，柔光箱略微斜向相机。这种倾斜并非必需，但很常见。它能够使无缝背景得到均匀的照明。还要注意的是，由于光源离背景的上部更近，如果光源处于水平位置，会让这个区域显得过于明亮。倾斜光源的另一

图5.10　在被摄对象上方使用一个小型光源，使阴影变小而不再那么突出，好像给了被摄对象一块站立的“场地”。然而，阴影还是显得过于生硬

个原因是如果我们决定运用辅助光，它能够在反光板上投射更多的光线。

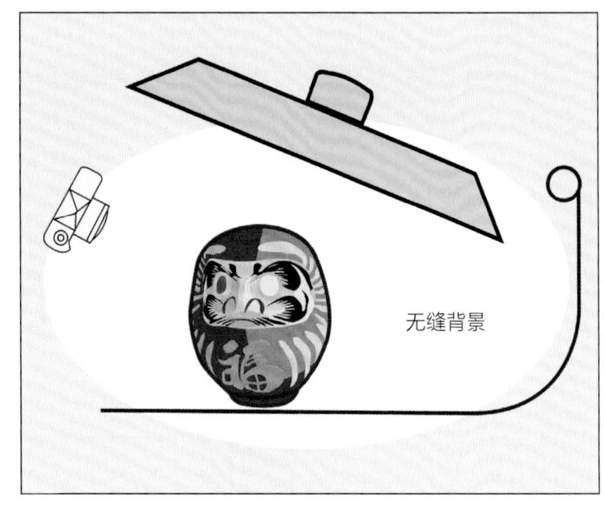

图5.11 柔光箱照明使阴影变得非常柔和，不再那么引人注目

辅助光

有时一个悬挂在上方的大型光源就可以满足需要，但并非总是如此。如果被摄对象又高又细或侧面是垂直的，这种用光方式就失效了。单个顶灯光源产生的影调变化可能过于极端。与顶部相比，被摄对象的正面和侧面可能会过暗。

对于那些薄的、扁平的被摄对象，即使正面的细节特别重要而顶部不那么重要，这样用光的弊端也会显现出来。图5.12能部分反映这个问题。虽然这样用光没有想象的那么糟糕，但最好给被摄对象的正面多加一点儿光。

对于这个问题，解决方案是增加一个光源，以提升阴影区域的亮度。这个方案并不一定是最佳方案，而且也不总是非它不可。在侧面使用辅助光源可能会产生明显的阴影，如图5.9所示。但在相机上方设置辅助光又会使被摄对象的照明过于均匀，这会削弱我们试图表现的深度感。

我们可以通过使用尽可能柔和、暗淡的辅助光来避免增加麻烦，只要它的亮度足够完成我们的目标。如果辅助光很柔和，产生的阴影的轮廓就不会过于明显。如果辅助光较为暗淡，阴影就不会太深、太突出。

使辅助光变得柔和意味着光源的面积要足够大。辅助光越明亮，所需光源面积通常越大，而较暗的辅助光面积可以更小，而不会产生明显的外部阴影。

有时一块反光板就可以提供足够的辅助光。我们可以将反光板放置在被摄对象侧面或相机的正下方。辅助光的强弱会影响被摄对象的亮度和阴影的深浅。选择辅助反光板应根据被摄对象和背景的不同来进行。

拍摄图5.13时，我们在相机下方靠近被摄对象的位置增加了一块白色反光板。

图5.12 使用图5.11布光设置的效果

图5.13 反光板将上方柔光箱的部分光线反射至被摄对象的前面，以提升该区域的阴影亮度

白色的背景可能会反射大量光线，我们根本无须再用反光板。而黑色背景反射的光线太少，我们可能需要更强的辅助光。

我们可以任意组合使用反光板和辅助光源，这取决于被摄对象需要多少辅助光。我们可能用到的最弱的辅助光是从被摄对象所在位置的浅色背景反射出来的光线。

在这种情况下，我们也可以在被摄对象的一侧放置一张黑卡纸，使两侧的辅助光不相等（在第9章的“白色对白色”的案例中我们会用到这种方法）。我们最常用到的辅助光，可能是放置在被摄对象一侧的大型柔光板后面的光源，而在被摄对象的另一侧放置较小的银色或白色反光板。

拍摄中使用的各种设备的位置安排，决定了我们设置反光板的自由度。有时我们可以把反光板放在任何我们想放的位置，但在一些情况下，我们或许只有一种可以安排反光板的位置，使其离被摄对象足够近，但仍然在成像区域外。后一种情况下，我们可能更多地使用白色反光板而不是银色反光板。

银色反光板通常会比白色反光板反射更多的光线到被摄对象上，但也不总是这样。由于银色反光板产生直接反射，因此银色反光板的反射角度范围受到限制。在设备摆放拥挤不堪的情况下，银色反光板唯一可以放置的位置是不会向被摄对象反射光线的位置。与此相反，白色反光板的大多数反射都是漫反射。由于白色反光板对反射角度的要求不是很严格，所以与银色反光板相比，在某些位置，它能反射更多的光线到被摄对象上。

请注意，主光源的大小也会影响我们对反光板的选择。明亮、光滑的银色反光板会像镜子一样反射主光源的光线，因此如果主光源是大型光源，大型银色反光板可以作为软质辅助光加以运用。

小型银色反光板反射出的是硬质辅助光，这与任何其他小型光源都是硬质光源的道理是一样的。然而，如果主光源是小型光源，无论银色反光板的面积如何，它的反射光永远都是硬质辅助光。白色反光板是唯一能从小型主光源反射出软质辅助光的反光板。

另外，尽管背景通常能提供足够的反射辅助光，但要注意彩色背景的影响，尤其在被摄对象是白色或浅色的情况下。从彩色背景反射出的辅助光会使被摄对象出现偏色。

有时我们必须利用白色光源产生更强的辅助光，以克服由彩色背景造成的偏色现象。我们可能还需要用黑卡纸遮住部分背景以消除带有偏色的反射辅助光。

增加背景深度

在图5.11中，我们使用了一张弧形的无缝背景纸。背景纸以图中所示的方式悬挂，不仅盖住了被摄对象所在的台面，也遮挡了桌子后面的杂物。相机看不到地平线，而且只要我们不让被摄对象的阴影落在背景上，背景纸的柔和曲线同样看不到。我们的大脑会认为整个背景都是水平的，并且在被摄对象后面无限延伸。

为了让案例简洁明了，到目前为止我们只使用了简单的单一影调背景。但这种背景不仅会使画面显得单调枯燥，其用光方式也未能使观看者在背景中产生无限深度的错觉。我们可以通过为背景提供不均匀的照明光线，来增强背景的深度感。

我们将这种不均匀照明称为“渐变”。在使用该术语时，它意味着场景中从明亮到黑暗的过渡。渐变可以出现在照片的任何区域，但摄影师常在照片的上半部分采用这种方式。这种渐变看上去比较舒服，操作起来也最容易，并且不会干扰主要对被摄对象的照明。

图5.14 背景的不均匀照明（即渐变）能够为照片增加深度感，有助于将被摄对象从背景中分离出来

请看图5.14。注意图中背景的影调是怎样从前景中的明亮影调渐变为背景中的黑色影调的。前景和背景之间影调值的差异产生了另一种关于深度的视觉暗示。

图5.15展示了制造渐变的用光方法，我们要做的就是将光源更多地朝向相机。简单的用光变化使落在后面无缝背景纸上的光线变得更少。

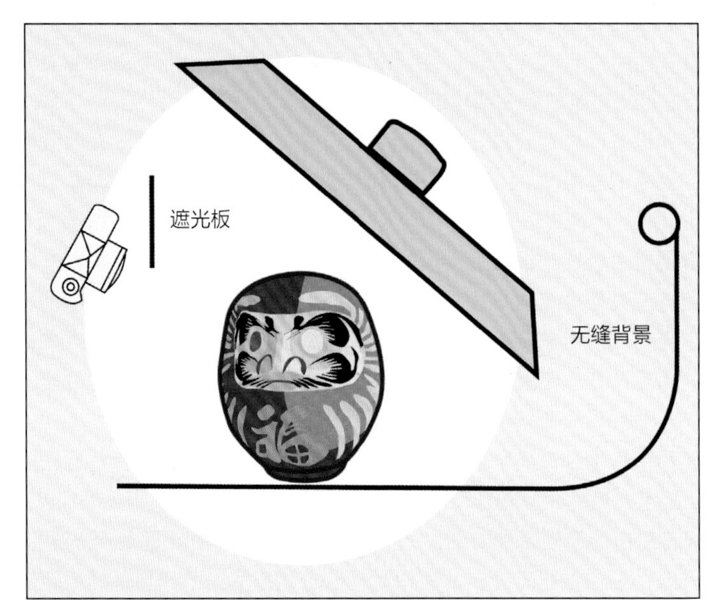

图5.15　将光源更多地朝向相机，能够使背景产生渐变效果。相机前方的遮光板通常是必不可少的，可以防止眩光的产生

注意，我们在图5.15中的镜头前加用了一块遮光板，这是非常重要的设置，因为光源越是朝向相机，越有可能产生强烈的眩光。

防止眩光

眩光也被称为“非成像光”，它是一种光线的散射现象，通常出现在不该出现的地方（稍后将详加介绍）。从技术层面上看，每一张照片中都有眩光，但它们通常并不引人注目，也不会达到损害照片质量的程度。然而，图5.15所示的用光设置却有可能产生足以降低照片质量的眩光。

眩光有不同的表现方式。在图7.17中，眩光像一层灰雾或“面纱”一般笼罩了整张照片。然而，在图5.16A中，眩光看上去全然不同，它并没有呈现为均匀分布的形式，而是在女孩的脸上呈现为不规则的条纹。在这张人像照片中，强烈的眩光是由低角度的太阳逆光导致的。

尽管眩光通常令人生厌，但一些摄影师会有意利用眩光来表现特定的视觉效果。在当今的时尚摄影领域，这种做法尤为常见。

眩光分为两种：镜头眩光和机内眩光。两种眩光的视觉效果相同，区别在于光线散射的位置。

图5.16B展示了机内眩光的成因以及如何防止眩光。来自视场外的光线进入镜头后，从相机内部反射到传感器，从而降低了影像质量。所有相机的内部都是黑色的，专业相机内部还设计有能够吸收大量外部光线的脊线，但没有一种相机的结构能够完全消除眩光。

镜头遮光罩的主要作用是遮挡来自画面外的杂光。但遗憾的是，有时遮光罩并不能向前延伸至足以防止眩光出现的距离。解决方法如图5.15和图5.16B所示，即将不透光的纸板用作遮挡杂光的遮光板。

如果光源为硬质光源，我们可以将遮光板设置在其阴影刚好遮住镜头的位置。但如果光源是软质光源，遮光板的设置就比较困难。遮光板的阴影可能会过于柔和，以至于我们无法判断它何时才能充分地挡住进入镜头的杂光。

A

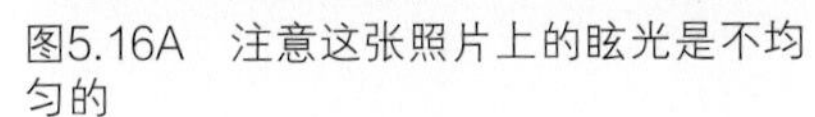

图5.16A　注意这张照片上的眩光是不均匀的

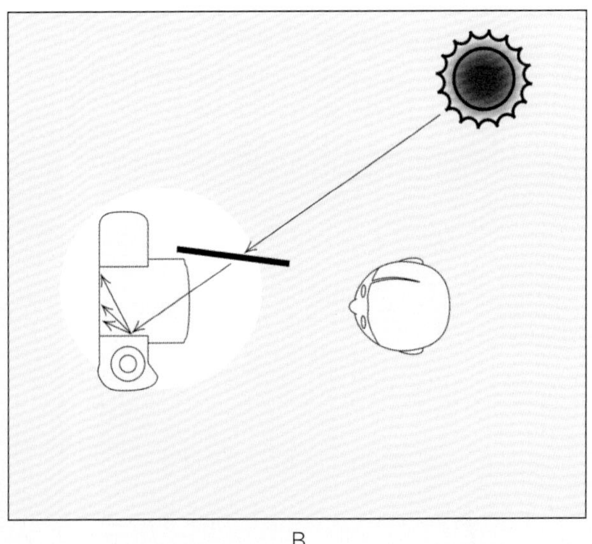

B

图5.16B　视场外的光线穿过镜头，在相机内部引起反射从而导致机内眩光。将光线挡在镜头之外是防止机内眩光的唯一方法

由于我们通常是在全开光圈的情况下进行取景和聚焦的，所以在相机中看到的影像景深极浅。景深过小可能会使遮光板的影像较为模糊，导致遮光板进入画面时我们也难以发觉。在不遮挡画面的情况下，将遮光板放置在距离画面足够近的地方以便其发挥遮光作用是很困难的。

此外还要注意，镜头上的玻璃镜片会像镜子一样反光。将相机架在三脚架上，观察镜头的前端镜片，你会看到反光，它们有可能导致眩光的产生。

将镜头前的遮光板移远一些，直到在镜头中看不到反射的光源为止。保险起见，再将遮光板略微后移。在这个位置上，遮光板既不会遮挡画面，又能够消除几乎所有的眩光。

理想的影调变化

前面我们已经谈到，一个具有3个侧面的盒子需要有一个高光面，一个阴影面，以及一个影调介于前两者之间的中等影调面。但我们还没有谈到高光面应该亮到什么程度或者阴影面应该暗到什么程度。事实上在本书中，我们还从来没有谈到过具体的用光比率，因为它必须根据具体的被摄对象和摄影师的个人习惯确定。

如果被摄对象是一个简单的立方体，任何侧面都没有什么重要的细节，我们可以将阴影处理成黑色，将高光处理成白色。但如果被摄对象是即将出售的产品的包装盒，那么在每个侧面都可能会有重要的细节。这就要求与第三个中等影调面相比，包装盒的高光面只需稍亮一些，而阴影面只需稍暗一些。

拍摄圆柱形物体：增加影调变化

现在我们来探讨表现圆柱形物体的相关问题。

图5.17中的火箭模型是一个基本呈圆柱形的物体。但是由于缺少影调变化，这张照片并没有充分表现出模型的真正形状。这是因为光线相对均匀地照射在模型的整个表面，使模型显得较为扁平，缺少明显的立体感。

这张照片没有提供充分的视觉暗示，使我们的大脑可以对模型的形状做出准确判断。问题就在于火箭的“侧面”没有被清晰的影调变化分隔开。它的阴影逐渐融入高光中，导致其失去了维度间的区别。

解决这个问题的方法是在画面中增加丰富的影调变化。圆柱形物体通常需要比方形盒子更亮的高光或更暗的阴影。图5.18所示为调整用光方式后得到的火箭模型照片。

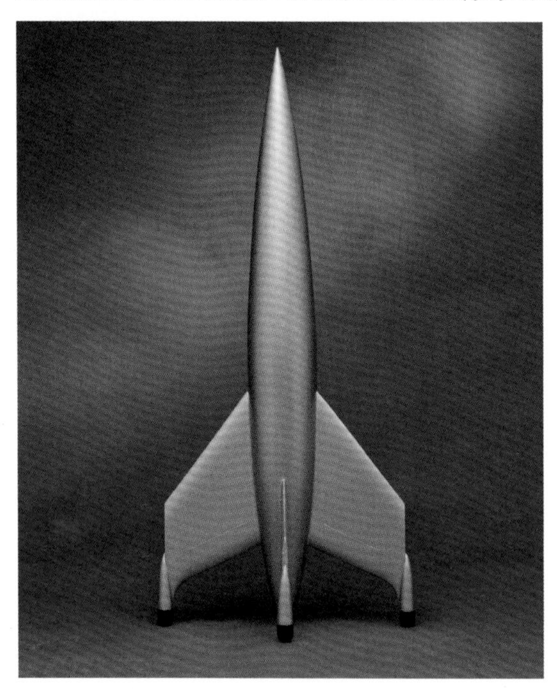

图5.17　被摄对象大致呈圆柱形，但平光未提供足够的视觉暗示来表现其立体感

图5.18　使用侧光照明使火箭模型获得了显著的影调变化，这正是大脑感知深度所需要的视觉暗示

达到这一效果的一种简单用光方式（也正是我们所使用的）是将光源放置在模型的一侧，而将黑卡纸放置在另一侧。通过使模型的一侧获得比其他部分更多的光线，模型的表面产生了从高光到阴影的充分变化，从而获得了深度感。

然而不幸的是，把光源放在被摄对象的一侧会产生另一个问题，被摄对象的阴影会投射在摄影台表面。正如我们之前所看到的，如果阴影落在照片的底部、被摄对象的下方，那么它不会成为显眼的构图元素。

考虑到以上几点，在这样的情况下，当我们把主光源放在被摄对象的一侧时，通常会使用更大型的光源。这样会进一步柔化阴影，使它不容易分散观看者的注意力。

拍摄有光泽的盒子

在第4章中，我们已经看到合理用光需要区分漫反射和直接反射，并且对选用何种反射做出明智的决定。我们所提及的照亮简单平面的每一种方法，都同样适用于由一组平面构成的三维物体。

到目前为止，在本章中我们已经探讨了透视变形、光源的大小及光位等问题，这些因素都决定了相机是否处于能够产生直接反射的角度范围内，是否能够看到光源。现在我们将探讨一些特殊的用光技术，它们有助于我们拍摄一个表面有光泽的盒子。

请看图5.19，这个示意图中是一个有两个角度范围的有光泽的盒子，一个在盒子顶部产生直接反射，另一个从盒子前面产生直接反射。（大多数相机的拍摄视角要求摄影师处理3组角度范围，但示意图中只显示顶部和前面的角度范围，这更便于我们理解。）

我们要做的第一个用光决定是需要直接反射还是避免直接反射，换句话说，光源应该放在角度范围内还是角度范围外。

图5.20是一个表面极富光泽的木头盒子。因为它的表面非常光滑，所以顶部木材的很多细节都因直接反射而被掩盖了。

通过将光源放置在产生直接反射的角度范围外，我们可以对损失的细节进行补救。以下一系列步骤有助于我们实现这一目的。

使用深色到中灰影调的背景

首先，应尽可能使用深色到中灰影调的背景。如图5.19所示，使被摄对象产生眩光的途径之一就是通过背景反射。另外，位于摄影台上方的光源会在盒子侧面产生直接反射。

如果你使用的是无缝背景纸，那么上半部分的背景纸会将光线反射到盒子顶部。背景越暗，反射光就越少。对于某些被摄对象而言，做到这一步就足够了。

不过有时你可能不想要深色的背景。在某些情况下，你会发现产生直接反射的光线来自别的地方，而不是背景。无论哪种情况，下一步都是相同的——找到产生直接反射的光线并将其去除。

消除盒子顶部的直接反射

有几种有效的方法可以消除盒子顶部的直接反射。我们可以单独使用其中一种，也可以根据拍摄要求将几种方法组合使用。

使光源朝向相机

如果相机机位较高，顶光就会在盒子的顶部形成反射，使用柔光箱时尤其如此。光源面积很大，以至于至少有一部分光线会落在角度范围内。如果浅色背景也在盒子的顶部形成反射，将导致直接反射变得更明亮，照片效果也就更糟糕。

解决上述问题的一种方法是将柔光箱移向相机，如图5.21所示，这样做能够清晰地再现盒子顶部的细节。

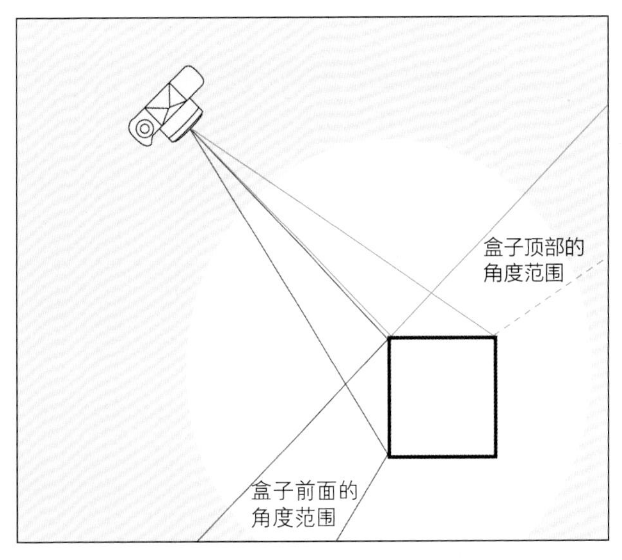

图5.19 在拍摄盒子的时候，有两个角度范围我们必须处理好。在这两个角度范围内的光源都会产生直接反射

图5.20 盒子顶部的大部分细节均因直接反射而被掩盖。我们可以通过把光源放在产生直接反射的角度范围外来解决这个问题

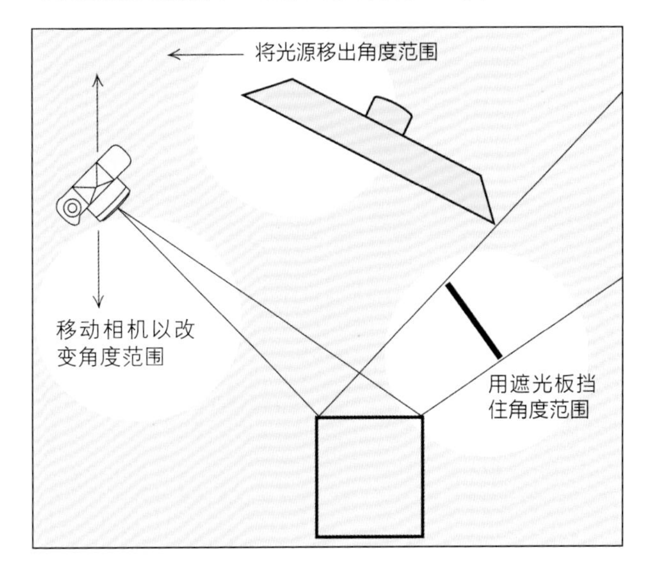

图5.21 消除盒子顶部的直接反射有一些不同的方法，你可以单独使用某一种方法，也可以将几种方法组合使用

升高或降低相机

图5.22　这张照片是向前移动柔光箱的拍摄结果，盒子顶部的细节清晰可见

移动相机也会改变角度范围。如果顶灯光源在盒子顶部形成直接反射，通过降低相机调节角度范围的方法，可将光源移到角度范围之外，如图5.22所示。如果采用了低位光源，光源的上半部分光线会在盒子顶部形成直接反射，那么升高相机位置会使摄影棚内背景上方和后方的反射取代低位光源的反射。幸运的是，让摄影棚的这部分保持黑暗通常是一件简单的事情。

运用渐变技术

如果无法使用深色背景，我们至少还可以压暗会在盒子顶部产生直接反射的部分背景，运用渐变技术可以达到这个目的。尽可能控制从背景反射出来的光线，到达盒子表面的光线越少，盒子反射的光线也就越少。

消除盒子侧面的直接反射

消除光滑盒子顶部的大部分直接反射是一件相对简单的事情。然而，当我们试图消除盒子侧面的直接反射时，事情变得困难起来。

在台面上放置一张黑卡纸

图5.23　将黑卡纸放置在盒子的右侧，可以消除侧面不必要的直接反射，有助于恢复失去的表面细节

黑卡纸会压暗被摄对象的部分表面，并消除部分被摄对象的直接反射。使用黑卡纸拍摄有助于恢复盒子失去的表面细节，如图5.23所示。当我们只打算消除一些直接反射，而使其他部分保持不变时，这是一种特别有效的技巧。

再看一遍图5.19你会发现，如果盒子的侧面完全垂直于画面底边，除非将黑卡纸放到尽可能靠近盒子底部的位置，否则它无法充满整个角度范围。尽管如此，把黑卡纸放到尽可能靠近被摄对象而又不干扰成像区域的位置，通常是学习下一种技巧的良好开端。

倾斜盒子

有时，你可以通过调整盒子的正面以消除一些不好的直接反射。这种策略能否奏效取决于被摄对象的形状。

例如，在电脑或厨房电器之类的被摄对象下面垫上小的支撑物，使支撑物藏在被摄对象的阴影里并不难。倾斜相机，使被摄对象看起来处于水平位置。

如果台面上的盒子是平放的，相机会很容易看出盒子并没有处于水平位置。我们可以使盒子稍微倾斜一些，或保持不动。然而，即便是轻微的倾斜也非常有用，尤其是在使用以下技术时。

使用长焦镜头

有时，使用长焦镜头可以解决问题。长焦镜头可以使相机远离被摄对象进行拍摄，如图5.24所示。正如我们所看到的，图5.24中的角度范围小于图5.19中的角度范围，这意味着被摄对象反射的台面光线少了。

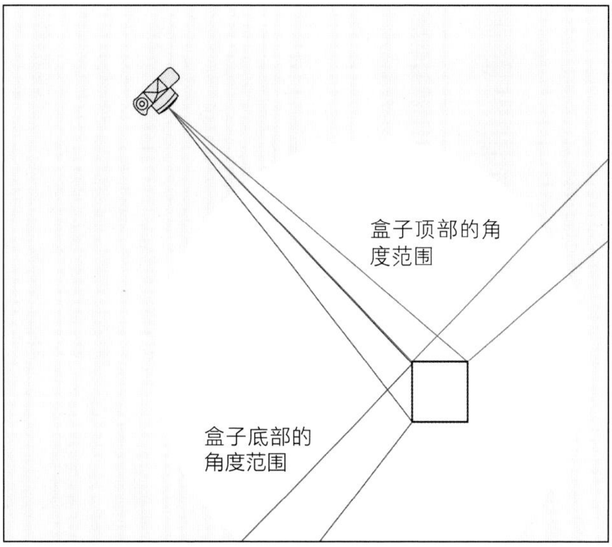

图5.24　使用长焦镜头有时有助于消除不必要的反射。将图中较远的视点与图5.19中较远的视点进行比较，可以看出，相机移得越远，所产生的角度范围越小

其他消除直接反射的方法

如果仍有部分直接反射使细节变得模糊，以下方法可以将其彻底消除。

使用偏振镜

如果产生直接反射的是偏振光，使用镜头偏振镜可将其消除。我们建议将其作为同时表现多种不同性质表面（前一章中介绍过）时的首选补救措施。

然而，如果被摄对象是一个表面光滑的盒子，不到万不得已，我们通常不会考虑使用偏振镜，因为光滑的盒子通常不止一个侧面会发生偏振反射。

不幸的是，一侧的偏振反射的方向可能会垂直于另一侧的偏振反射的方向。这意味着当偏振镜消除了一种偏振反射，也显著地增强了另一种偏振反射。

因此，我们应首先尝试前面的方法。如果留下的直接反射是最难消除的，不妨再使用偏振镜来减少反射。如果之前的补救方法已经奏效，在其他侧面略微增加的一点儿直接反射也就无关紧要了。

使用消光剂

的确，有时会发生可怕的事情！有时使用上面介绍的任何方法都无法消除环境、被摄对象及视点变化产生的反射。这时我们可能会被迫使用消光剂。但这或许需要一点点运气，否则会产生令人无法接受的结果。

值得注意的是，消光剂会降低我们试图保留的图像细节的清晰度。如果被摄对象的细节比较精细，清晰度的损失可能会比直接反射造成的对比度降低更具破坏性。

此外，消光剂的化学成分有可能会损坏被摄对象。在正式使用前，应在被摄对象的次要部位用少量消光剂试验一下，不采取这样的预防措施有可能会招致灾难性的后果。

利用直接反射

我们用光滑的盒子作为案例，以证明直接反射具有明显的破坏性。但是如果直接反射没有使细节变得模糊不清，我们通常更愿意将直接反射最大化而不是消除它。

毕竟，如果直接反射对表现物体表面来说是必要的，那么利用这种反射可以得到看上去特别真实的影像。在下一章中，我们将详细探讨这一特殊技术。

第6章

6

表现金属物体

许多学生和刚入门的摄影师认为，金属物体是最难拍摄的物体之一。他们认为拍摄金属物体简直就是前所未有的残酷惩罚。然而，他们在掌握了要领后，就会发现事实并非如此。表现金属物体并不难，摄影教师布置这种任务也不是出于故意整人的目的。

在学习摄影用光时，有几种典型的被摄对象是所有摄影师都会遇到的，通过拍摄这些被摄对象我们将学会基本的用光技术，同时能够应付其他任何被摄对象的拍摄。金属物体有充分的理由成为其中一种典型的被摄对象。经过抛光的明亮金属物体，几乎只能产生非偏振光直接反射，这种不变的特性使得拍摄金属物体成为一种真正的乐趣，因为一切都是可以预测的。它遵循着一定的规则，在开始布光前我们就能知道所需光源的大小。

此外，在无法把光源设置在能够产生有效照明的位置时，我们也能在过程中及时发现问题。我们不能投入大量的时间，只是为了证明我们正在尝试的工作无法完成，我们必须从一开始就完成正确的用光设置。

另外，由于金属物体的直接反射基本不受其他类型反射的影响，所以掌握这种反射的特性非常容易。因此，学习拍摄金属物体有助于培养摄影师随时随地了解并控制直接反射的能力，即使有其他类型的反射出现在同一画面中也是如此。

在本章中，我们将介绍一些新的概念和技术。最重要的被摄对象也是最简单的：平面的、明亮的抛光金属物体。在没有任何其他物体的场景中，拍摄一件平面金属物体的用光非常简单，你甚至无须过多思考或了解相关的原理。但拍摄这种简单的被摄对象却可以用到最精致复杂的用光技术，这些技术最终甚至有可能帮助你完成最困难的工作。

下面我们讲到的大部分内容均基于产生直接反射的角度范围。我们在第3章中介绍了角度范围的概念，在其后的每一章中我们都使用了这个概念。但在其他章中，这个概念都不像在处理金属物体时这么重要。

拍摄平面金属物体

明亮的抛光金属物体就像一面镜子，可以反射周围的一切。这种与镜子相似的特性意味着我们在拍摄金属物体时，拍摄的不仅是金属物体本身，还会将周围的事物或环境拍摄进来，因为它们会被金属物体的表面反射出来。这意味着我们在拍摄金属物体前必须准备一个合适的环境。

我们知道，直接反射与被摄对象和相机有关，它由有限的角度范围内的光源产生。因为金属物体会反射环境光，所以角度范围越小，我们越不必担心环境光的影响。一小块平面金属物体只有一个很小的能够产生直接反射的角度范围，因此非常适合作为我们讨论金属物体用光一般原理的例子。

图6.1展示了一块平面金属物体和一台相机。请注意，在任何有关金属物体的用光示意图中，相机的位置都是非常重要的，这是因为角度范围取决于相机相对于被摄对象的位置。因此，相机与被摄对象之间的关系至少和被摄对象本身一样重要。我们知道，只有图中显示的有限角度范围内的光源才能够产生直接反射。

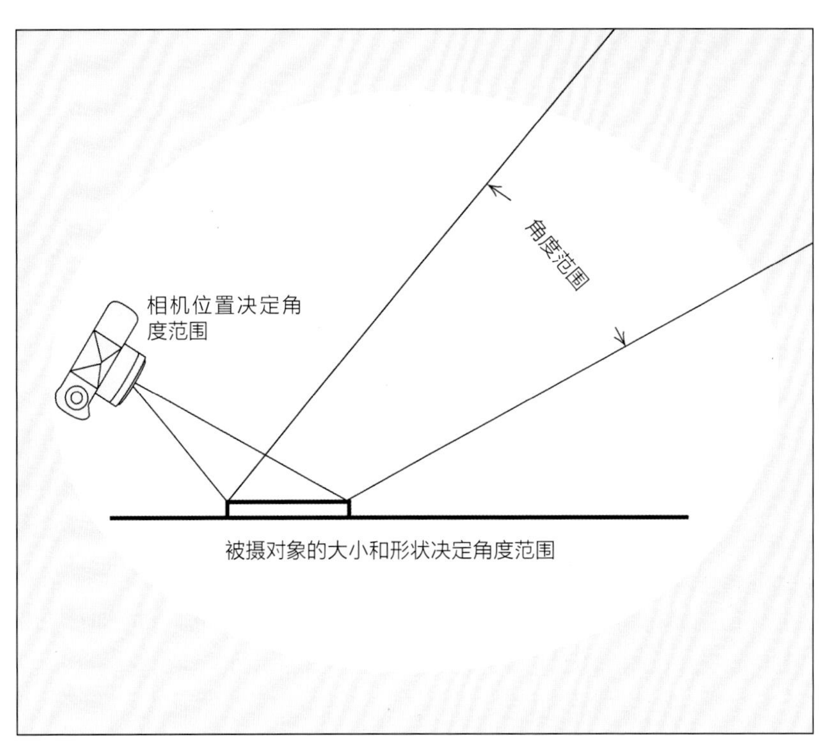

图6.1　产生直接反射的角度范围取决于相机相对于被摄对象的位置

确定明暗

首先要决定（也是最重要的一个决定），当拍摄一块金属物体时，我们想要它呈现出什么样的亮度。我们是想让金属物体看起来亮一些还是暗一些，或是介于两者之间？这个问题的答案决定了我们的用光方式。

如果想让金属物体在照片中显得亮一些，我们应该确保光源能够覆盖在金属物体上产生直接反射的角度范围；如果想让金属物体在照片中显得暗一些，则需要把光源移到其他角度。无论怎样，拍摄金属物体的第一步就是找到这个角度范围。一旦角度范围确定，后面的工作就简单了。

确定角度范围

我们通过不断的练习可以很容易地预见角度范围的位置。经验丰富的摄影师通常很快就能找到相当理想的位置放置光源，然后根据取景器里的影像稍加调整即可。然而，如果你从来没有尝试过设置拍摄金属物体时的用光，可能很难想象出角度范围在空间中的哪个位置。

我们将为你演示一种精准确定角度范围的技巧。你可以经常使用这种技巧，也可以只在比较棘手的情况下根据需要使用。无论哪种情况，这种技巧的简化操作已经能够满足大多数的拍摄要求。如果这是你第一次尝试拍摄金属物体，建议将以下所有步骤至少尝试练习一次。

通过白色目标测试板确定角度范围

这个白色目标测试板可以是任何随手可得的大型平面板材，最简便的就是你最后会用来为金属物体提供照明的大块柔光板。图6.2中标出了两个可以在金属物体上方悬挂一大块柔光板的位置。

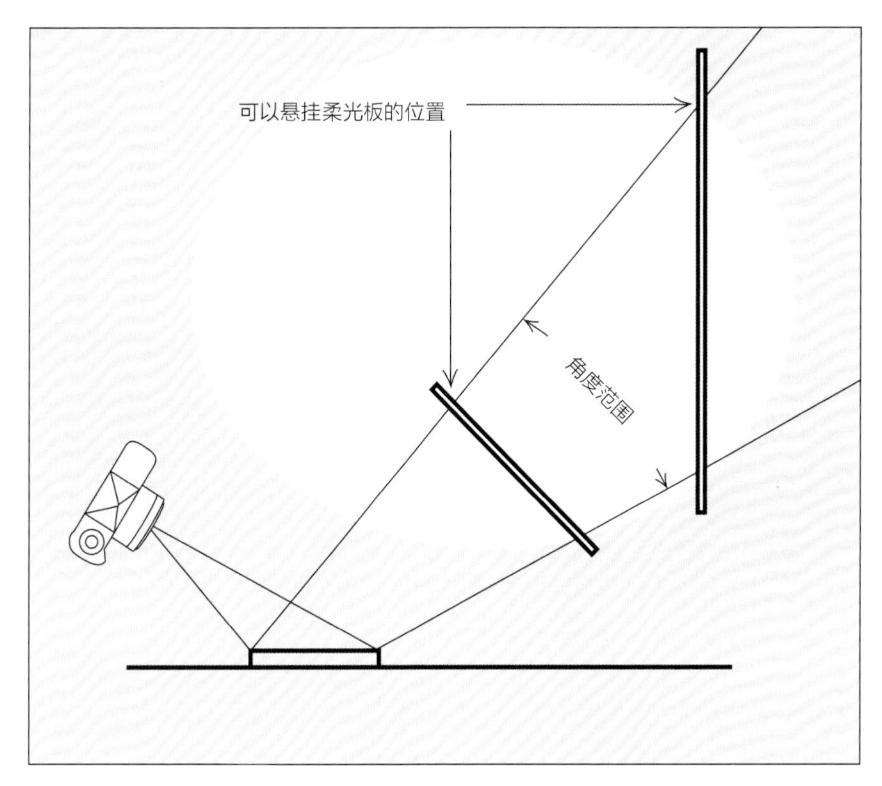

图6.2 在本练习中，悬挂白色目标测试板的位置，也是我们希望把金属物体拍得更亮一些时悬挂柔光板的位置

此时你并不知道角度范围的准确位置，不妨用一块比预想的角度范围更大的白色目标测试板试验。你越是不确定角度范围的位置，所需白色目标测试板的面积就越大。

将测试灯放置在相机镜头处

“测试灯”区别于用来拍照的光源。测试灯的光束应比较狭窄，在照亮金属物体的同时不能照亮周围的区域。小型聚光灯是一种比较理想的测试灯。如果能够保持室内黑暗，手电筒也可以满足要求。

如果近距离拍摄小型金属物体，测试灯必须准确地放置在镜头处，这可能需要暂时将相机从三脚架上卸下来。如果是机背取景式相机，那么可以暂时卸下镜头和机背，将测试灯放在相机后方，使灯光穿过相机对准被摄对象照射。但是使用这种方法一定要非常谨慎！因为测试灯距离黑色的机身过近时会使相机迅速升温，从而对相机造成非常严重的破坏。

使用长焦镜头且距被摄对象非常远的时候，通常无须将测试灯精确地放在镜头处，只要使其尽可能靠近镜头，对于大多数拍摄而言就已经比较理想了。

将测试灯对准被摄对象

将测试灯对准金属物体表面距离相机最近的点，光线就会从金属物体表面反射到白色目标测试板的表面。正如我们在图6.3中所看到的，反射光照射到白色目标测试板表面上的点为角度范围的近限点。用胶带在该点做标记。

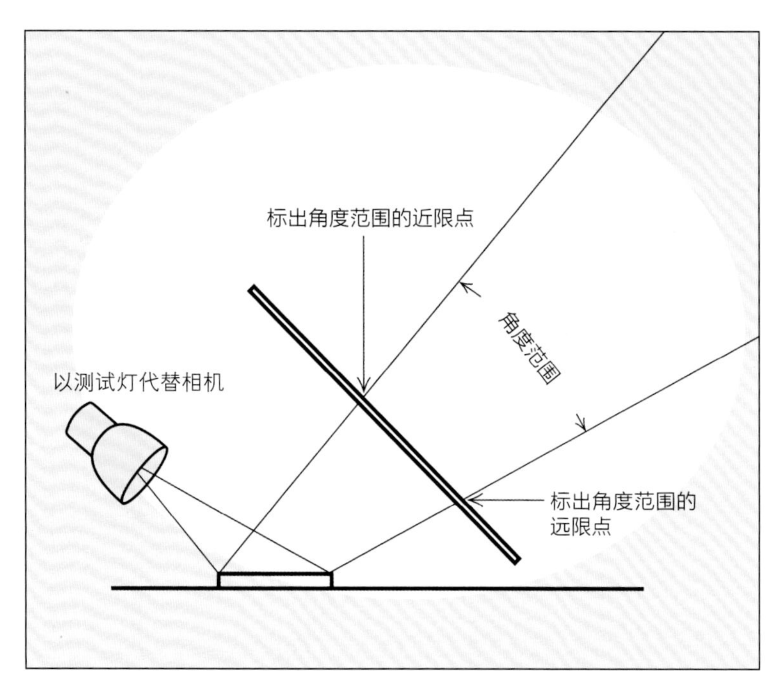

图6.3　位于相机位置的测试灯通过金属物体表面反射出来的光线标出了角度范围。一位聪明的读者建议我们用激光笔作为测试灯，效果应该会更好

如果测试灯的光束足够宽，可以覆盖金属物体的表面，那么在接下来的测试过程中，不必移动测试灯，而是让其保持在原位。但如果测试灯只能照亮部分表面，那么请将其对准金属物体上最远的点，从该点反射的光落在白色目标测试板表面上的点即为角度范围的远限点。再次用胶带在该点做标记。

类似地，标出用于确定角度范围位置的所有点，点的数量取决于金属物体的形状，至少需要标出角度范围的近限点和远限点。如果金属物体是矩形的，你需要考虑将四角的光线反射至白色目标测试板表面，而不是四边。

研究白色目标测试板表面反射区域的位置和形状

光源或遮光板几乎不需要精确地对应角度范围，但利用这个机会了解角度范围的确切位置大有裨益。现在稍微花费一点儿时间，以后会有回报的。现在对角度范围进行精确测定，在以后的拍摄工作中就能快速地推测其位置，而无须从头开始重新测量一次。

要特别注意的是，从金属物体底部边缘反射的光点对应白色目标测试板表面顶部的界限标记。记住，不管是何种类型的表面，这样都有助于更快捷地找到眩光或亮斑的来源。

本练习所证明的关系也适用于其他相机和被摄对象的位置关系。图6.2为相机从侧面拍摄台面上一小块金属物体的示意图；当然，也可以将其理解为拍摄正面带有玻璃幕墙的建筑的俯视示意图，白色目标测试板表面标记出来的区域对应的是建筑上反射的天空光。

金属物体的用光

利用上述测试方法，根据经验做出判断，或将二者结合，就可以找到在金属物体上产生直接反射的角度范围。接下来，我们必须解决让金属物体在照片上看起来亮一些还是暗一些的问题。这是一个非常重要的步骤，因为它会导致两种全然相反的用光设置。

在一些照片中，需要将金属物体表现为白色，而使场景的其他部分尽可能暗一些。在另外一些照片中，需要在高调场景中将金属物体表现成黑色。更常见的情况是，希望能够获得介于这两种极端状况之间的效果，但如果学会了极端的用光方法，则更容易掌握折中的用光方法。

使金属物体变亮

摄影师通常选择让照片中的金属物体显得非常明亮。假设想把金属物体的整个表面都拍得很明亮，那么我们就需要一个至少能覆盖产生直接反射角度范围的光源。

请注意，因为抛光的金属物体表面几乎不产生漫反射，来自其他角度的任何光线都不会对金属物体产生影响，无论这些光源有多亮或曝光时间有多长。

同样重要的是要意识到，我们可以使用的最小光源，是一个刚好能够覆盖角度范围的光源。下面我们将告诉你，为什么我们习惯使用比最小光源面积大的光源。现在，我们假设最小面积的光源已经足够了。

图6.4展示了一种可能会用到的用光设置。我们在柔光板上方的吊杆上设置了一盏灯，并调整了灯头到柔光板的距离，使光束大致能覆盖我们之前标出的角度范围。

我们也可以用一块不透光的白色反光板取代柔光板，然后以图6.5所示的方式布置光源。将聚光灯靠近相机，聚焦光束以使其大致覆盖标出的角度范围。它照亮被摄对象的效果和透过柔光板的光源一样。

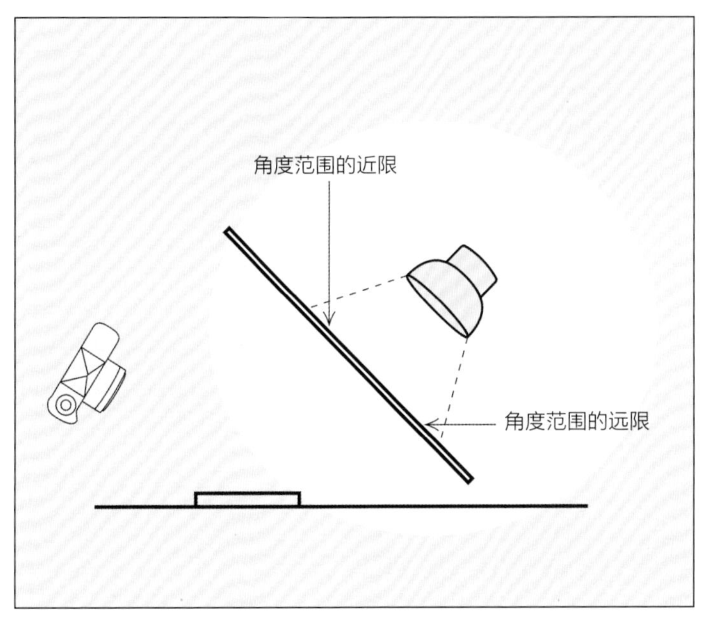

图6.4　确定主光源的位置，使其覆盖图6.3中标出的角度范围

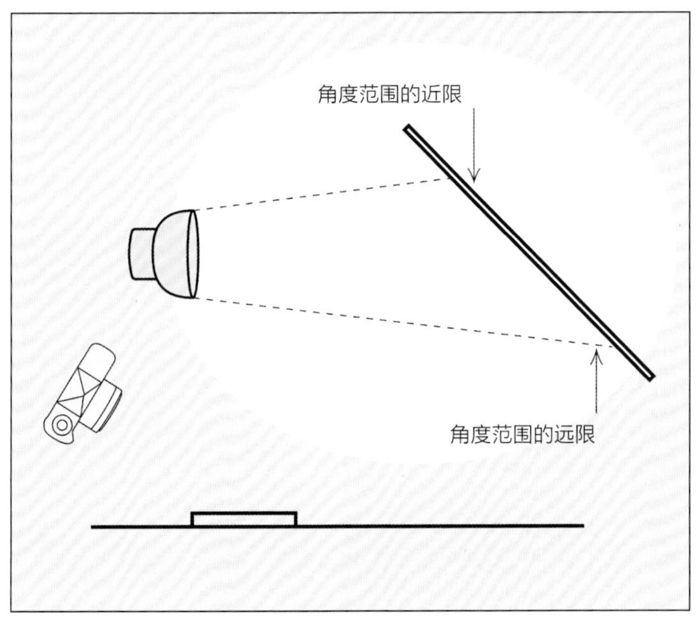

图6.5　图6.4的第一种替代用光方式。使用一块不透光的白色反光板，聚焦聚光灯光束以使其覆盖标出的角度范围

大多数柔光箱无法调节灯头到前方柔光板的距离。灯头固定在柔光箱内，非常均匀地照亮柔光箱的整个正面区域。我们可以通过在柔光箱的前面蒙上黑色卡纸的方式，限制光源的有效面积，以获得与图6.5类似的布光效果，如图6.6所示。

我们采用这3种布光方式中的第一种，拍摄放在白色背景纸上的明亮的金属抹刀，效果如图6.7所示。

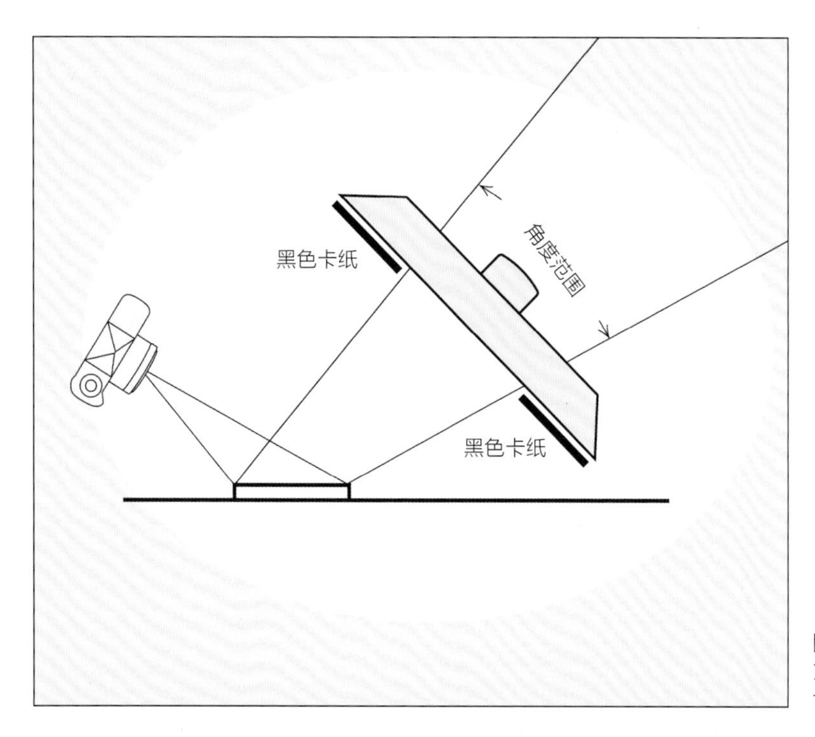

图6.6　图6.4的第二种替代用光方式。使用柔光箱，并通过黑色卡纸调节光源的有效面积

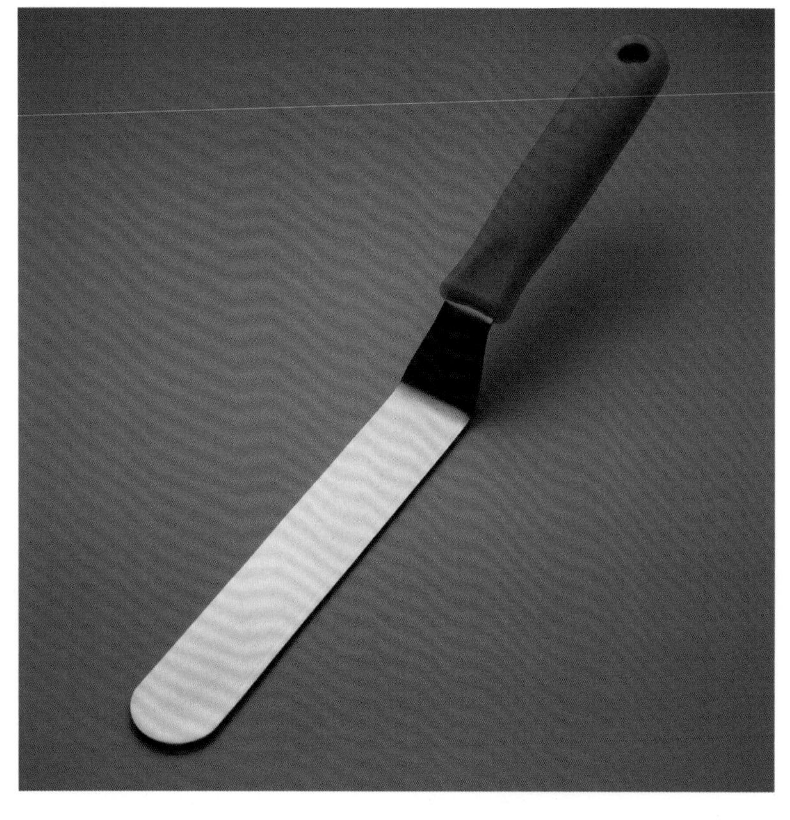

图6.7　明亮的金属抹刀放置在白色背景纸上。你知道为什么白色的背景纸看上去会这么暗吗

如我们所料，金属抹刀呈现出一种令人愉悦的浅灰色。如果你从未用过这种布光方式，你可能不会想到“白色”的背景会变得这么暗！这就是这种用光方式产生的必然结果。这张照片采用了“标准”的曝光。

何为金属物体的“标准”曝光

在图6.7中，因为金属物体是重要的被摄对象，所以我们只需要使它曝光正确即可，背景是可以忽略的。但被摄对象怎样才算“曝光正确”呢？

一种有效的方法是测量金属物体上的点测光读数，然后在测光读数的基础上增加2~3挡曝光。（测光表告诉我们的是将金属物体拍成18%灰度的读数，但我们想让它更明亮一些。照片需要达到什么样的亮度是一个创造性的决定，而不单纯是技术问题。2~3挡的曝光补偿属于合理范围。）

在前面的案例中，我们尽可能使金属物体显得更明亮，完全没有顾及其他方面。因为金属物体除直接反射以外几乎不产生其他反射，所以它在照片中的亮度近似光源的亮度。

如果金属物体是主要被摄对象，那么通过测量灰卡的反射读数是不太可能获得适当曝光的。曝光的一般法则是让我们精准地确定中性灰，从而让白色和黑色落在它们应处的位置。但当主要被摄对象比18%的灰卡亮得多时，一般法则就不适用了。因此，这种场景的“合适”曝光会使白色背景呈现为深灰色。

然而，假设金属物体不是唯一重要的被摄对象，这种情况甚至在这种简单的场景中也可能发生。这幅画面里没有其他重要的物体，但白色背景在一些要求在影像区域设计清晰易读的黑色字体的广告中，就非常关键了。

在这种情况下，灰卡读数可以使白色背景获得非常合适的曝光，但代价是金属物体曝光过度。遗憾的是，没有一种“标准”曝光能够同时适用于金属物体和白色背景。如果二者都是非常重要的被摄对象，我们必须对场景重新布光。下面我们就来介绍几种布光方法。

使金属物体变暗

前文我们探讨了如何拍摄金属物体，使其尽可能亮一些。现在我们将重新布光，使金属物体看起来尽可能暗一些。理论上讲，没有比这个更容易的了。我们要做的只是从任意方向为金属物体照明，只要光源在产生直接反射的角度范围之外就行。一个简便的方法就是将光源靠近相机。下面我们来演示可能会产生的效果。

图6.8显示的光源位置是诸多可行方案中的一种。注意，如果想让金属物体呈现灰暗的影调，我们绝不能在之前确定的角度范围内放置光源。

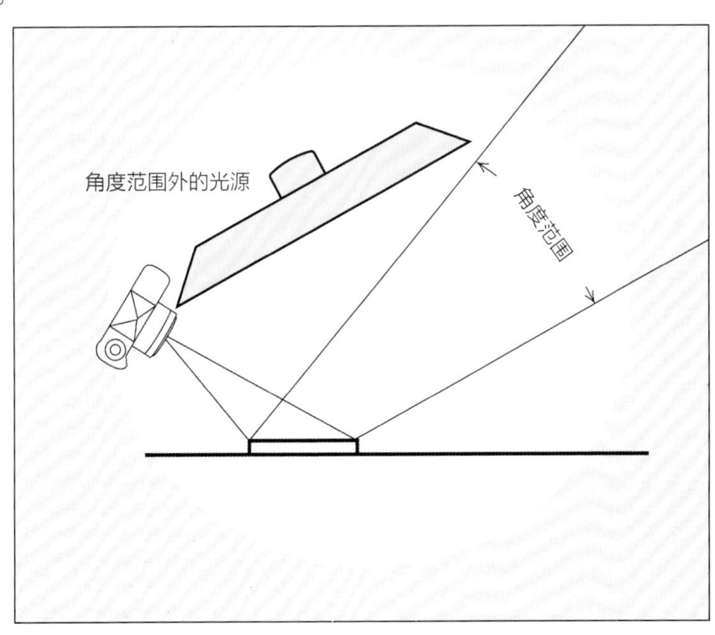

图6.8　如果我们想让金属物体看起来较暗，此光源位置是诸多可行方案之一。重要的一点是要将光源放置在角度范围外

尽管角度范围仍然在图中标出，但要注意，标出角度范围的白色目标测试板已经不见了。如果我们仍将白色目标测试板放在该位置，它就会像一个附加光源一样反射出部分光线。

图6.9证明了这一说法。这张照片生动地向我们展示了将光源放置于在金属抹刀上产生直接反射的角度范围之外的拍摄效果。图6.8所示的用光设置只会产生漫反射，而且金属物体无法产生较多的漫反射，所以显示为黑色。而纸张能对任何方向的光源产生漫反射，因此表现得很明亮。

图6.9　光源位于抹刀的角度范围外，金属表面没有直接反射，因此在此图中显示为黑色

入射光读数、灰卡读数或白纸读数（有适当的曝光补偿）都是非常合适的曝光指标，它们几乎适用于任何均匀照明和直接反射极少（或没有）的场景。对于既缺少直接反射，黑色的主要被摄对象也不在阴影中的场景，我们无须考虑纯白或纯黑的情况，使中性灰正确曝光才是我们需要考虑的问题。

除了用于说明这个原理之外，我们不太可能将图6.8中的布光方式作为一个场景的主要用光，因为这样产生的软质阴影的位置无助于描绘被摄对象的形状。考虑到这一点，我们现在来看同一个被摄对象稍微复杂一些的布光情况。这种方式在保持金属物体表面呈黑色的同时，能够对令人反感的阴影进行补救。

假定我们用来标定角度范围的测试目标远大于覆盖该角度范围所需的最小面积。如果我们要照亮被摄对象表面标记为角度范围外的每一个点，则需要一个大而柔和的光源，同时它仍能够使金属物体呈现为黑色。图6.10展示了我们如何实现该效果。

请注意，我们已经往后移动了光源，以使其尽可能均匀地照亮整块柔光板。然后我们加上了一块遮光板，其面积和形状刚好能够覆盖金属物体的角度范围。图6.11所示为最终效果。

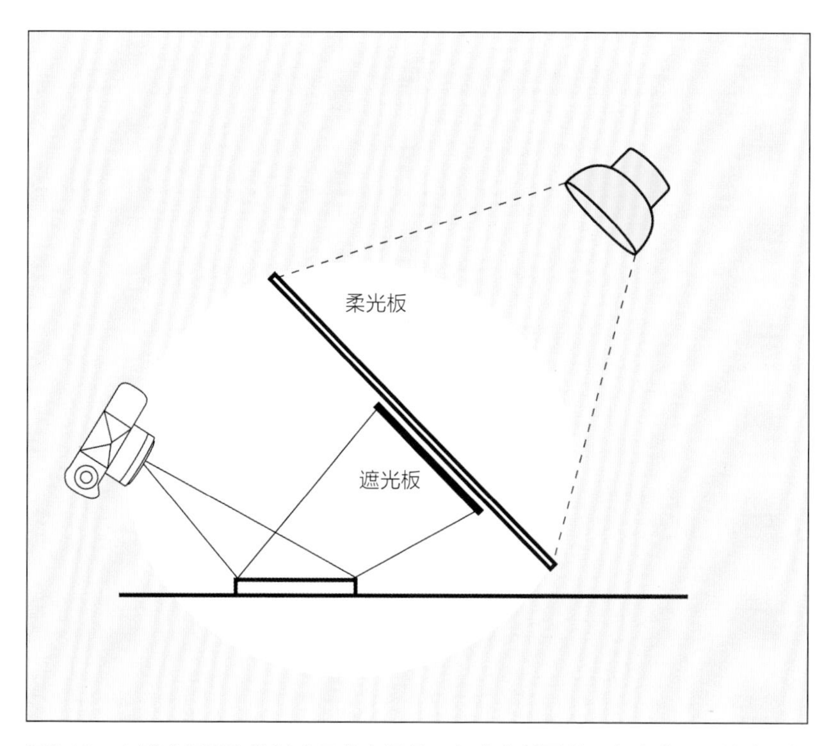

图6.10　大型光源柔和地照亮了整个场景，但遮光板覆盖了角度范围，使金属物体呈现为深暗影调

图6.11　拍摄这张照片时，我们使用了一块遮光板覆盖金属物体反射的角度范围，这种设置压暗了抹刀的影调

使用柔光箱代替吊杆上的光源和柔光板也会得到很好的效果；但使用不透光的白色反光板效果就稍逊一筹，因为照亮反光板的灯光同样会照亮遮光板。尽管遮光板是黑色的，它也会更像反光板而不是遮光板。

因为黑色的遮光板在吸收一部分光线的同时也在反射另一些光线，这不是实践上述用光设置的好方法，然而这可能是所有方法中最合适的一个。

巧妙的平衡

我们几乎从不单独使用将金属物体变亮或变暗的用光技术，而是更多地将两种技术结合使用，在两个极端之间寻求一种平衡。

图6.12就是一种巧妙的平衡。这张照片采用了覆盖金属物体直接反射的角度范围的光源，加上使背景产生漫反射的其他角度的光源。

图6.13、图6.14和图6.15展示了几种可以拍摄出这张照片的布光方法，每一种方法都同时使用了来自角度范围内及其他方向的光源。我们实际使用的是图6.15中的布光方法，但这几种方法中的任何一种都能产生相同的效果。最佳方法就是使用你手头上现有的设备即可实现的方法。

图6.12　对图6.7和图6.9的巧妙平衡。光源覆盖了金属物体产生直接反射的角度范围，而来自其他角度的光线在背景上产生了漫反射

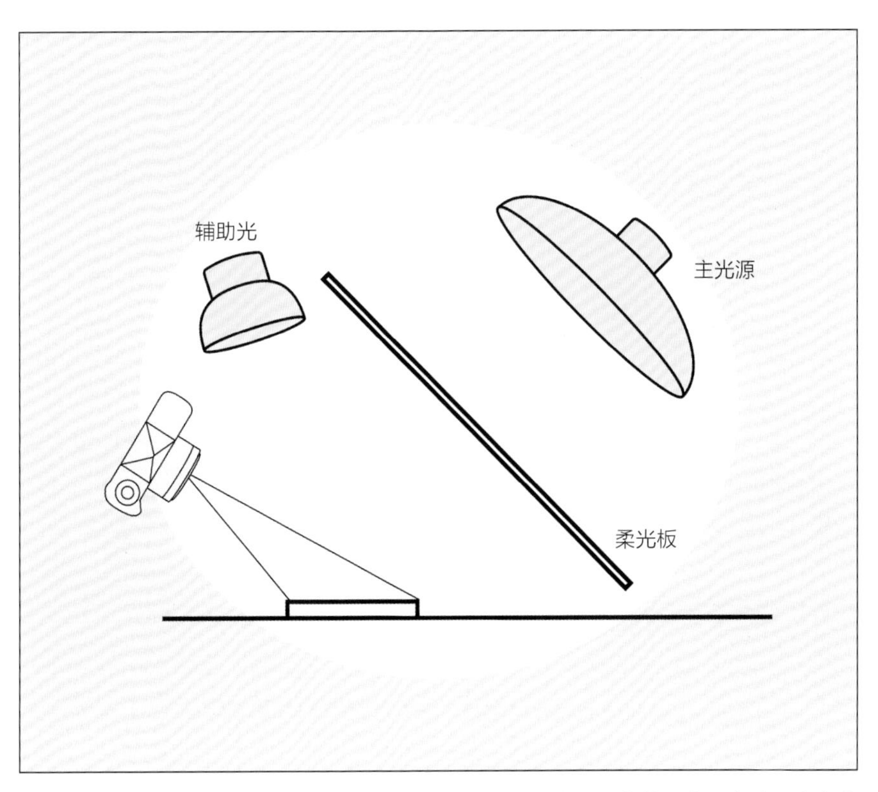

图6.13 拍摄图6.12所示效果的一种布光方法。主光源位于角度范围内，在抹刀上产生较大的、明亮的直接反射，同时辅助光照亮了背景

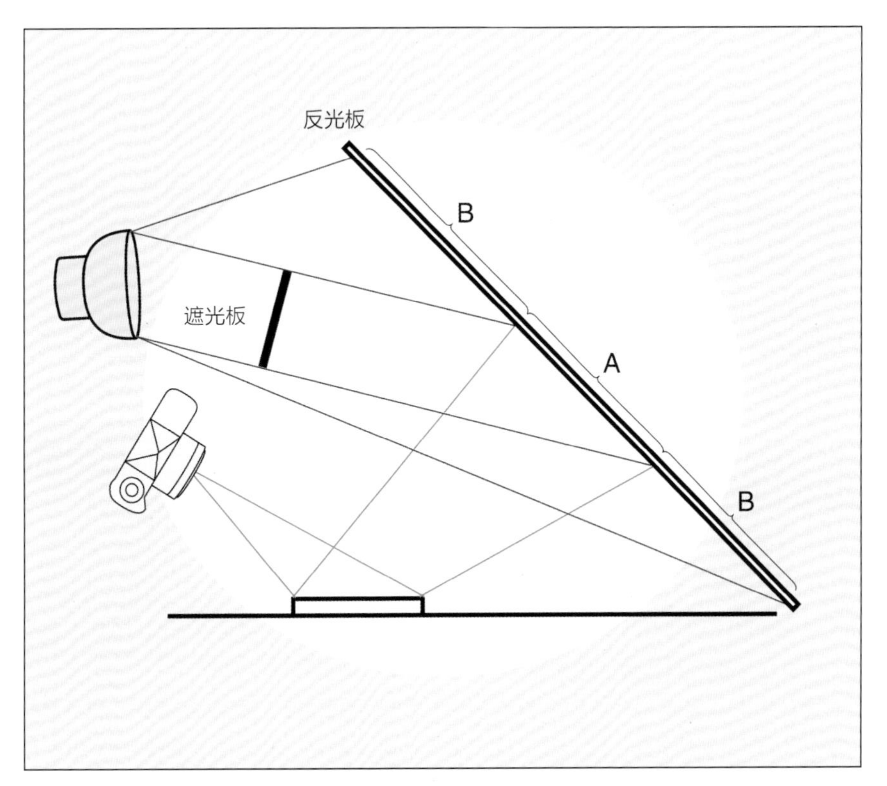

图6.14 拍摄图6.12所示效果的另一种布光方法。遮光板挡住了射向反光板上的角度范围（标记为A）内的光线，但没有挡住射向反光板其他部分（标记为B）的光线

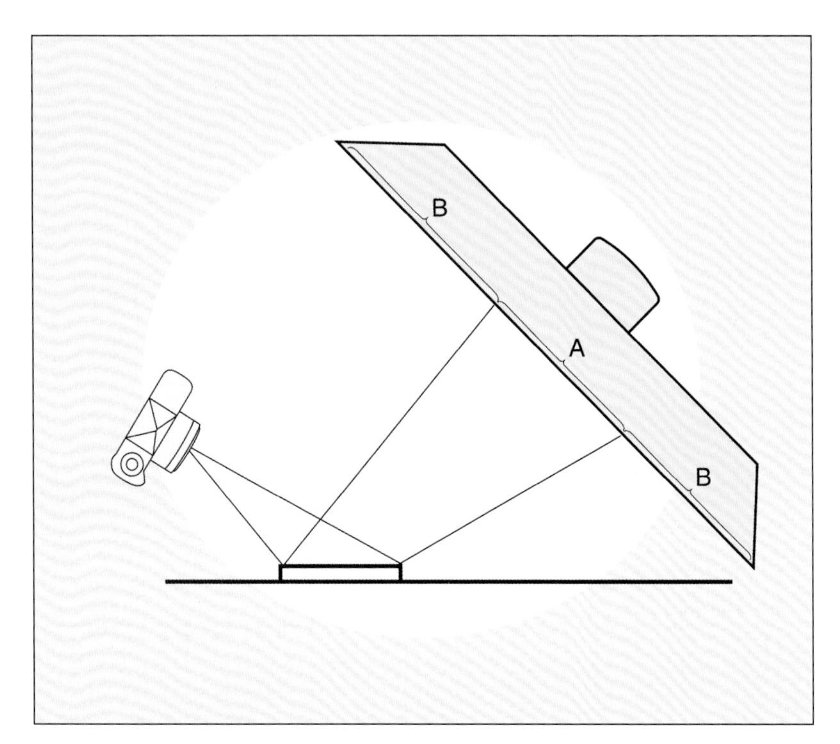

图6.15　柔光箱上角度范围（A）之外的部分（B）只照亮背景，而不照亮金属物体

在这些演示中，最重要的一点并不是说服你只有折中的用光方法才能够拍出最佳照片，而是让你理解折中的理由。

我们能够准确地知道金属物体处于灰阶的哪个位置。金属物体的精确影调是完全可以调控的，它独立于场景中的其他部分，可以处于黑和白之间的任何灰度级别，一切由摄影师的创造性判断决定。

例如，如果我们采用图6.13的布光方法，通过增大柔光板上方光源的功率能够使金属物体更加明亮；或者我们在靠近相机的位置放置一个更明亮的辅助光，从而使背景更加明亮。以这种方式运用这两种光源，可以随意控制金属物体和背景的相对亮度。

如果光源面积足够大，即使只有一个光源也可以进行极好的控制。我们回顾一下图6.15中的单个柔光箱，请注意，整个光源在纸张上产生漫反射，但只有覆盖角度范围的部分能够在金属物体上产生直接反射。柔光箱位于角度范围内的发光面越大，金属物体就越明亮。然而，如果柔光箱足够大，但只有很小一部分表面处于角度范围内，那么背景将更明亮。

光源与被摄对象之间的距离决定了该光源在角度范围内的位置。

控制光源的有效面积

在前文中，我们已经了解到光源的大小是摄影师最有力的操纵工具之一，还了解到光源物理面积的大小并不必然决定有效面积的大小。将光源移近被摄对象，其相当于大型光源，能够柔化阴影，扩大某些被摄对象的高光区；将光源移远一些效果则相反。对于明亮的金属物体而言，这个原理更具重要意义。

在图6.16中，我们看到相机和被摄对象之间的关系与之前的案例相同。现在，同一个柔光箱有两个可能的位置：一个位置距被摄对象比前一个案例更近，而另一个则更远。

我们预想光源越近背景会越明亮，但金属物体的亮度却不会改变，因为直接反射的亮度不受光源距离的影响。图6.17证明了我们的预想：将光源移近一点儿，使背景更明亮，同时金属物体的亮度却不受影响。不妨将其与图6.12柔光箱放置在较远位置的效果进行比较。同样，将光源移至距被摄对象更远的位置时会使背景变暗，但仍然不会影响金属物体的亮度。

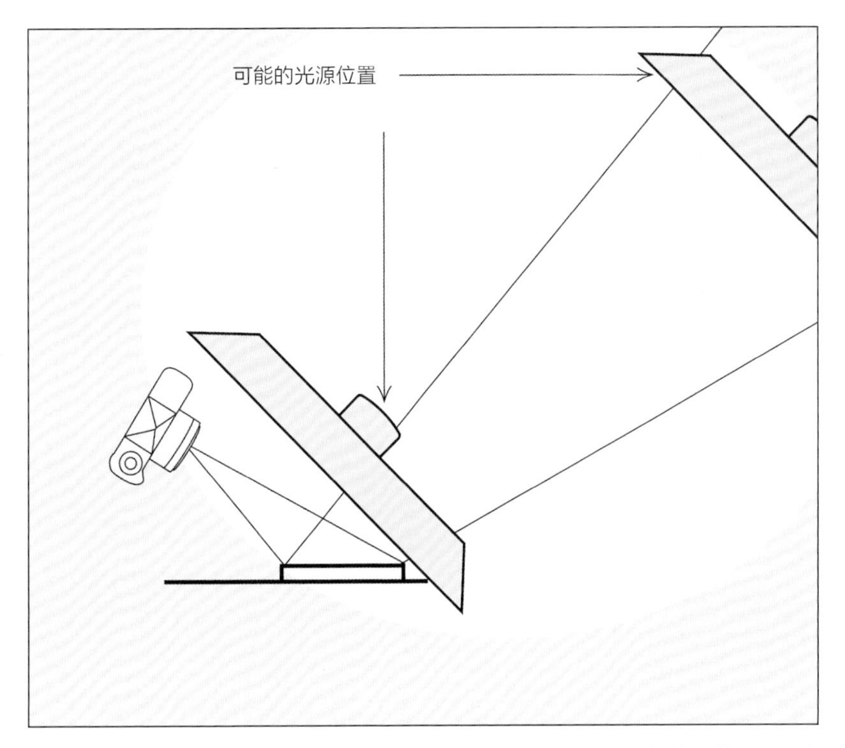

图6.16　两个可能放置柔光箱的位置。任何一个位置都能为金属物体提供照明。光源距离被摄对象越近，背景越亮

图6.17　将此图与图6.12进行比较，移近柔光箱会使背景更亮，而抹刀的亮度不受影响

改变光源的距离会改变背景的亮度，但不会改变金属物体的亮度，这似乎可以让我们任意掌控两者的相对亮度。有时确实如此，但它并非总是奏效，这是因为镜头的焦距也会间接地影响光源的有效面积。这通常令人感到奇怪，即使对于经验丰富的摄影师也是如此，图6.18A和图6.18B显示了问题产生的原因。

在图6.18A中，距离被摄对象较远的相机装有一支长焦镜头，而图6.18B中距离被摄对象较近的相机装有一支广角镜头。因此，这两张照片中的被摄对象大小相等。

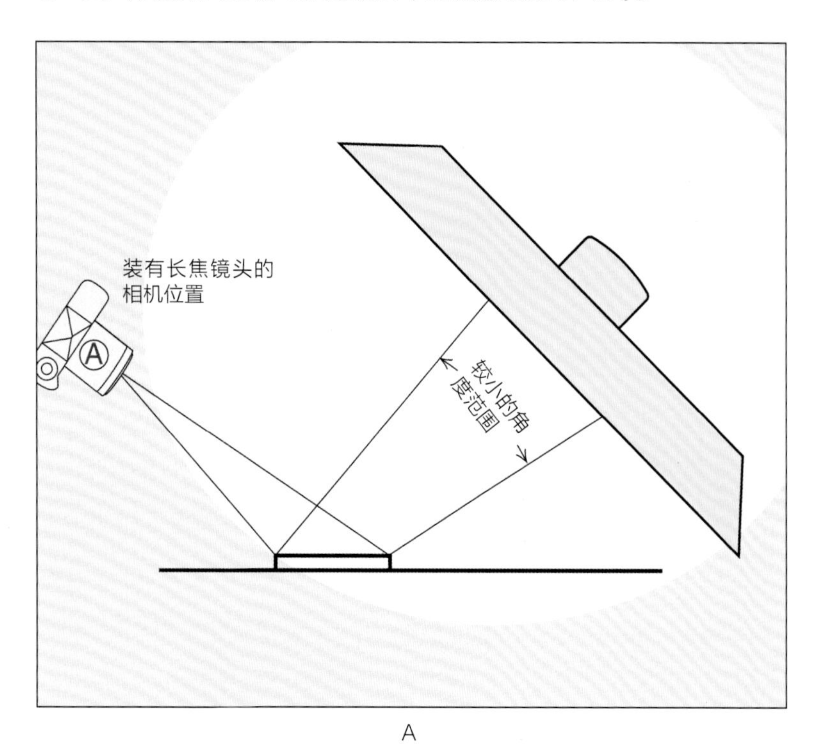

A

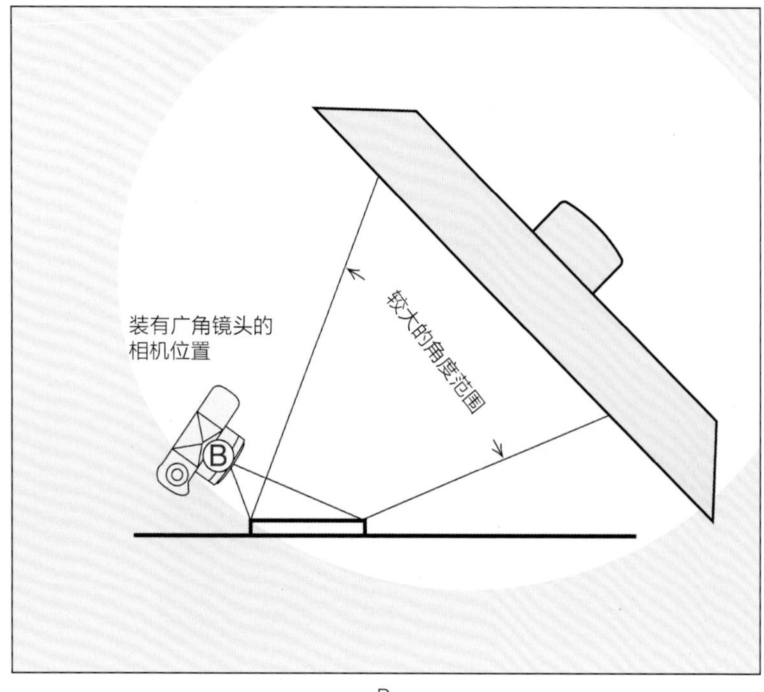

B

图6.18 被摄对象与相机的距离会影响光源的有效面积。相机B距被摄对象较近，因而角度范围较大。相机A距被摄对象比相机B更远，因此角度范围小了许多。如果两个场景中金属物体的曝光相同，那么尽管两个场景中的光源亮度相等，图A中的背景也将比图B中的背景更加明亮

对于相机A而言，距离被摄对象越远，柔光箱与产生直接反射的角度范围相比就越大。我们可以把光源移近或移远，但不会影响金属物体的用光。镜头焦距越长，视点越远，光源的位置选择就越灵活。因此，我们能够最大限度地控制被摄对象和背景的相对亮度。

但相机B看到的光源有效面积是不一样的。柔光箱刚好覆盖了较近视点所产生的角度范围。如果我们把光源移得更远，金属物体的边缘就会变黑。

在第5章中，我们介绍过相机的视点还会影响画面的透视变形。有时相机的机位没有什么选择的余地，但在一些场景中，又有许多能够令人满意的机位。在这种情况下，如果被摄对象是明亮的金属物体，我们建议使用焦距更长的镜头并将相机放在更远的位置，以便在用光方面获得更大的自由度。

另一种拍摄直接反射的方法

对一般被摄对象进行布光，这里有一个不同的利用直接反射的用光案例。为了解释这一用光技术，我们对同一被摄对象进行了两个版本的拍摄。

在拍摄图6.19A时，我们将柔光箱放置在吉他的左上方进行照明。在拍摄图6.19B时，我们在原设置的基础上添加了两块白色反光板，一块在吉他上方，另一块在相机下方并且朝向吉他一侧。来自柔光箱的光线照射在反光板上，提供了大部分的直接反射，赋予了这把老式电吉他的纯镍琴弦细节和光泽。

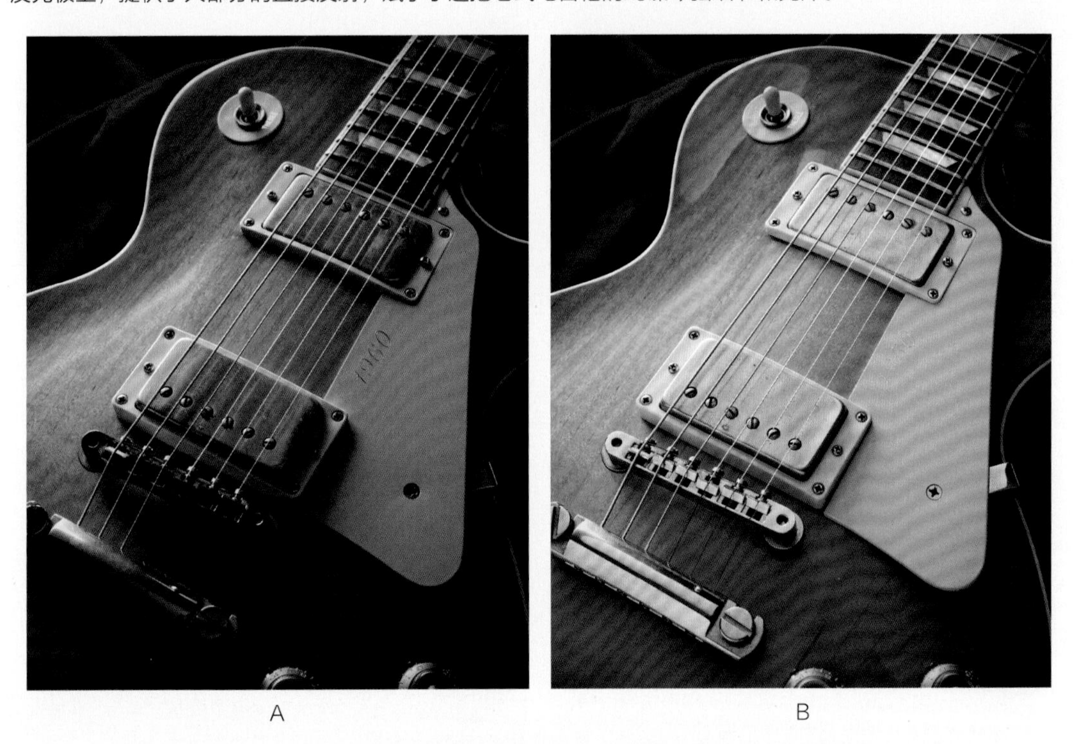

图6.19　将柔光箱作为主光源，用来产生所需的直接反射，以表现这把老式电吉他的细节和光泽

使金属物体与相机成直角

在前面的案例中，相机的拍摄方向均不与金属物体的表面垂直。有时我们需要让相机的视线垂直于金属物体，正对着金属物体拍摄。因为金属物体像一面镜子一样，所以相机很可能会在被摄对象上形成倒影。

现在我们来看看解决这一难题的几种方法，可能会时不时用到其中的某一种，这取决于特定的被摄对象和手头的设备条件。

使用机背取景相机或透视调整镜头

这是最佳的解决方法。在使用机背取景相机时，只要相机的机背与金属物体的反光平面平行，对于大多数观看者而言，金属物体看上去将位于相机前方的中心位置。（请注意：佳能和尼康等制造商生产一种透视调整镜头，也称移轴镜头，虽然这种镜头通常也能发挥作用，但与机背取景相机相比，它们的调整幅度有限。）

在图6.20中，我们将相机放在偏离被摄对象中心的位置，这样它就不会在金属物体的表面留下倒影了。由于影像平面仍然与被摄对象平行，因此也不会出现透视变形的现象。然后平移镜头，使金属物体的影像移至成像区域的中心位置，就像相机位于被摄对象正前方一样。请注意，这会使角度范围移到相机的另一侧。

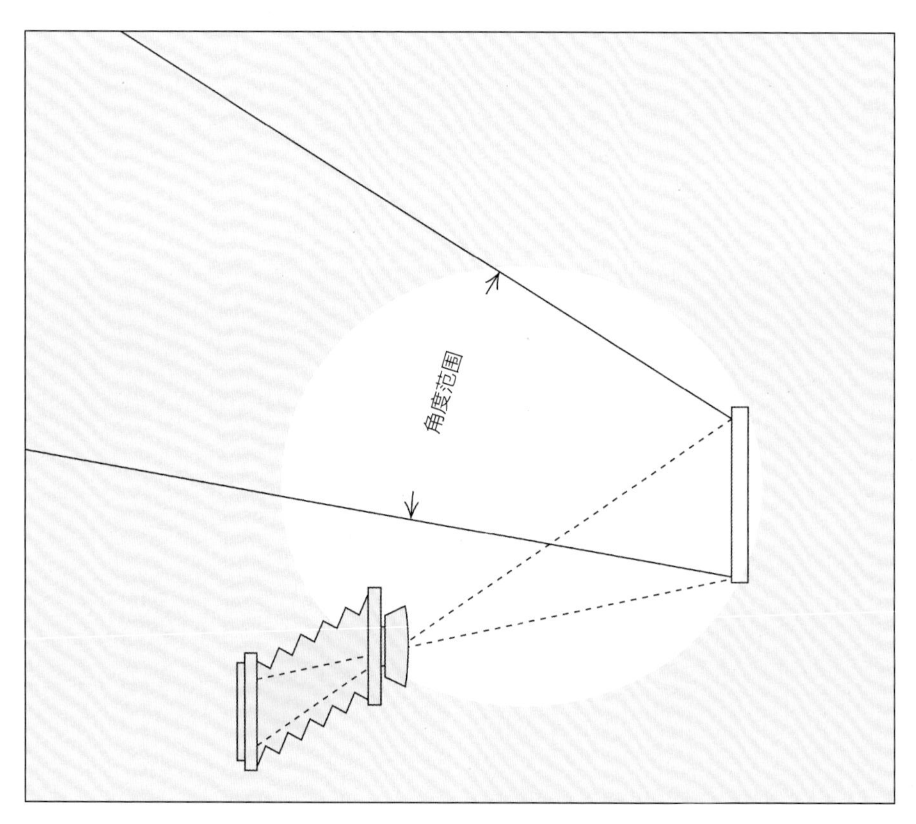

图6.20　因为相机位于角度范围之外，所以它不会在金属物体上产生倒影。由于金属物体与影像平面平行，所以不会产生透视变形

之前我们讨论的所有用光策略均适用于这一场合：使用能够覆盖整个角度范围的大型光源；将光源设置在角度范围之外；或者根据我们想要表现的亮度组合使用这两种方法。

如果因为相机所处的位置，需要平移镜头使被摄对象偏离中心至较远的位置，我们可能会遇到两个特殊的问题：首先，可能会导致影像虚化，使画面边缘出现暗角；其次，被摄对象过分偏离中心会导致几何失真或轻微变形，即使使用优质镜头也无法避免。幸运的是，让相机尽可能远离被摄对象，同时使用长焦镜头，可以将这些困扰降至最低水平。

透过小孔进行拍摄

假如我们想要使金属物体保持光亮，有时可以用白色的无缝背景纸为金属物体提供照明，如图6.21所示，我们可以在纸上挖一个小孔，其大小刚好可以让镜头透过去。这种方法可以将相机的倒影问题的影响降至最小，但不能完全解决问题，因为尽管在被摄对象上看不到相机的倒影，但还是可以看到纸上的小孔的痕迹。

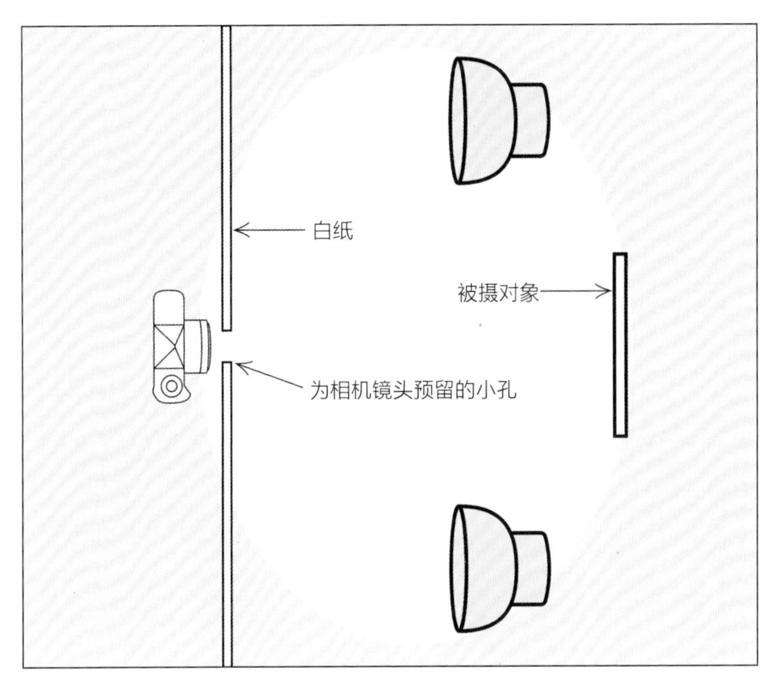

图6.21 被摄对象上不会反射出相机的倒影，但纸上的小孔会留下痕迹

如果金属物体的形状不是非常规则，能够掩饰令人不快的反光，那么这种技术将会产生良好的效果。例如，如果被摄对象是一台具有复杂控制面板的机器，那么旋钮和仪表上的倒影可能会看不出来。

无论光源是经过反光板还是柔光板，我们都必须特别留意靠近相机位置的光线。如果光源对准反光板，直接反射到镜头上的光线可能会导致眩光。透过柔光板投射出的光线也可能会在柔光板上留下相机的阴影，并最终明显地反射在被摄对象上。

从唯一角度拍摄金属物体

在这种情况下，应使相机尽可能远离被摄对象，从而最大限度地减少透视变形，轻微的透视变形可以在后期处理中加以校正。然而，用软件校正变形并非理想的解决方案，因为这种处理通常会导致一定程度的图像质量下降。

如果这种拍摄环境无法避免，可以将这一方法作为备选方案。校正总比不校正好。如果你选择使用这一方法，构图时一定要确保在被摄对象的周围留出足够大的空间。后期处理时你必须对图片加以剪裁，修整梯形变形，使其符合矩形画面的要求。

用软件消除反光

直接拍摄金属物体，让相机的反光出现，然后用软件消除反光。这种方法与用光无关，因此我们在这里不做详细探讨。然而，对于某些被摄对象，特别是大型被摄对象，后期的数字处理比任何一种用光方法都要便捷得多，因此我们不应该忽视这种方法。我们还是面对现实吧，花费半天的时间设置光线还不如花费半个小时在电脑前处理图片。此外，这个方法和前一个方法不同，它不会造成影像质量的下降。

拍摄金属盒子

拍摄一个金属盒子，最多有3个侧面能够被观看者看到，每一个侧面都和其他金属平面一样需要处理。每一个侧面都有自己的角度范围需要考虑，区别在于每一个角度范围都朝向不同的方向，而我们必须同时处理好所有侧面的角度范围。

在为金属盒子布光时，我们需要考虑用其他材料制成的光滑盒子的用光问题。（如果你没有按照章节顺序阅读本书，你可能需要了解第4章和第5章中关于拍摄光滑盒子的内容。然而，尽管此处的原理与前面案例中的原理相同，但用不同材料制成的盒子之间的差异可能会使我们以与前面案例相反的方式来应用这个原理。）

图6.22与图5.19相同，我们在此重复，是为了使读者不必翻回到前面。然而，现在这个盒子是由金属制成的，而不是木头。它有两个角度范围，一个在盒子顶部，另一个在盒子正面。我们可以把光源设置在这两个角度范围内，也可以设置在角度范围外，这取决于我们想让表面看起来亮一些还是暗一些。

如果转动盒子使其3面对着相机，同样的原理也适用，但那很难在示意图中显示出来。盒子正面所产生的角度范围会落在盒子的下方并位于盒子的一侧。盒子的其他可见侧面会在场景的另一侧产生一个相似的角度范围。

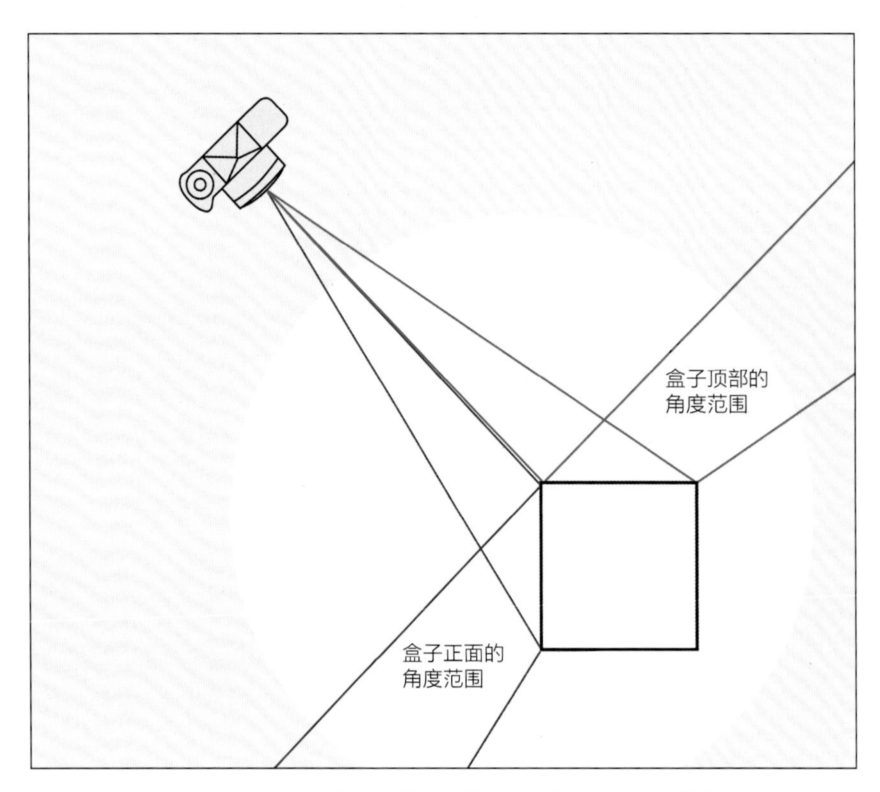

图6.22　设置好盒子的两个角度范围，使相机能够同时看到盒子的顶部和正面

一个既非黑色也非金属材料制成的光滑盒子会同时产生漫反射和直接反射。我们通常会避免使光滑的盒子表面产生直接反射，以免遮蔽漫反射。一个抛光的金属盒子只能产生直接反射，如果没有直接反射，我们看到的金属盒子将是黑色的。因为我们更希望让金属物体显得亮一些，所以通常我们会利用直接反射而不是避免它产生。这意味着我们需要用一个光源来覆盖每一个角度范围。

盒子顶部的角度范围比较容易布光，我们只要使用之前案例中平面金属物体的用光方式即可。金属盒子侧面的布光难度较大。如果我们按照图6.22所示的方式放置相机和被摄对象，那么至少有一个光源必定出现在照片中。盒子正面的角度范围落在盒子所在的桌子上，无论我们是否喜欢，都意味着桌子的表面成了盒子正面的光源。

对没有在画面中出现的侧面，我们不必使用反光板或任何其他光源。盒子在取景器中的影像越大，反光板就可以放得越近。即使这样，盒子底部的一些部分仍然会映射出桌子的形状。

如果你不想把盒子的底部从画面中裁掉，并且如果盒子确实如镜子一样，反光板就可能会进入画面，这是很令人反感的。图6.23显示了这个问题。我们没有剪裁图片，你可以清楚地看到反光板。

图6.23　盒子底部几乎消失在黑色的桌子表面，防止这种情况出现的唯一办法就是将反光板放置在能够接触到盒子正面的位置

明亮的抛光金属盒子经常会出现这种问题，所幸这通常是唯一需要解决的主要问题。下文介绍了解决这个问题的几种方法，请根据实际情况加以选择。

使用浅色背景

迄今为止，拍摄一个立体的金属物体最简便的方法就是使用浅灰色的背景。对于许多金属物体而言，背景本身就是光源。当我们把被摄对象放在这样的背景上时，大部分工作就已经完成了，我们只需要稍微进行一些调整使光线更加完美。

为了拍摄图6.24，我们使用了一块比整个成像区域面积更大的背景。请记住，这个背景需要覆盖金属物体反射的全部角度范围，而不仅仅是相机看到的区域。然后，我们使用一个柔光箱从金属盒子的顶部进行照明，就像为其他平面金属物体布光一样。

图6.24　背景的浅灰色表面就像光源一样为金属盒子的正面提供照明

这就几乎完成我们的全部任务了。在场景的各个侧面放置银色反光板以消除丝带的阴影，整个布光就完成了。

如果为金属盒子提供良好的用光是唯一目的，那么我们应该经常使用浅色背景。然而，出于艺术氛围和情感表现的需求，我们通常还需要了解其他几种方法。

使用透明背景

如果像前述案例那样保持金属盒子的方位不变，而又不在场景中使用光源，唯一的办法就是将盒子放在透明表面上，如图6.25所示。当我们这样做的时候，相机能够在金属物体上看到光源（在本案例中为一张白色卡纸）的反光，而不会直接看到光源。

这种布光方式允许我们恰当设置黑色卡纸的位置，使其既能够充满整个背景，同时又处于金属盒子正面与侧面的角度范围之外。图6.26所示为使用这种布光方式得到的拍摄结果。注意背景为深灰色，而不是黑色，并且桌子表面有反光。从这个视角来看，在金属盒子的顶部产生直接反射的光源同样会在玻璃表面产生直接反射。

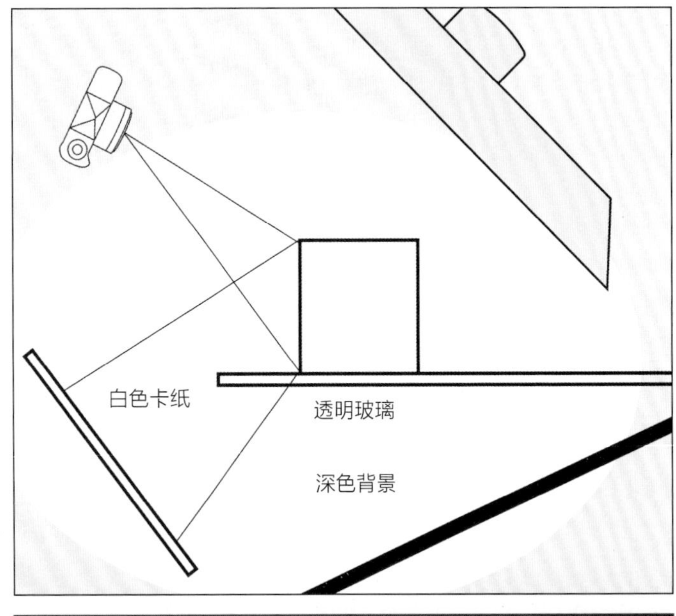

图6.25　在场景中不增加光源却仍然能够照亮金属盒子正面的一种布光方式。将盒子放在一块透明的玻璃板上可以使光线透过玻璃反射到盒子上

图6.26　使用了图6.25中的布光方式得到的拍摄结果。盒子下方的深色反光效果是否令人反感，取决于具体的被摄对象及摄影师的看法

图 6.26 的效果很不错。假如我们不喜欢玻璃上的反光，而且想让背景变成纯黑色，我们可以使用磨砂玻璃消除盒子的反光，但这样会使背景变亮而不是变暗。

幸运的是，这个角度上来自玻璃的大多数直接反射都是偏振光，因此通过在镜头上安装偏振镜，我们可以消除反光，如图 6.27 所示，现在玻璃看上去是黑色的了。

要记住，除非光源发出的光线本身是偏振光，否则来自金属物体的直接反射不会是偏振光，偏振镜也无法阻挡这种直接反射。

图6.27　与图6.26中的场景相同，但镜头上安装了偏振镜，消除了玻璃的反光。偏振镜对金属物体没有产生任何影响

使用光滑背景

如果将金属物体放在一个光滑的表面上，我们可以使光源出现在影像区域，然而相机却无法看到它！我们称这种技术为“不可见光”。它的工作原理如下：请回到图6.22，但这一次，假设被摄对象放在光滑的黑色塑料板上。正面的角度范围告诉我们，金属物体能够获取光线的唯一可能位置是黑色的塑料板表面，但“黑色”又表明塑料板不反光。这些事实综合说明，金属物体的正面是不能被照亮的。

然而，我们也说过黑色塑料板是光滑的。我们知道光滑的物体确实会产生直接反射，即使它们太黑而无法产生漫反射。这意味着我们可以通过塑料板表面的反射光线来照亮金属物体，如图6.28所示。

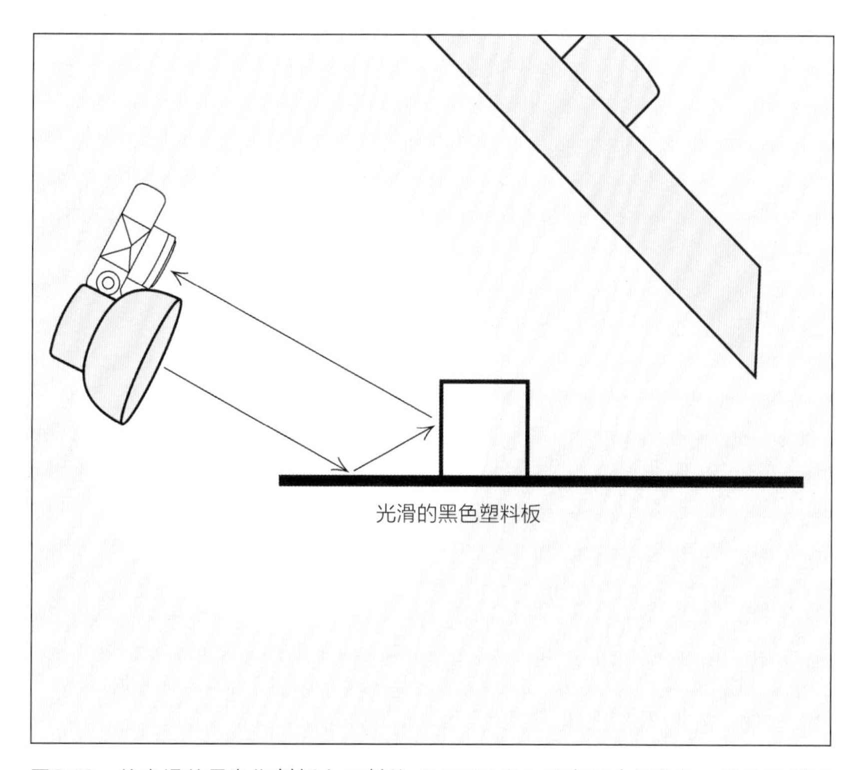

图6.28　从光滑的黑色塑料板上反射的“不可见光”照亮了金属物体。没有光线直接从塑料板表面反射到相机，因此相机看不到照亮金属物体的光源

如果仔细观察光线的角度，你就会发现相机下面的光线可以从光滑的塑料板表面反射到金属物体上。光线以该角度照射在金属物体上，然后反射回相机被记录下来。金属物体就是这样被照亮的，图6.29中的明亮金属物体证明了这一点。就金属物体而言，它是被场景内的塑料板表面照亮的。然而，相机看不到从塑料板上反射过来的光线，塑料板所确定的角度范围决定了相机无法看到这一切。

图6.29 “不可见光”的拍摄效果。照亮盒子正面的光源（盒子正前方的黑色塑料板）位于场景之内

和之前提到的玻璃表面一样，塑料板表面会反射来自上方的光线。我们可以再次通过在镜头前加装偏振镜以消除眩光。

当金属物体不是绝对的平面时，为其提供照明的角度范围会变得更大。下面我们来看这种情况的一个比较极端的例子。

拍摄球形金属物体

和拍摄其他形状的金属物体一样，在拍摄球形金属物体时，首先应该对产生直接反射的角度范围进行分析。与其他形状的金属物体不同的是，一个球形金属物体所产生的角度范围几乎包括所有区域。

图6.30展示了相机在正常距离拍摄球形金属物体时的相关角度范围。记住，为金属物体布光需要预先准备一个适当的环境。拍摄球形金属物体需要做更多准备工作，因为它能通过反射表现更多的环境。

注意相机会始终处于能够在金属物体上产生反光的环境中，即使机背取景相机也没有办法将自身置于球形金属物体的角度范围外。此外，相机的反光总是会正好处于金属物体的中心位置，而这正是最容易被观看者注意到的地方。

在这个练习中，我们将使用最具难度的被摄对象进行演示：一个非常光滑的球形金属物体，如图6.31所示。闪亮的球形金属物体能够反射出它周围的环境，而其他球形物体却不能。

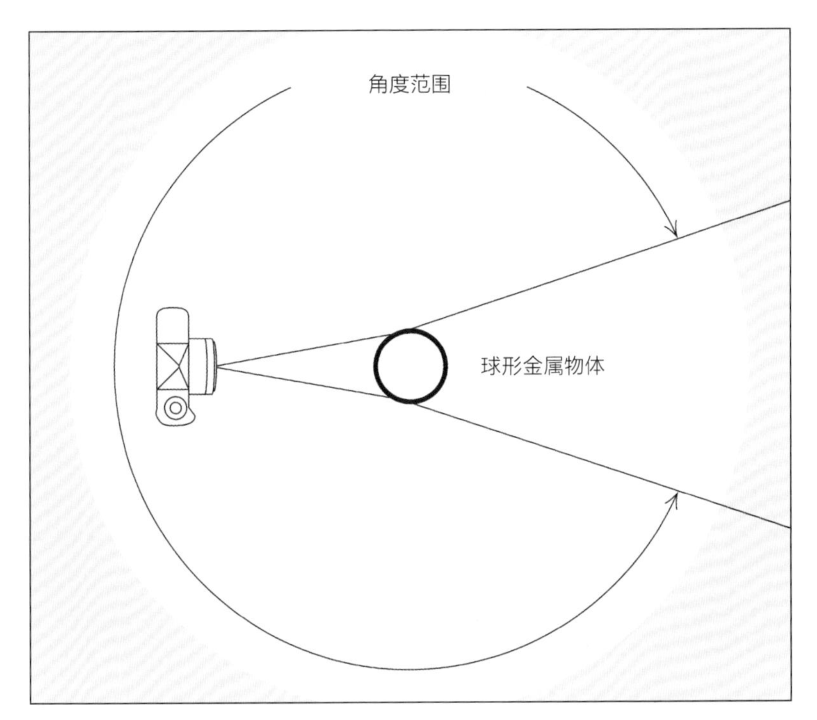

图6.30　球形金属物体的角度范围几乎覆盖整个环境，包括相机在内

图6.31　拍摄一个闪亮的球形金属物体时的常见问题，它会反射出我们不想看到的周围环境

通常，解决这一难题的第一步就是移走不需要的物体，然而相机本身就是一个会导致不良效果而又无法移走的物体。有3种方法可以消除这种反射：掩饰反光；使相机位于暗处；把被摄对象放在小型柔光摄影帐篷里。

掩饰

为了达到目的，通过适当的不规则物体的掩饰，可以让不需要的反光不那么引人注目。有时被摄对象本身就能够自我掩饰：如果被摄对象的表面是不规则的，相机的反光就有可能落在这些不规则的形状之间。

场景中的其他物体也可以提供掩饰。拍摄现场周围的物体在金属物体上产生的反射能够分散其他反射，而这些反射是我们不想让观看者看到的。

如果图6.31中周围的物体与画面情境相符，而不是突兀的摄影器材，它们可能会成为很好的伪装。小型物体可以直接放在大型物体产生反射的部位上。

使光源远离相机

如果将相机放在暗处，那么它就不会在被摄对象上留下反光了。在可能的情况下，应该使光源只照射被摄对象。长焦镜头是必要的装备。相机距离被摄对象越远，在被摄对象上产生多余光线的可能性就越小。

如果无法使光源远离相机，可以用黑色材料盖住相机，黑布或带孔的黑色卡片可以完全隐藏相机。然而，这只适用于四周墙壁不会产生反射的大型摄影棚。在小一点儿的房间内，搭建一个小型摄影帐篷可能是唯一可行的解决方法。

使用小型摄影帐篷

“摄影帐篷”是一种白色的环绕型装备，它既是被摄对象的环境也是被摄对象的光源。将被摄对象放在摄影帐篷内，而相机通常位于帐篷之外，透过一个很小的孔进行拍摄。

摄影帐篷经常用于金属类物体的拍摄，这类物体能够产生大量的直接反射。有时摄影帐篷也可以用来拍摄科学标本、时装及漂亮的物体等，因为它能产生非常柔和的光线。

我们通常用不透明的白色材料搭建摄影帐篷，如轻质泡沫塑料板、铜版纸反光板、无缝背景纸和各种柔光材料（纸张、磨砂塑料板或乙烯基等），如图6.32所示。

然后我们将光源放置在帐篷中，让光线在帐篷内壁反射，或者从外面照射帐篷，让光线透过半透明的柔光材料。这种设置会产生非常柔和的光线。然而，如果将光源设置在帐篷内部，光源本身会在任何镜面物体上突兀地反射出来。

我们通常会在帐篷的内部和外部都放置光源，但光源的确切位置和面积有很大的差异。有时我们喜欢均匀地照亮整个帐篷，而有时，我们只想照亮一小块区域。

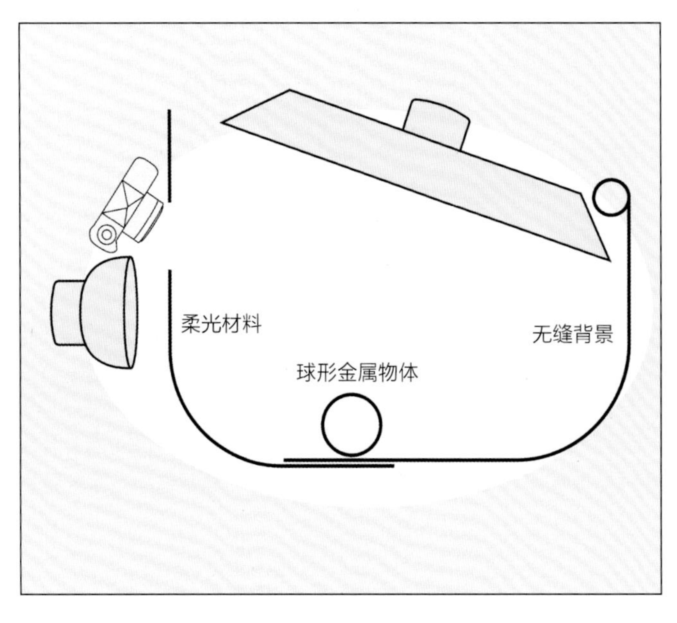

图6.32　围绕被摄对象搭建摄影帐篷，并通过帐篷上的小孔进行拍摄，这是减少闪亮的球形金属物体上不必要的反光的一种方法

图6.33 使用图6.32所示的方法在帐篷内拍摄闪亮的球形被摄对象。帐篷本身并不能从根本上解决问题，但它使修饰工作变得更加容易

我们使用与图6.32类似的帐篷拍摄了图6.33。这张照片是“帐篷拍摄”的典型案例。闪亮的球形金属物体的反光问题有了很大的改善。然而照片中有一个非常显眼的问题，黑色的小孔及帐篷的接缝都在球形金属物体上反映出来了。我们必须在后期制作中使用Photoshop等软件将其去除。

本书的其中一位作者曾经为一家百货商店的圣诞节商品图录拍摄过一张类似的照片，但主体的外围区域用了一些丝带和绿色植物来掩饰帐篷的缝隙。

不妨尝试搭建一个大型帐篷，以便把相机放在距离被摄对象尽可能远的地方。我们凭直觉就能知道相机距被摄对象越远，相机的反光就越小。如此一来被摄对象的影像也会变小，因此必须使用长焦镜头进行拍摄。

但是这种“补救措施”同样会放大相机的反光，使其恢复到原来大小！相机本身是唯一无法通过将其移到远处来减小其尺寸的反射。相机与被摄对象的相对位置应始终保持不变。

再次强调——光源的大小很重要

假设你想卖掉你常用的长笛。我们用一个大型的漫射光源将其照亮，如图6.34所示。而图6.35则是使用一个小型光源将其照亮的效果。由于光源较小，长笛表面的划痕和变色明显，金属看起来很暗淡，并有令人反感的阴影。你觉得哪一张照片能够帮助你更快地卖出你的长笛?

参考图3.5和图3.6。同样的方法，只是该案例中被摄对象的金属部分多一些。而且，就像之前看到的，在这个案例中，乐谱纸几乎没有改变。

图6.34　大型的漫射光源使长笛明亮而有光泽

图6.35　较小的光源会使金属变暗、划痕明显，并产生分散观看者视线的阴影

其他用光方法

金属物体的用光方法取决于角度范围，也就是取决于金属物体的形状。除以上基本用光方法外，还有几种可随时应用于任何金属物体的用光方法。

这里提供的选择纯粹是创造性的应用，但也可以用于技术目的。例如，你可能会发现一个金属物体的边缘消失在背景中。请记住，金属物体上产生纯粹的直接反射的部分距相机越近，与光源相同亮度的反射距相机也就越近。

我们在前面已经看到，金属物体所在的表面通常相当于光源。如果金属物体的表面与它所在的表面亮度相同，相机就无法辨别一个表面在哪里结束，另一个表面又从哪里开始。此时，偏振镜、“黑色魔法”或消光剂可以在金属物体的用光中起到画龙点睛的效果。

偏振镜

金属物体不会产生偏振直接反射，因此我们通常不能通过单独使用镜头偏振镜的方法来阻隔金属物体的直接反射。然而光源可能会产生部分偏振光。如果是这样，光线从金属物体反射出来的时候仍会保持这部分偏振光，这种情况经常出现在金属物体反射蓝色天空光线的时候。在摄影棚里，放置金属物体的表面反射出来的光线通常带有部分偏振光。

在这两种情况下，装在镜头上的偏振镜可以对金属物体的亮度进行更多的控制。即使场景中没有偏振光，我们也可以通过在光源前蒙上偏振滤光片的方式来获得。

黑色魔法

“黑色魔法”是指添加到基本的用光设置中，只是为了在金属物体表面产生黑色“反光”的物体。金属物体边缘的黑色反光有助于将金属物体与背景区别开。在一个稍微不规则的表面上，黑色魔法也可以通过整个表面反射的光线增加照片的立体感。

黑色魔法通常会用到遮光板，若配合柔光板使用，效果更好。将遮光板放在柔光板和被摄对象之间，会产生黑色的硬质反射；将遮光板放在柔光板背对被摄对象的另一侧，能够产生柔和的渐变反射。遮光板离柔光板越远，反射越柔和。

有时你也可以使用不透光的反光板（用以反射场景中其他位置的光源）作为金属物体的光源。在这种情况下，遮光板不会产生柔和的渐变反射，但横贯反光板的黑色柔边喷绘条纹能够产生相同的反射效果。

消光剂

消光剂会让光滑的表面变成亚光，从而增加金属物体的漫反射，同时减少直接反射。这种方法使得用光不再受到角度范围的严格限制，摄像师因而获得更多的拍摄自由。然而遗憾的是，使用了消光剂的金属物体看起来不再具有抛光的明亮表面，甚至可能看上去不再像金属物体了。

请勿过度使用消光剂。在受过训练的人士眼中，这只会暴露你在金属物体用光方面的无能。话虽如此，我们也应该承认，本书所有作者的摄影棚里都备有消光剂。

首先应尽可能为金属物体布置合适的光线，必要时再为过亮的高光区域或模糊的边缘部分喷上一点儿消光剂。应尽量保持金属物体的光泽，避免给整个表面喷上一层厚厚的消光剂。

适用的拍摄情况

在直接反射非常重要的时候，这些有关金属物体的用光方法应了然于心。在本书的其他章节我们还会更深入地介绍，有些应用目前可能还不是很明显。

例如，我们会在第9章中讨论一些极端的例子，比如不论被摄对象由何种材料制成，大多数金属物体的用光技术对于任何“黑色对黑色”的场景都是非常有用的。

容易产生直接反射的被摄对象显而易见，玻璃制品是其中之一。拍摄玻璃制品会同时带来机遇和挑战，我们将在下一章介绍其中的原因。

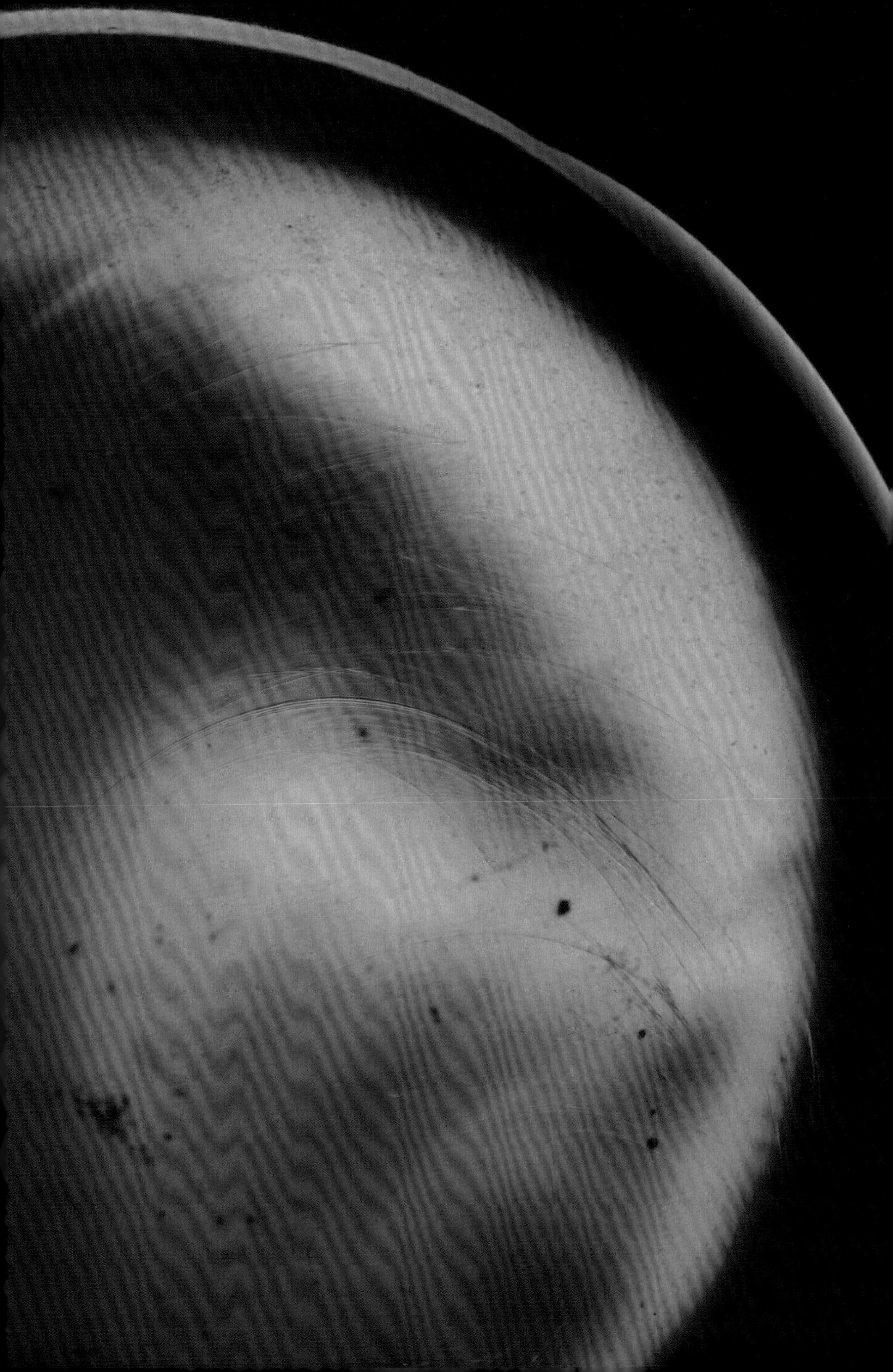

第7章

7

表现玻璃制品

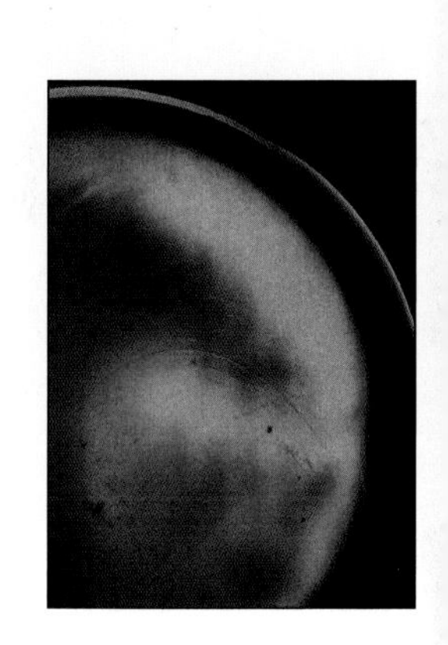

第一次将沙子熔化制成玻璃的远古先哲蒙骗了我们的眼睛，也启发了一代又一代的后人效仿。与拍摄其他事物相比，拍摄玻璃制品或许会令摄影师早生华发。

然而，对图片制作者而言，尝试再现玻璃制品的外观并不会导致我们经常看到的“灾难性”摄影事件。本章我们将讨论拍摄玻璃制品的原理、问题及一些简洁有效的解决办法。

涉及的原理

玻璃制品的拍摄原理与我们之前讨论的金属物体的拍摄原理有诸多相同之处。与金属物体相似，玻璃制品所产生的反射几乎都是直接反射。但与金属物体不同的是，这种直接反射通常都是偏振反射。

我们大概已经想到拍摄玻璃制品的用光方法与拍摄金属物体的用光方法大致相同。但如果运用相同的用光方法，我们可能会经常用到偏振镜。然而事情并没有这么简单。在为金属物体布光时，我们主要关注朝向相机的反射面。如果效果不错，通常只需要做一些微调以更好地表现细节。但在为玻璃制品布光时，需要关注其边缘。如果其边缘非常清晰，我们通常可以完全忽略正面的反射。

面临的问题

玻璃制品引发的拍摄问题是由玻璃的性质所决定的。因为玻璃是透明的，从大多数角度照射到玻璃制品边缘上的光线并不能直接反射到观看者的眼中，这样边缘就看不到了。看不出边缘的玻璃制品没有形状可言。更糟糕的是，我们肉眼能看到的极少的反射往往因太过微弱或太过明亮，导致玻璃制品表面的细节和质感都无法表现出来。

图7.1就展示了这两个问题。场景中光源的直接反射破坏了整个画面，它们不足以揭示出玻璃制品的表面特点。玻璃制品的形状缺乏清晰的界定是一个更为严重的问题。轮廓不清晰，边缘的影调也缺乏明显的差异，那么玻璃制品就会与背景融为一体。

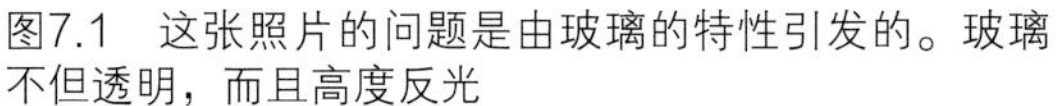

图7.1　这张照片的问题是由玻璃的特性引发的。玻璃不但透明，而且高度反光

图7.2　清晰的边缘对表现玻璃制品至关重要

解决方案

图7.1的效果非常糟糕，那么现在来看看图7.2。将这张照片显示出来的玻璃制品的形状与前一张比较，这两张照片使用相同的玻璃制品和相同的背景，并且从相同的视角用相同的镜头拍摄，但结果正如你所见，差异十分显著。

在图7.2中，显著的黑色线条勾勒出玻璃制品的形状，没有乱七八糟的反射影响其表面的呈现。比较这两张照片，我们可以列出玻璃制品的拍摄目标。如果想要得到一张清晰的、令人满意的玻璃制品照片，我们必须做到以下两点。

1. 使被摄对象的边缘产生显著的线条。这些线条能勾勒出玻璃制品的形状并使之与背景分离。
2. 消除光源及其他摄影器材造成的干扰性反光。

我们来看看实现这些目标的具体方法。首先我们要寻找“理想的”拍摄环境，这有助于我们演示一些基本的拍摄技法。接着我们要超越这些基本的技法来克服一些难题，这些难题是相同场景下非玻璃制品的被摄对象也会遇到的。现在我们开始讨论第一个目标的实现，表现被摄对象的边缘。

两种相反的用光方法

有两种用光方法，它们分别是“亮视场用光”法和“暗视场用光”法，也可以称为“暗对亮”法或“亮对暗”法。运用这两种用光方法中的任何一种，就几乎可以避免在界定玻璃制品边缘时遇到的所有问题。

虽然从名称上看这两种方法正好相反，但它们的原理是一致的。这两种方法都可以制造主体与背景间的影调差异，而这种影调差异正好可以勾勒出玻璃制品的轮廓，从而界定其形状。

亮视场用光

图7.2是使用亮视场用光法拍摄玻璃制品的一个案例。拍摄背景决定了我们应如何处理各种玻璃制品：在明亮的背景下，如果想让玻璃制品清晰可见，则必须让玻璃制品暗下来。

如果你已经读过前面的内容，或许你已经猜到这种亮视场用光法需要消除所有来自玻璃制品边缘的直接反射，那你也应该明白我们为什么要从决定玻璃制品的直接反射的角度范围开始讨论。

请看图7.3，这是单个圆形玻璃制品产生直接反射的角度范围的俯视图。我们可以为作为案例的每一个玻璃制品都画一幅这样的示意图。

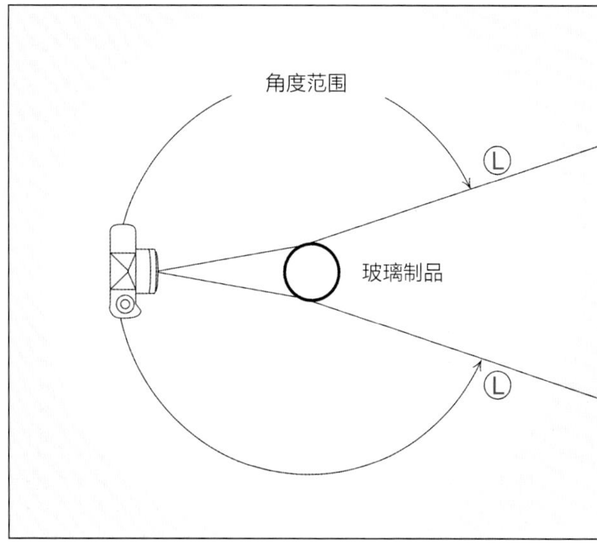

该图中的角度范围与前一章中球形金属物体的角度范围相似，但是这次我们不需要关注整个角度范围，只需要关注角度范围的边界，即图中标记L的位置。从这两个角度反射出来的光线决定了玻璃制品的边缘的呈现形式。

图7.3 在这幅示意图中，角度范围的边界以L标记。从这两处来的光线决定了玻璃制品的边缘的呈现形式

这个角度范围的边界告诉我们，如果想让照片中的玻璃制品的边缘明亮一些，光线应打在什么地方；如果想让边缘暗淡一点，光线不应该打在什么地方。因为在亮视场用光法中，我们不想让玻璃制品的边缘太亮，因此在图中标记L的那条线上就不能有光线。

图7.4显示了一种在亮视场背景下拍摄玻璃制品的有效布光方法。当然这并不是唯一的方法，但如果你之前没有用过，不妨试着用这种方法进行练习。观察下面每一个步骤的光线效果。对于亮视场用光法可能会用到的任何布光调整，这些步骤都可以让你快速地预测哪些调整是有效的，哪些调整是无效的。

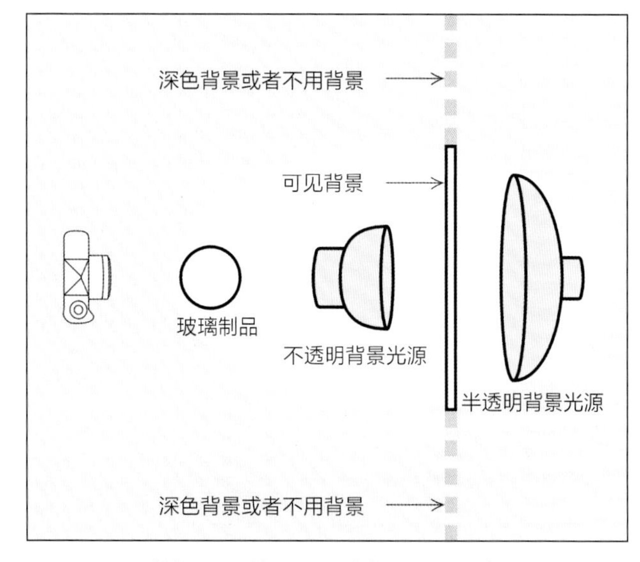

图7.4 这是拍摄图7.2使用的一种亮视场用光法。我们很少两种光源一起用，使用哪一种光源及光源放在哪里合适与否完全取决于背景

下列步骤按照列出的先后顺序进行最为有效。注意，除非到最后几步，否则我们无须考虑场景中玻璃制品的放置问题。

选择背景

刚开始可选择浅色的背景。我们可以使用现成的材料，可以使用一些半透明材料，如描图纸、布料、塑料浴帘等；也可以使用一些不透明的材料，如浅色的墙壁、卡纸或泡沫塑料板。

确定光源位置

现在开始着手设置光源，光源应能够均匀地照亮背景。图7.4展示了两种方法，它们能产生同样的效果。通常摄影师会选择其中一种，极少同时使用两种。

图7.2是利用半透明材料背后的光源拍摄得到的。这是一种极其方便的用光方法，因为它可以使相机和被摄对象四周的环境不至于太过杂乱。

我们也可以将不透明物体（比如墙壁）用作背景。如果用墙壁作为背景，就需要找到放置光源的地方，使光源既可以照亮背景，又不会在玻璃制品上形成反射或者出现在画面区域。将光源放置在玻璃制品后方和下方的短支架上是一种不错的方法。

确定相机位置

现在，将相机放到合适的位置并且使背景充满整个视场。这一步非常关键，因为相机与背景间的距离控制着背景的有效面积。

采用亮视场用光法时，背景的有效面积是唯一需要考虑的，也是最重要的因素。为了让这次实验更有效，背景必须刚好充满相机的取景框，不能多也不能少。

如果背景太小就会产生一个明显的问题：它不会填满整个画面。太大的背景也会引发一些小问题，它会扩展到玻璃制品边缘产生直接反射的角度范围内，从而导致反射出的光线消除了我们用以确定玻璃制品边缘的轮廓线。

如果背景实在太大（比如房间的墙壁），我们无法将之恰好控制在取景范围之内，也可通过只照亮局部背景来缩小其范围，或者将超过取景范围的区域用黑色卡纸遮挡起来。

确定被摄对象位置并聚焦相机

现在，我们在相机和背景之间前后移动被摄对象，直到被摄对象呈现在取景框中的大小合适。在移动被摄对象时，我们会注意到被摄对象离相机越近，其边缘就越清晰。

这种清晰度的增加并非由细节越放大就越容易看清这种简单的原理造成，而是因被摄对象距离明亮背景越远，其边缘反射的光线越少而形成的。被摄对象距背景越近，就会有越多的光线进入角度范围内，它们产生的直接反射会使被摄对象边缘变得模糊起来。

现在，将相机对准被摄对象并聚焦。重新聚焦会稍稍增加背景的有效面积，但这种增加通常无足轻重。

拍摄照片

最后，使用反射测光表（大多数相机的内置测光表就非常好）测量被摄对象正后方背景区域内的光线亮度。

亮视场用光并不需要纯白的背景，只要背景比玻璃制品的边缘明亮得多，玻璃制品就能够清晰地呈现出来。如果玻璃制品是唯一需要考虑的被摄对象，我们可以以测光读数为基础控制背景亮度。

- 如果想使背景表现为中性灰（反光率为18%），可以直接按照测光读数进行曝光。
- 如果想使背景表现为接近白色的浅灰色，可以在测光读数的基础上增加两挡曝光。
- 如果想使背景表现为深灰色，可以在测光读数的基础上减少两挡曝光，这样便可以产生非常暗的深灰色背景。

应特别引起注意的是，在这种场景中没有所谓的“正确”曝光，唯一正确的曝光就是我们喜欢的曝光。我们可以将背景设置成除黑色以外的任意灰度。（如果玻璃制品的边缘线为黑色，背景也为黑色，那就什么也看不出来了！）实际情况下，背景越明亮，玻璃的边缘线就越明显。

- 如果确定要使背景变得很亮，我们无须担心玻璃制品正面会产生多余的反射。在明亮背景的映衬下，任何反射几乎都暗淡得难以察觉。

- 如果我们想要使背景呈现为中灰或深灰，玻璃制品上就有可能映射出周围的物体。本章后面会介绍几种消除这些多余反射的方法。

理论上，以亮视场用光法拍摄玻璃制品并没有什么特别复杂的地方。当然，我们是用“理想”的案例来尽可能清楚地介绍这个原理，但在实践中，当面临的情况与这种“理想”状态不符时，这种复杂性随时都有可能产生。

例如，在许多拍摄任务中，我们必须使画面中玻璃制品相对于背景的尺寸比练习时更小，这会导致玻璃制品的边缘清晰度降低。这种清晰度的牺牲是否明显则取决于拍摄时的其他因素。

当然，理解并熟练掌握理想条件下的工作原理，会为我们在不够理想的条件下提供最佳解决方案。如果构图导致了糟糕的用光，理想案例就会解释症结所在，并告诉我们该如何修复。如果无法对特定的构图进行调整，理想案例也会告诉我们该如何做。我们没有必要浪费时间去做违背物理学原理的尝试。

暗视场用光

暗视场用光会产生相反的效果，如图7.5所示。

图7.5 在暗视场照明中，暗背景上的光线勾勒出玻璃制品的轮廓和形态

我们回顾图7.3中产生直接反射的角度范围可以看出，如果要保持玻璃制品的边缘黑暗，亮视场用光设置中角度范围的边界处（标记为L）就不能有光线。反过来我们可以假设，如果想使边缘明亮一些，L处则必须存在光线。进一步而言，如果我们不想在玻璃制品中看到其他明亮的干扰光线，那么从玻璃制品角度范围内的其他各个方位都不能看到光线。

图7.6展示了将理论应用于实践的详细方法。我们再一次将该用光方法分解为5个步骤进行讲解，其中有些步骤与之前介绍的亮视场用光法相同。

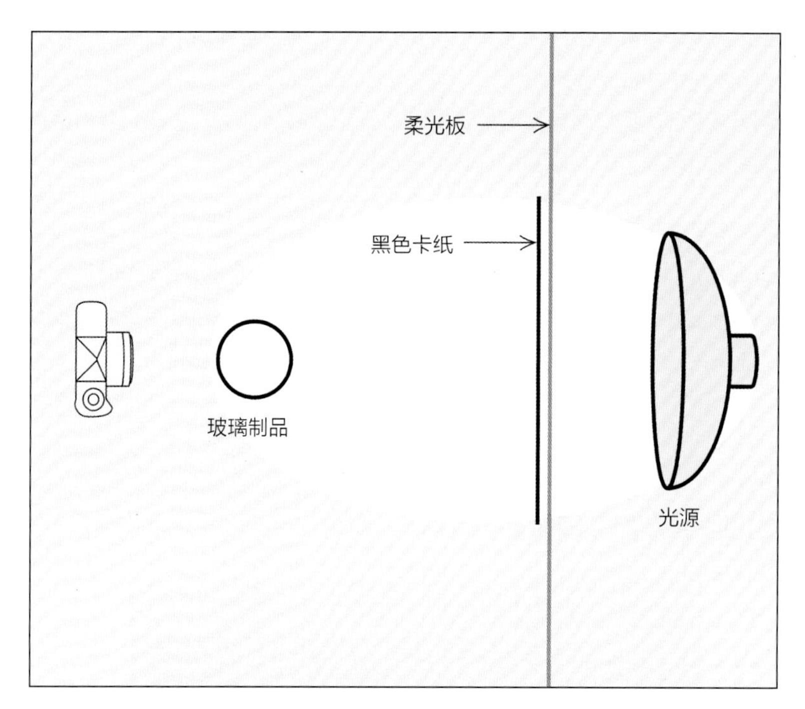

图7.6　这是一种设置暗视场用光的有效方法

设置大型光源

在第一次实验中，图7.3似乎告诉我们玻璃制品上的两个点都需要光源，这其实是平面示意图造成的表达缺陷。实际操作中，在玻璃制品任意一侧的点放置光源便可。

为保持玻璃制品的边缘明亮，在其上方和后方也要设置相似的光源。此外，如果这个玻璃制品是带有碗状容器的矮脚杯，则必须在杯底增加一个光源。

所以，即使只是照亮一个很小的玻璃制品的边缘，也需要4个大型光源。这种布光较为棘手。我们通常会避免这种复杂而混乱的用光设置，而是用一个足以照亮被摄对象顶部、底部及两侧的大型光源取而代之。光源的确切面积并不重要，达到被摄对象直径的10~25倍即可。

图7.6和图7.7显示了两种设置合适的大型光源的有效方法：一种用半透明材料，另一种用不透明材料。

设置一个小于光源的暗背景

设置一个小于光源的暗背景有几种方法。图7.6所示是最简单的一种，在半透明光源处直接贴一张黑色卡纸即可。

墙壁之类的不透明平面也可以成为一种极为出色的光源，我们用反射光照射墙壁即可。这种用光设置可能不适合将深色背景直接贴在墙上，因为它会使深色背景接受过多的光照以致无法获得所需的深灰色。

另一种方法如图7.7所示，这种设置可以使不透明的反射表面获得我们所需的明亮光线，却不会有大量的光线落到相机能够看到的背景中。将深色背景挂在灯架上或者用绳子悬挂在上方都会获得良好的效果。

这两种用光方法的结果相同：深色背景被明亮的光源包围着。

与光源面积一样，背景的确切大小并不是关键因素。与亮视场用光法一样，我们可以通过调节相机的距离来调节背景的有效面积。唯一的限制条件就是深色背景必须足够小，以便在周围留出大量的可见光。

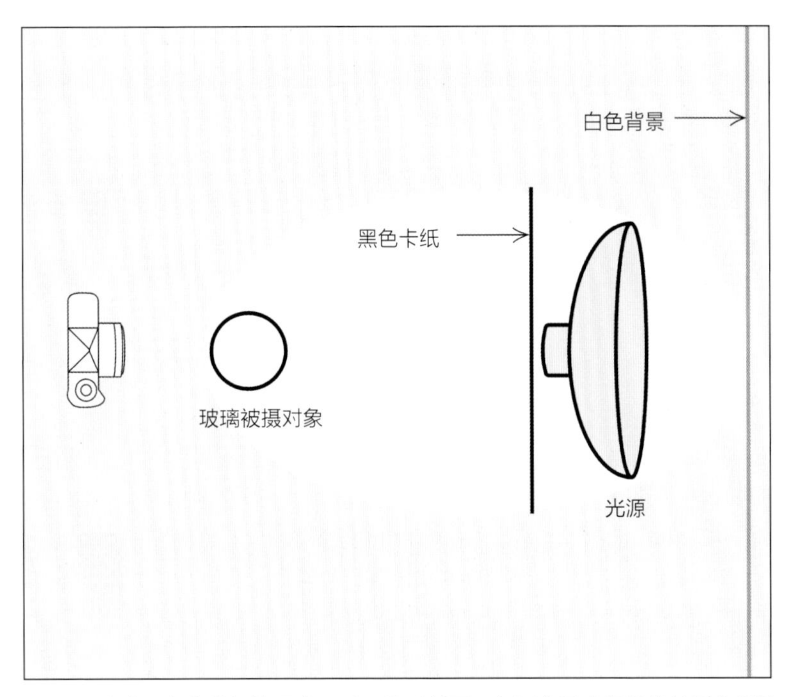

图7.7　这种用光方法能够照亮不透明的反射面，但不会照亮相机能拍到的背景

确定相机位置

同样，背景应该能够正好充满相机的取景框——既不能大也不能小。这与亮视场用光法的原理相同。如果深色背景的面积太大，它就会扩展到产生直接反射的角度范围内。这会遮住界定玻璃制品边缘、防止其融入深色背景所需要的光线。

确定被摄对象位置并聚焦相机

接下来，在相机和背景之间移动被摄对象，直到被摄对象在相机取景框中的大小合适为止。被摄对象离相机越近，其边缘就越明显。

最后，使相机聚焦于被摄对象。跟亮视场用光一样，重新聚焦引起的背景大小变化极小，几乎不会造成任何困扰。

拍摄照片

采用这种用光方法时，要想获得精确曝光，需要使用测量角度极小的点测光表测量玻璃制品边缘的高光区。在大多数这种类型的拍摄中，“极小的角度”指小于1° 的角度，然而几乎没有摄影师拥有这样的测光表。不过也不要灰心，任何常见的反射测光表（包括许多相机自带的测光表）在包围式曝光的帮助下都能给出大致准确的曝光。

为了弄明白为什么下列方法有效，我们必须记住一个物体的纯粹的直接反射与产生这种反射的光源亮度相等。这些反射或许会因为太弱而无法测量，但大型光源的情况则完全不同。

首先，将测光表尽量靠近光源，单独测量光源读数。应测量光源边缘的读数，因为正是这部分光源照亮了玻璃制品。

其次，为了使玻璃制品的颜色接近白色，应采用高于测光表2挡的读数进行曝光（这是因为测光表还原的是18% 的中性灰而不是白色）。如果玻璃制品上的高光是完美的非偏振光直接反射，这样的曝光就非常理想了。

理论上，这次曝光很重要，因为它决定了包围曝光的起点，但是实践中是没有这样既完美又不是偏振光的直接反射的。因此，我们只是简单地提醒你注意一下这次曝光，然后转到下一步操作。因为几乎不存在完美的直接反射，所以要尝试在测光表的读数基础上分别增加1挡、2挡或3挡曝光。

因为只有极少光线或者没有光线照射到背景上，不妨假定背景仍保持黑色。然而，如果我们希望背景亮一些，就有必要使用辅助光了。如果不使用辅助光，而是通过增加曝光（根据在亮视场用光中所探讨的测光程序的推荐读数）的方式提高背景的亮度，常会导致被摄对象曝光过度。

同样，我们以一种理想的状态来讲解以免过于复杂。由于构图需要，现实情况也可能会与理想状态有偏差，但不会差得太多。

两种方法的最佳结合

亮视场用光和暗视场用光都简单易学，但将两者结合在一起却非易事。拍摄玻璃制品时出现的大多数失败案例就在于摄影师有意或无意地同时使用了两种方法。

例如，有的摄影师尝试利用第6章介绍的摄影帐篷拍摄玻璃制品。这虽然成功避免了多余的反射，但同时也使玻璃制品的边缘消失不见。摄影帐篷面向相机的部分提供了一个浅色的背景，而帐篷的其余部分则照亮了玻璃制品，其实际上使用了“亮对亮”的用光方法。

即使是在同一张照片中，同时使用这两种方法也要将它们分离开。我们要在心里对场景进行切分，决定哪一部分需要亮视场，哪一部分需要暗视场。图7.8正是这样拍摄得到的一张照片。在照片中，白色磨砂塑料被来自下方的小型光源照亮。

注意，我们并没有将这两种方法真正地融合在一起，只是部分用亮视场，部分用暗视场。无论何时都要将两种方法区分清楚，这样才能拍好玻璃制品。只有在两种视场的过渡区域，它们才会融合在一起，但这一区域可能会有明显的质量损失。然而，缩小过渡区域可以弱化这一问题。

图7.8　一种经典用光设置，部分场景为亮视场，部分场景为暗视场

最后的修饰

到目前为止，我们已经讨论了可清晰表现玻璃制品形状的用光技术。正如你看到的，我们可以通过在深色背景下使用浅色线条，或在浅色背景下使用深色线条来表现玻璃制品的形状。这两种用光技术都是拍摄玻璃制品的基础技术。然而，我们通常还需要一些额外的技法以得到令人满意的照片。

为此，我们将会讨论最后的修饰工作。具体来说，我们将特别关注如何实现以下目标。

1. 清晰表现玻璃制品的表面。
2. 背景的照明。
3. 淡化水平分界线。
4. 防止眩光。
5. 消除多余的反射。

因为这些技法对于暗视场情境更为有效，因此我们将以暗视场用光为基础来演示这些技法。

表现玻璃制品的表面质感

在许多情况下，仅表现玻璃制品的边缘是不够的。不管我们将边缘表现得有多出色，也只是显示了它的轮廓。通常，照片也必须清晰地显示出玻璃制品的表面形态。要做到这一点，我们必须仔细控制玻璃制品表面的高光反射区域。

大面积的高光对于玻璃制品表面的质感表现至关重要。为了证明这一点，我们不妨比较一下图7.1和图7.9中的高光区域。

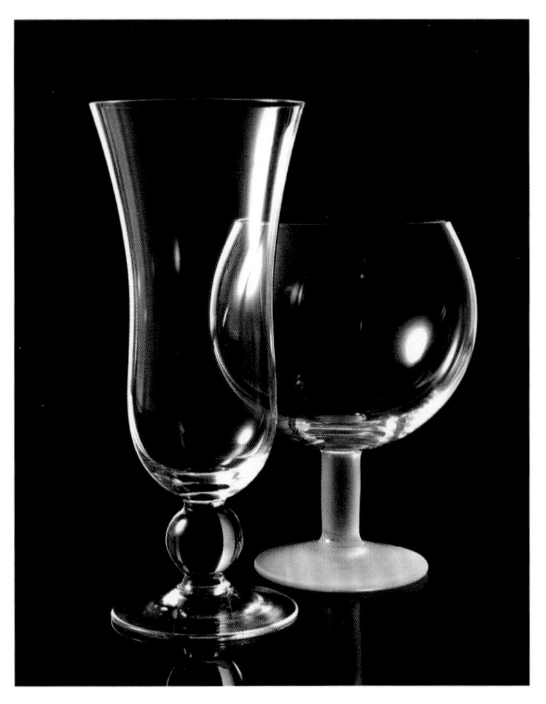

图7.9 图中大面积的高光有助于玻璃制品表面的质感表现

图7.1中的细微亮点严重分散注意力而且毫无意义。而图7.9则处理得非常好，大面积的高光为观看者提供了信息。它不会与照片中的其他元素竞争，分散观看者的视线，而是致力于达到建设性的目标，告诉观看者："这就是玻璃制品表面的外观和感觉。"

表现玻璃制品表面的质感，需要在表面的适当位置打上大小合适的高光。好在这并非难事，我们只需要记住并利用好直接反射原理。

我们已经知道，玻璃制品表面的反射几乎都是直接反射，而且直接反射总是严格遵循反射角等于入射角的定理，从而可以预先判断其方向。现在，我们来看图7.10。

假设我们想要在玻璃制品的表面制造一个高光区，就需要在该高光区所属的角度范围内使用填充光源。在这一范围内的光源能够在玻璃制品的该区域产生直接反射。

请注意，圆形的玻璃制品能够在其表面反射出摄影棚的大部分区域，所以照亮玻璃制品表面有时需要面积非常大的光源。

图7.10展示了制造大型光源的两种方法。在这两个位置光源都能同样地照亮玻璃制品的表面。然而，如果它们都能够覆盖所需的角度范围，其中一个位置上的光源面积将是另一位置上光源面积的几倍。

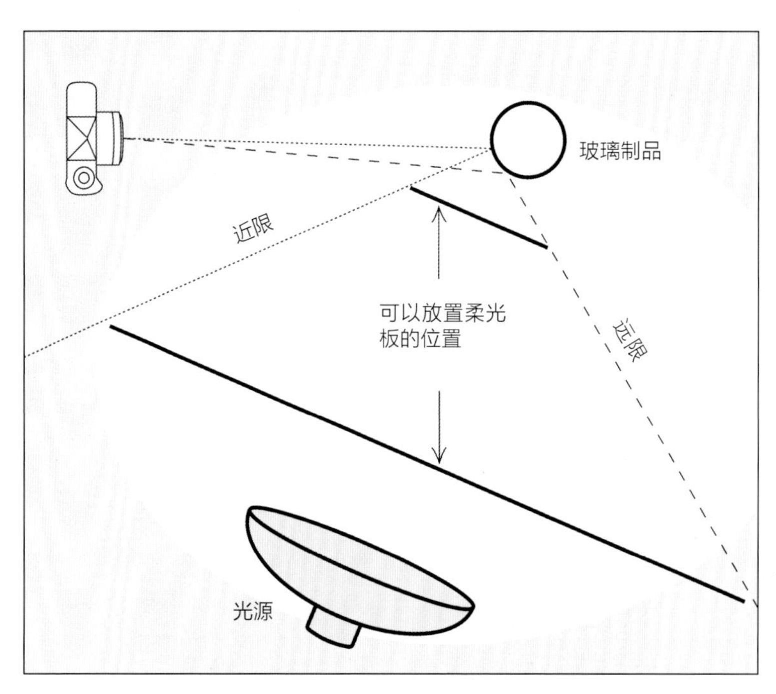

图7.10　在玻璃制品表面的某一位置制造高光需要使光源照亮其角度范围。在这张示意图中，被照亮的柔光板会在玻璃制品表面产生高光

确定光源和柔光板之间的距离非常重要。请注意，在图7.9的设置中，光源距柔光板太近，以至于光源只能照亮柔光板的中心部位。

图7.11提供了一种解决方法。我们将光源放远，这样矩形柔光板的整个表面都会被照亮，并在玻璃制品表面形成反射。

照亮整块柔光板的光线越均匀，产生的高光区域面积就越大。但通常我们想让这种大面积的高光暗一些。如果整块柔光板都很明亮，就会在玻璃制品表面反射出一个明显的有棱有角的矩形。这种反射会暗示观看者照片是在摄影棚拍摄的，从而降低场景的真实性。

不管将光源放置在何处，我们有时都需要在柔光板上贴上黑色胶带，以削弱摄影棚拍摄的痕迹，如图7.12所示，这样玻璃制品上的反射看上去就像窗户的反光。

在继续之前，请注意在本章的前几个案例中，光线都不是从玻璃制品背后照过来的，因为这种方法更适合表现那些表面复杂且不光滑的玻璃制品。场景中若有其他不透明物体，这种方法也同样适用。本章稍后还会介绍更多使用这种方法的案例。

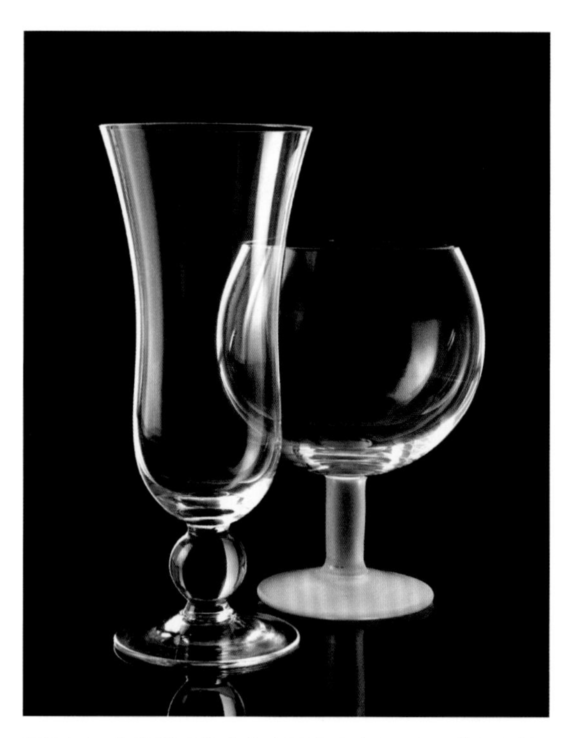

图7.11 将这张照片中的大面积高光与图7.9进行比较。这一次我们使光源远离柔光板，整块柔光板都被照亮并在玻璃制品表面反射出来

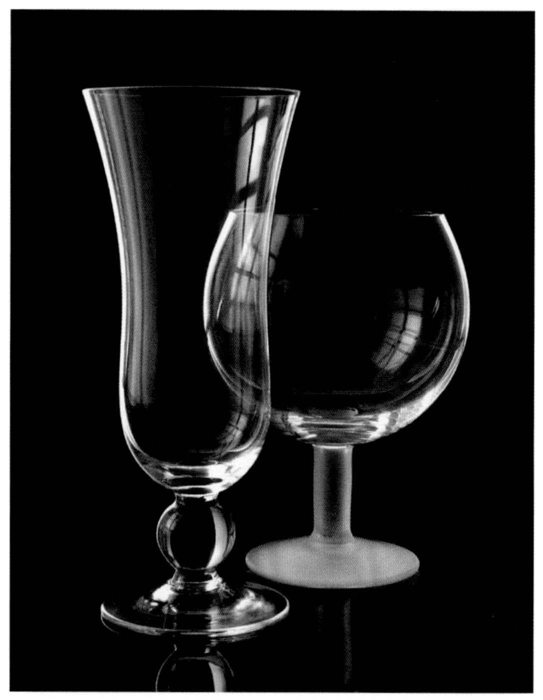

图7.12 我们将黑色胶带贴在柔光板上，从而在玻璃制品的表面得到类似窗户的反射效果，给人一种窗户反射在玻璃制品表面上的错觉

背景的照明

如果不考虑背景的实际影调，使用基本的暗视场用光法会产生背景很暗的照片。若想让背景变亮，则需要一个额外的光源。

为了照亮暗视场背景，我们只需要简单地在深色背景中放置一个附加光源。与形成亮视场用光的技术相似，我们可以在不透明的白色背景前放置一个光源。通常，我们甚至可以在暗视场和亮视场中用相同强度的光源，因为深色的背景会使暗视场的最终效果与亮视场的最终效果不同。

图7.13就是用这种方法拍摄而成的。注意，部分背景的影调已经被提亮为中灰影调，而玻璃制品表面没有产生任何多余的反射。

图7.13 在这张暗视场照片中，背景中的光源明显地照亮了一部分背景

淡化水平分界线

玻璃制品通常要放在台面上才能拍摄，但这样照片中就会出现台面的水平分界线。如果水平分界线对画面造成了干扰，我们应该怎么办?

消除一般被摄对象照片中的水平线要比消除玻璃制品照片中的水平线更为容易。拍摄非玻璃制品时，我们可以用一张足够大的桌子，以保证桌子的边缘在图像区域之外。或者，我们也可以用一张无缝背景纸，并将其上边升高到相机视野之外。这些方法虽说也适用于拍摄玻璃制品，但效果总是不尽如人意。

前面已经讲过，拍摄玻璃制品的最佳用光方式需要使背景正好充满整个画面。而较大的桌子和背景纸都与这一要求相冲突。如果背景是浅色的，我们可以将不会出现在画面中的区域用黑色卡纸遮住，这样也能产生合适的亮视场照明。

对暗视场用光而言，我们可以用白色或银色反光板遮住画面中的深色桌子的一部分。这种方法的效果通常不尽如人意，因为照亮反光板的光源与照亮桌子的相同，对反光板合适的光线对桌子而言可能就太亮了。因此，如果桌子在画面中无足轻重，我们宁愿将之去除。当然如果我们不能这么做，也有几种办法可以获得大致令人满意的效果。

透明的玻璃或有机玻璃台面看上去像不存在一样。在前面大多数的拍摄案例中，我们都使用了透明的桌子。透过桌子可以看到背景，因此令人生厌的水平线就会被弱化。

桌子的透明特性允许背景光通过并照亮场景，如同桌子不存在一样。从图7.14中可以看出，表现这件玻璃制品边缘的非常重要的光线能够穿过透明的桌子，但如果是不透明的桌子，光线就会被挡住。

另一种有效的方法就是把玻璃制品放在一面镜子上。与其他不透明表面相比，镜子中反射的背景会使得背景和前景的影调反差不至于太过强烈。

更有价值的是，镜面反射与穿过透明桌面的光线几乎可以同样地照亮玻璃制品表面。水平分界线可能还能看到，但是已经非常模糊了。对这两种方法而言，一种有趣的变化是，将水喷洒在透明桌面上，形成的薄雾会破坏和掩饰有可能干扰画面的反光。

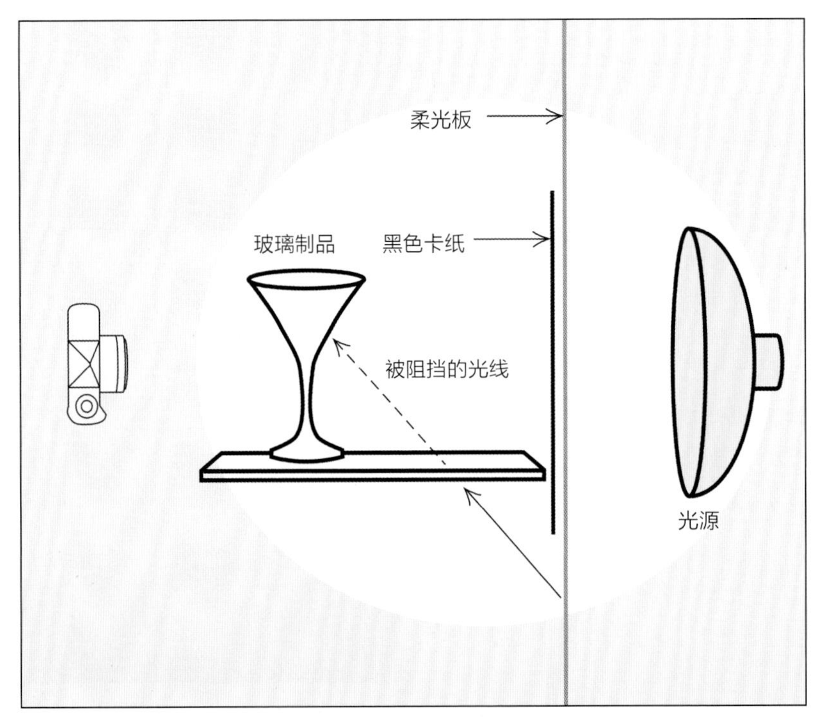

图7.14　透明的桌子可以让光线通过，就如同桌子不存在一样，但不透明的桌子会挡住表现玻璃制品边缘的关键光线

然而，即使是透明的桌面或镜面，仍会存在轻微的水平分界线，而且有些情况下，消除水平分界线的效果并不是很理想。有些照片需要完全消除水平分界线。在这种情况下，我们可以使用图7.15中的无缝背景纸。

在这个案例中，无缝背景纸被直接用胶带粘在大型柔光板上，由柔光板背后的光源提供照明。如果我们细心地裁剪无缝背景纸，使其正好充满相机的取景框，用光质量就不会受到影响。这种布光方法的效果如图7.16所示。

图7.15 类似这样的无缝背景纸可以消除画面中的水平分界线，但仍保留玻璃制品的清晰边缘

图7.16 使用图7.15中无缝背景纸拍摄的效果。玻璃制品的所有边缘都非常清晰，而且画面中完全没有出现水平分界线

防止眩光

遗憾的是，用基本的暗视场用光法拍摄玻璃制品时，有可能产生非常糟糕的眩光。在前面几章我们曾讨论过相机产生眩光的原理。暗视场用光提高了相机在影像四周产生眩光的概率，使问题变得更加突出。图7.17就是一个极端的案例。

图7.17　由于相机眩光有可能出现在图像四周，因此在暗视场用光条件下使用遮光板预防眩光至关重要

即使眩光还不至于糟糕到在影像边缘产生灰雾或条纹的地步，但仍会引起影像画质的整体下降。在最理想的情况下，我们也可能会得到一张缺少对比的照片。

幸运的是，如果我们能理解并预见此类问题，解决它还是比较容易的。我们只需像前文介绍的一样，使用遮光板。但必须记住，遮光板遮住的应该是来自画面四周投射到镜头上的非成像光线。

我们可以用4块纸板，或在一块纸板中间掏一个长方形洞口做成一块遮光板，然后将其夹在相机前方的灯架上。

消除多余的反射

玻璃的反射属于镜面反射，室内的任何物体都有可能在玻璃表面产生反射。因此，为玻璃制品设置好满意的用光后，我们必须考虑如何消除这种用光设置带来的多余反射。暗视场用光尤其如此，因为深色背景透过玻璃会使多余的反射更加明亮，因而格外显眼。

消除多余反射的第一个步骤，就是找出周围有可能反射到玻璃制品上的物体。找到这些物体之后，我们有3种基本的策略可选择，通常我们会将3种策略结合使用。

1. 移走产生多余反射的物体。处理亮度较高的反射物体（如多余的灯架和用不到的反光板）最简便的方法就是直接把它们移开。

2. 遮住投射在这些物体上的光线。在图7.18中，相机旁边为柔光板提供照明的光源同样也会照射到相机，在相机和光源之间设置一块遮光板会显著压暗相机的反射，使其不再出现在玻璃制品表面。

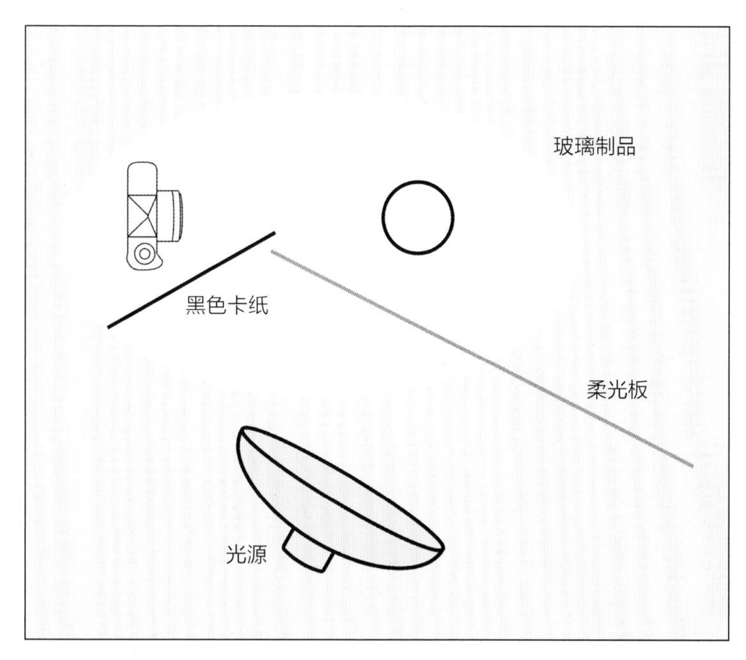

图7.18　照亮柔光板的光源同样也会照亮相机，使相机在玻璃制品表面产生反射。在这个用光设置中，我们使用黑色卡纸充当遮光板来解决这一问题

3. 使物体变暗。如果无法遮住产生多余反射的光线，可用黑色卡纸或黑布将这些物体盖住，这样可使它们显著变暗。

非玻璃容器的复杂性

到目前为止，本章介绍的内容都是关于玻璃制品的用光。然而在许多情况下，同一画面中还会包括非玻璃被摄对象。针对玻璃制品的最佳用光，对于场景中的其他被摄对象而言有可能恰恰是最糟糕的用光。

作为例证，我们来看看最常与玻璃制品同时出现的两种被摄对象：玻璃容器中的液体和玻璃瓶上的标签。我们在此提出的校正方法对于其他被摄对象同样适用。

玻璃容器中的液体

我们常常会被要求拍摄装满液体的玻璃容器，如拍摄装满啤酒的瓶子、倒满红酒的杯子、一小瓶香水或有鱼的鱼缸，这些都是很有趣的挑战。

作为透镜的液体

光学定律表明，装满液体的圆形透明玻璃容器实际上是一个透镜。最糟糕的结果是装满液体的玻璃容器会反射周围环境，而这正是我们不愿意让观看者看到的。

图7.19就是反映这一现象的典型案例。这张照片采用了之前拍摄空玻璃杯时的“标准”视角。

我们发现，一个能够充满相机取景框的大面积背景，并不足以充满相机透过液体所看到的区域。玻璃杯中心的浅色区域就是背景，周围的深色区域是摄影棚的其余部分。

我们的第一反应可能是使用面积更大的背景（或者把背景移近一些以增大其有效面积）。然而我们已经知道，这会严重影响玻璃容器的形状表现。这种解决方案有时是可行的，但特别不适合在需要清晰表现玻璃容器的外形时采用，我们必须使用其他的拍摄技巧。

要解决这个问题，只需将相机朝被摄对象移近一些。若有必要，可换用短焦距镜头，以保持影像大小不变，这样就能使现有背景充满相机透过液体所看到的区域。

但请记住，拍摄距离较近会加剧透视变形。图7.20所示的这种透视变形在玻璃容器边缘的椭圆形部分非常明显。大多数人不会认为这是这张照片的缺陷，但在有其他重要被摄对象的场景中，从更高或更低的视角来看，这种变形就非常令人反感了。

图7.19　注意这个酒杯中的“液体透镜”是如何透射出背景的边缘，并使杯中液体的色彩变暗的

图7.20　使相机靠近被摄对象，可以使背景填满相机透过装满液体的玻璃容器所看到的整个区域

保持真实的色彩

保持透明玻璃容器中液体的真实色彩是一项比较棘手的任务。假设你的客户需要一张深色背景下的一杯琥珀色啤酒的照片，困难之处在于玻璃容器中的液体总是会透射出背景的色彩和/或纹理。图7.21这张照片色彩灰暗，毫无吸引力，根本不是客户想要的效果。

解决这一难题的办法是在玻璃容器的正后方放置一块白色或银色的次要背景。这个次要背景的形状必须和被摄对象一致。

次要背景必须足够大，大到充满液体后方的区域，同时又不会扩展到玻璃容器边缘相机能够看到的地方。这听起来很难做到，但实际上并非如此。图7.22展示了一种简单的用光方法。

图7.21　在这张照片中，原本呈浅琥珀色的啤酒变成了不吸引人的深黑色

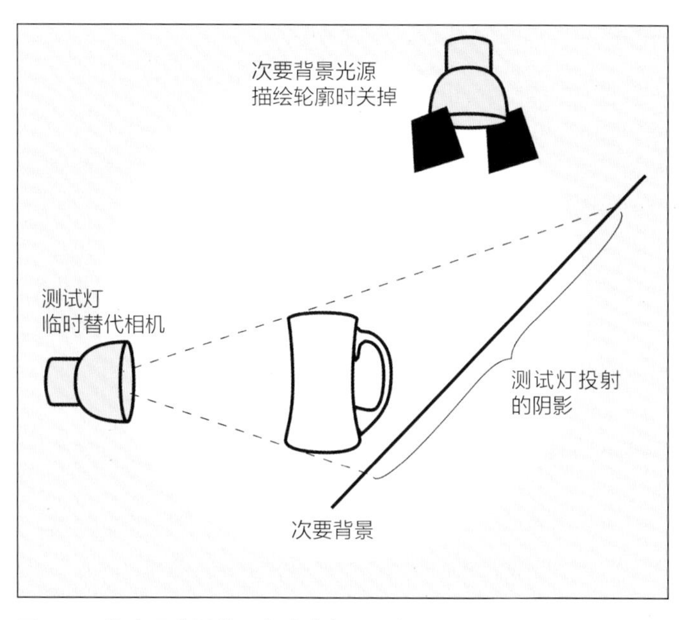

图7.22　将次要背景放置在玻璃容器后方的用光设置

光线的具体设置步骤如下。

1. 在被摄对象的后方放置一块白色或银色的卡纸。有些摄影师更喜欢使用与液体颜色类似的次要背景，比如用金色锡箔来拍摄啤酒。在桌子的表面粘上一根柔软的金属丝，它可以为卡纸提供支撑，但注意不要将卡纸固定得太死。

2. 将相机移开，将测试灯放在相机的位置对准被摄对象。这样会在卡纸上投射出被摄对象的阴影，我们将根据投射的阴影剪裁卡纸。

3. 在卡纸上勾勒出被摄对象的阴影轮廓。记号笔是很方便的工具。勾勒出阴影的轮廓后，移开卡纸并按描出来的轮廓进行剪裁。

4. 将经过剪裁的卡纸重新放在被摄对象后方。这时我们可以移开测试灯，重新放好相机。通过相机观察被摄对象，确认卡纸和相机的位置无误，并确保看不到卡纸的边缘。

5. 设置一个辅助光源为经过剪裁的次要背景提供照明。

拍摄效果如图7.23所示。

图7.23　这一次啤酒的颜色和亮度都表现得很好，这要归功于放在玻璃容器后方的白色次要背景

次要的不透明物体

液体可能是玻璃制品摄影中唯一透明的次要被摄对象。其余的次要被摄对象往往是不透明的，因此我们更需要掌握拍摄次要不透明的物体的用光技术。

此类场景的用光通常以图7.10所示的用光设置为基础。相同的用光设置既能够在玻璃制品的正面产生高光，也可以为不透明的次要被摄对象提供良好的照明。在多数情况下，这种用光设置已经能够满足需要，下一步便是拍摄了。

不幸的是，对于有些被摄对象我们还需要做更多的工作，纸质标签就是其中之一。我们应谨记，在自然状态下，既看不到完美的直接反射，也看不到完美的漫反射。虽然大多数纸张产生的大部分反射为漫反射，但其也会产生部分直接反射。玻璃制品表面产生的直接反射也可能会使纸质标签变得模糊不清。图7.24就是一个典型案例。

有两种方法可以解决这个问题。一种是将产生高光的光源适当升高，这样纸质标签上的直接反射就会向下移动，而不会对着镜头。

如果玻璃制品表面的高光位置非常合适，以致不宜移动光源，那么可以使用一小块不透明的卡纸作为遮光板来遮住在纸质标签上产生直接反射的光线。这个遮光板的位置和尺寸至关重要，如果它超出了纸质标签直接反射的角度范围，就会反射在玻璃制品表面，拍摄效果如图7.25所示。

图7.24　在玻璃制品表面产生直接反射的光线也会在纸质标签上产生高光，从而降低纸质标签的辨识度

图7.25　拍摄这张照片时，使用遮光板挡住了在纸质标签上产生直接反射的角度范围内的光线

改变光源位置或加用遮光板，通常都可以消除次要不透明被摄对象的直接反射，而且不会妨碍玻璃制品的用光。

我们也可以考虑用偏振镜来作为第三种解决方法。然而，这种解决方法很难奏效，因为玻璃制品上的大部分高光通常都是偏振光。如果用偏振镜消除来自纸质标签的直接反射，同样也可能妨碍玻璃制品上的高光表现。

当画面中不仅仅有玻璃制品时

通常情况下，我们拍摄的画面中不仅仅有玻璃制品。我们必须为这些额外的被摄对象添加一些照明。这可能会影响玻璃制品的外观，摄影师要做的就是分辨出什么是最重要的，有时可能还需要做出一些牺牲。

图7.26中，有一杯葡萄酒和一瓶鲜花，我们只针对玻璃制品进行亮视场布光，因为所有的光都是从后面照射过来的，可以看到花朵都处在阴影之中，显得非常暗淡。图7.27中，我们只是简单地在前面（相机的右侧）添加了一个柔和的补光灯，花朵被照亮的同时，也没有对玻璃制品产生太多的影响。

图7.26 只为玻璃制品照明的效果。画面中的花朵显得非常暗淡

图7.27 在相机的右侧增加了一个补光灯，照亮花朵的同时，也没有破坏玻璃制品的照明

确定主要被摄对象

在本章中，我们讨论了拍摄玻璃制品的亮视场用光法和暗视场用光法，也探讨了一些由非玻璃制品带来的复杂问题的解决措施。然而我们并没有指出应用这些技术的适当时机。

被摄对象的材质决定了其最佳用光方法。在同时包括玻璃制品和非玻璃制品的场景中，确定主要被摄对象是用光的第一步。我们是应该先设置好玻璃制品的用光，再对光线进行调整以适应其他被摄对象；还是先设置基础用光，然后增加一些次要光源、反光板或遮光板来强调玻璃制品？

我们无法在纯技术层面做出评论和艺术性决定。我们有可能为两个相同的场景设置不同的用光方式，这取决于照片想说明的是什么、客户的需要或摄影师的个人意愿。

理解光线的性质比单纯使玻璃制品的用光设置看起来更加专业的能力更为重要。我们花费整整一章的篇幅来介绍玻璃制品的用光，是因为一代又一代的摄影师都发现玻璃制品是帮助我们学会观察的经典题材之一。

第8章

8

表现人物

用光是人像摄影最重要的影响因素之一。我们可以将其他方面处理得非常漂亮，但如果用光不当，一张照片就会被彻底毁掉。谨记这一点，接下来我们看一些影响人像摄影用光的重要因素。

首先介绍所有人像摄影用光中最简单的用光设置——单光源用光。为人像提供主要照明的光源，我们称之为“主光源”或“主光”，主光源无论是单独使用还是与其他辅助光源配合使用，我们通常都会以相同的方式来处理它。

除主光源外，本章还会介绍一些之前没有论及的更为复杂的用光方法。所谓的“典型”人像摄影用光通常都需要若干光源，这类用光设置大多也可以满足其他被摄对象的类似拍摄需求。如果你不打算在人像摄影中尽数使用这些用光方法，以后拍摄其他对象时你可能也会用得到，因此，相比前文，本章我们会对辅助光进行更详细的介绍。然后我们将继续介绍其他光源的用法，如发型光和强聚光。最后，我们将以当代人像摄影中有关用光技术的几个案例结束本章。

单光源设置

单光源设置看似简单，实际上并不像想象中的那么简单。对于大多数人像摄影而言，单光源已经足够，其他用光设置可作为备选方案。但即使是单光源也需要加以有效运用，否则，再多的额外用光设置也无法挽救一张糟糕的照片。

基本设置

图8.1是一种最简单的摄影棚人像单光源用光设置，图中只有一盏裸露的灯泡，置于被摄对象的一侧将其照亮。他坐在蓝色无缝背景纸前几英尺的位置。被摄对象的位置很重要，如果他距离背景很近，他的身体就可能会在背景上留下难看的阴影。

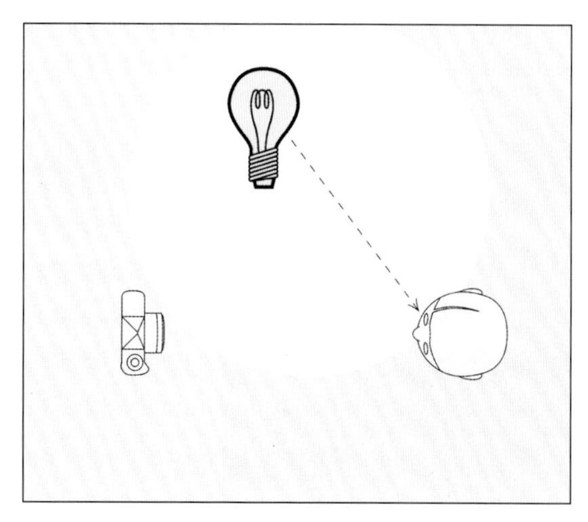

图8.1　这是一张最简单的摄影棚人像单光源用光示意图，被摄对象由放置于一侧的单个裸露灯泡照亮

图8.2　使用图8.1所示的用光设置取得的结果。照片中刺眼而令人反感的阴影影响了被摄对象面部特征的表现

图8.3　照片中的柔和阴影来自大型光源，它们有助于表现被摄对象面部的特征和层次感

图8.2就是使用上述用光设置拍摄的照片。某种程度上来说，这是一张令人满意的照片。它很清晰，曝光合适，构图也没有问题。但是，它犯了一个非常严重的错误：强烈的阴影破坏了画面，从而降低了画面的表现力。

现在来看看图8.3。同一位年轻人，同样的构图，但是这次使用了极为柔和的照明光线。

观察这两张照片的差异，在图8.3中，那些令人不快的、过于抢眼的硬质阴影消失了。这种用光产生的更为柔和的阴影有助于提升照片的表现力，有助于表现人物的面部特征，增加照片的层次和趣味。这种效果会让大多数人感到满意，尤其是被摄对象！

光源面积

图8.2和图8.3的差别是什么原因造成的？为什么一张阴影强烈、令人不快，而另一张柔和平缓、讨人喜欢呢？答案简单且并不陌生——光源面积。

我们使用一个裸露的小型灯泡作为光源拍摄了图8.2。正如我们在前几章中指出的那样，这种小型光源会产生刺眼的硬质阴影。接着我们用面积较大的大型光源拍摄了图8.3。结果证明了这一重要的用光原理，即大型光源会产生柔和的软质阴影。在图8.4中，我们可以看到使用特大型光源的效果。

表现皮肤的质感

光源面积也会影响皮肤的质感表现。皮肤的质感在照片中呈现为微小的阴影。这种阴影与一般阴影一样，既可能是硬质的也可能是软质的。

如果照片以较小的尺寸出现在书籍或杂志中，特别是被拍摄的人物非常年轻时，这种质感的差异通常无关紧要。但人们往往喜欢把自己的肖像照片放得很大挂在墙上。即使在小尺寸的照片中，许多人由于年龄的增加和天气的影响，皮肤纹理也会变得很明显。你可以拍摄强调皮肤质感的人物肖像，但大多数被摄对象通常会更喜欢柔和的效果。

图8.4 我们用特大型光源拍摄了这张照片，这种光源产生了极为柔和的视觉效果

图8.5 在这张照片中，你可以看到我们用来制造软质光线的大型柔光箱和反光板，图8.4就是用这样的设置拍摄而成的

主光源的位置

毫无疑问，在何处放置主光源是我们首先要考虑的。请看图8.6中的抽象球体，它是我们用来代表球体的最简单的图形。如果没有高光和阴影，它可以被看成一个圆环、一个洞或一个扁平的圆盘。

同时，我们也要注意高光的位置，如果它出现在球体的中间或靠近球体的底部，看上去就没有现在这样“正确”。

拍摄人像时，最常用的主光源位置大约是图8.6中球形示意图中的高光位置。不过人的面部更为复杂，有鼻子、眼窝、嘴巴、皱纹等，这些都是人的面部的一部分。我们在对基本的用光位置进行微调时可以看看这些部位的变化。

在大多数情况下，我们喜欢将光源确定在使面部一侧出现阴影的位置。正如我们已经知道的，要实现这种效果，只要将光源放在面部的另一侧便可。此外，我们还想让光源的位置高一些，这样眉毛、鼻子和下巴下边也会有类似的阴影。

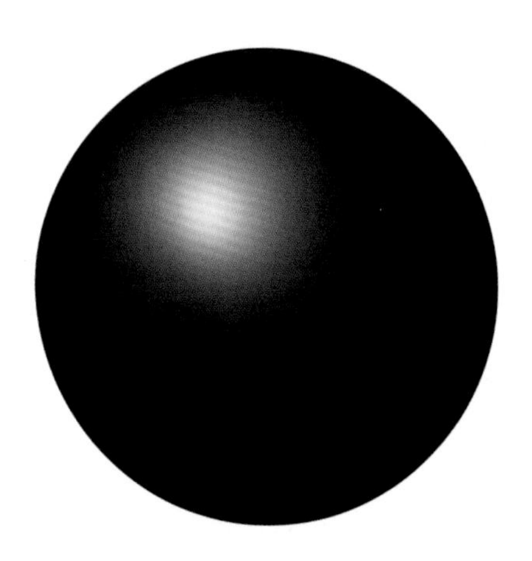

图8.6 高光区位于偏离中心的上左侧或上右侧时，看上去会很自然

看到这里，你也许会问：光源应该放到距离“一侧”多远的位置，以及多高的位置才足够？这些都是合理的问题。让我们先来了解一个非常有用的帮手——关键三角区，然后再回答这些问题。

关键三角区

合理安排关键三角区的位置是许多优秀人像用光的基础，将关键三角区作为良好用光的标准也是简单易行的。

我们需要做的就是移动主光源，直到被摄对象的脸上形成一个三角形的高光区域，如图8.7所示。关键三角区的底边应该从眼睛开始，并沿着鼻梁一侧经过面颊向下延伸至嘴角。

关键三角区的重要性在于它可以让我们在拍摄前就看到用光的缺陷。当我们观察关键三角区的边缘部位时，良好用光的微妙之处就显而易见了。

接下来我们会看到3种最常见的变化，并了解它们可能有什么问题。在任何一张照片中，这些潜在的“缺陷”没有一个是不可避免的致命伤，事实上，每个“缺陷”都会时不时地被用来拍摄一张精彩的人像作品。也就是说，理解下列用光技术的变化，有助于你更好地发展自己喜欢的人像摄影风格。

关键三角区太大：主光源距相机太近

由于光源过于靠近相机，来自被摄对象前方的光线均匀地照亮其面部，以至于无法显示出良好的面部轮廓，如图8.8所示。

对于刚刚接触人像摄影的摄影师而言，评价用光是否太“平”是有一定困难的，尤其是在照片被印成

图8.7　关键三角区从眼部开始，沿着鼻梁经过面颊延伸至嘴角。它是经典人像用光的基础

图8.8　平光不像侧光那样能显示出被摄对象的面部轮廓。这种光是由将主光源放置在被摄对象前方且过于靠近相机形成的

黑白照片时，只有通过练习才能预判色彩是如何转化为灰度值的。但是，当我们看到关键三角区变得如此之大，以至于不再是三角形时，就很好判断了。

我们一般通过将光源移到距离被摄对象侧面远一些并且高一些的位置，来缩小关键三角区的面积，从而改善用光效果。为了更好地展现被摄对象的面部轮廓，我们可以将光源移远，使关键三角区的面积尽可能小一些，但是要注意不要导致以下两个问题。

关键三角区太低：主光源太高

无论眼睛是否是心灵的窗户，对于所有人像摄影照片而言，眼睛都肯定是至关重要的元素。被摄对象的眼睛若处于阴影之中，会让观看者感到不安。

图8.9就说明了这个问题。请注意，强烈的眼部阴影破坏了关键三角区的顶部，使照片产生一种不自然，甚至令人毛骨悚然的感觉。眼部的阴影是我们将主光源放在被摄对象头部上方很高的位置造成的。解决这个问题很简单，将光源调低一点儿即可。

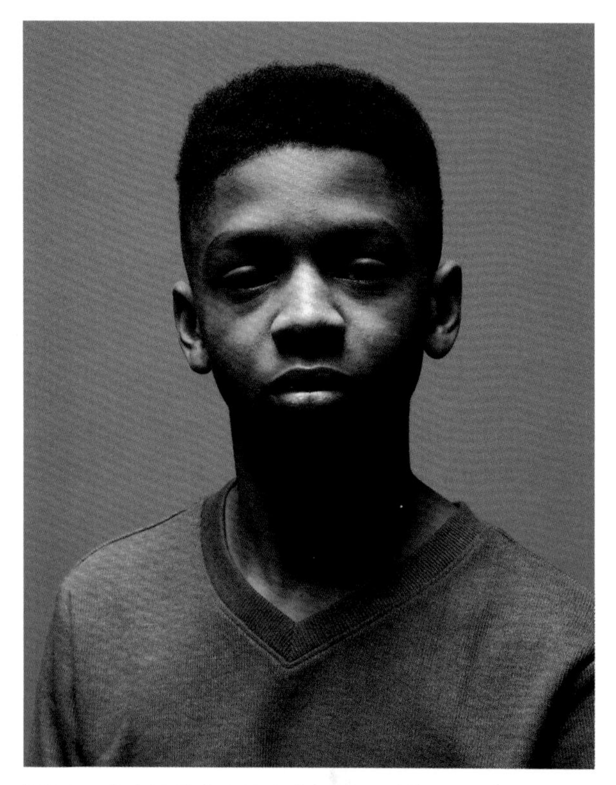

图8.9 产生这种令人不安的、被阴影笼罩的“熊猫”眼，是因为被摄对象头部上方的主光源过高

关键三角区太窄：主光源太侧

图8.10说明了另一个潜在的问题。拍摄这张照片时，主光源过于偏向侧面，以致在脸颊上投下了一大块阴影，这块阴影使关键三角区不复存在。

要解决这个问题同样很简单。为避免此类阴影出现，我们只需要将光源往脸部前方稍加移动，关键三角区就会重新显现出来了。

图8.10 主光源过于偏向侧面的结果。这种用光在被摄对象的半边脸颊上留下了一大块阴影，遮挡了关键三角区

左侧还是右侧

一些摄影师喜欢将主光源放到被摄对象的“主视眼”一侧，或眼睛看上去比较大的一侧。然而，另一些摄影师恰恰相反，他们喜欢让较小的一只眼睛靠近相机，使较小的眼睛看起大一些，从而使两只眼睛的大小差异不再那么明显。

另一个影响光源位置的因素是被摄对象的发型。在头发分开的一侧用光可以防止出现多余的阴影，尤其是当被摄对象的头发较长时。

要知道，这样做会使前额过于突出。头发较稀疏的男性更喜欢拍摄远离镜头的照片，这样观看者就不会明显注意到他的头发。

有一些被摄对象会坚持让我们从某个侧面对其进行拍摄。我们往往也会听从这样的建议，因为他们是根据自己的主视眼或者发型决定的，不管他们是否意识到这一点。我们需要确定的仅仅是被摄对象有没有把他“相对漂亮”的一侧和“相对难看”的一侧搞混。多年来的经验告诉我，可以把被摄对象的两侧都拍下来，这样不管“规则”或他本人的偏好如何，你都能拿出合适的照片。

宽位用光或窄位用光

将主光源放到可以看到耳朵的一侧的用光方法被称为“宽位用光”，放到相反一侧的用光方法则被称为“窄位用光”，也被称为“伦勃朗用光”。（头发是否遮住耳朵与我们讨论的是脸的哪一边无关。）

看看图8.11和图8.12，这两个名称容易混淆的用光方法的区别就显而易见了。首先，我们看用宽位用光拍摄的照片。请注意，一块宽阔的高光区域从头发后面开始，经过她的脸颊，一直延伸到她的鼻梁。

图8.11　将主光源放在能看见被摄对象耳朵的相反一侧的用光方法叫窄位用光

图8.12　宽位用光指将主光源放在能够看见被摄对象耳朵的一侧

现在再看看用窄位用光拍摄的照片，这一次高光区又短又窄，最亮的部分仅为从被摄对象的鼻子延伸到脸颊的一小块区域。

关于何时使用宽位用光或窄位用光并没有什么严格的规定。然而，我们偏向使用窄位用光，因为宽位用光会让被摄对象的脸部看起来更加平坦，而窄位用光则会使被摄对象的脸部看起来更加立体。我们认为，利用窄位用光往往能够创作出引人注目的人像照片。

一些摄影师有着与众不同的偏好。他们强烈地认为，使用宽位用光还是窄位用光应取决于被摄对象的面部形状。如果被摄对象是圆脸，他们更喜欢使用窄位用光。他们认为这种用光会使被摄对象大部分脸部处于阴影中，从而让被摄对象看上去瘦一些。但如果被摄对象很瘦，他们喜欢用宽位用光来增加画面的高光区域，使被摄对象的脸部看上去更加丰满一些。

眼镜

如果不考虑摄影师的其他偏好，眼镜有时也会决定主光源的位置。图8.13就是用窄位用光拍摄的，请注意眼镜上产生了直接反射。

对于这张人像照片的用光而言，消除眼镜所产生的眩光是不可能的。当然，我们也可以升高光源，但这取决于眼镜的大小和形状，而且如果将光源升得太高，可能会使整个眼睛处于阴影之中。

图8.14展示了唯一有效的解决方法，就是对被摄对象采用宽位用光拍摄。将窄位用光改为宽位用光，从而使主光源处于产生直接反射的角度范围之外。

图8.13　窄位用光在眼镜上产生令人反感的眩光

图8.14　宽位用光消除了眼镜的眩光

如果你就想使用窄位用光，你可以让被摄对象将头部转向相机，如图8.15所示。在这种情况下，坐着的被摄对象需要把下巴往下压一点，光源需要升高到足以消除眼镜里的反射，但又不能在被摄对象的鼻子或下巴下面留下难看的阴影。较小的眼镜镜片也可以通过使用一个较小的主光源来保持窄位用光，因为它更容易定位，所以不会有光线出现在镜片产生直接反射的角度范围内。

眼镜带来的问题随着镜片面积的增大而增加。从任何一个特定的机位来看，镜片越大，产生直接反射的角度范围也就越大。

如果被摄对象的眼镜镜片较小，我们有时可以使用小型光源做主光源，并采用窄位用光进行拍摄。

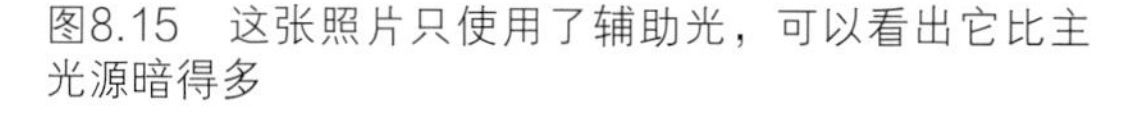

图8.15　这张照片只使用了辅助光，可以看出它比主光源暗得多

使小型光源的任何部分都处于角度范围之外是比较容易做到的事情。

静物摄影师在拍摄人像时，有时会试图在主光源前加用偏振滤光片，同时在相机镜头前加用偏振镜以消除眼镜带来的反射，但这又会引发其他问题。人的皮肤也会产生少量的直接反射，如果消除人像高光区的所有直接反射，会使皮肤看上去缺乏生机。

其他光源

到目前为止，我们已经介绍了一些使用单光源来控制高光和阴影的方法。这些方法非常强大有效，即使我们手头只有一个光源，凭借这些用光方法也能拍出出色的作品。

尽管我们面对一整个摄影棚的灯具，但根据个人喜好，我们可能已经满足于单光源的拍摄效果，而不再对用光进行更深入的研究。这对于那些不以专业摄影谋生，只在自然光下拍摄人像的拍摄者而言，无可厚非。然而，几乎没有职业摄影师只使用单光源来从事专业的人像摄影工作，因此本书将继续探讨其他光源及其使用方法。

辅助光

辅助光也叫填充光。对于大多数人像照片而言，阴影是否正确是决定照片是否成功的重要因素。但大多数时候，我们更喜欢将阴影提亮，甚至将它消除。如果我们将光源靠近相机镜头，那么单光源就可实现这一目的。然而如果打算将主光源安排在远离相机的位置，那就需要一些辅助光。

摄影师通常使用的辅助光的亮度大约相当于主光源的一半，但这并不是绝对的。一些摄影师喜欢在人像摄影中使用大量辅助光，但另一些同样能干的摄影师却不喜欢使用辅助光。记住一整套用光规则并不重要，重要的是要不断调整用光，直到你满意为止。事实上，根据每个人的面部特征，你的决定可能会有所不同。

一些摄影师使用附加光源作为辅助光源，而另一些摄影师更喜欢使用平面反光板，这两种方法各有优势。最基本的多光源设置包括一个主光源加一个辅助光源。将附加光源用作辅助光源时具有相当的灵活性。我们可以将辅助光源放到距被摄对象较远的位置，但它仍然能够产生足够的亮度。

图8.16使用了单一辅助光源拍摄。我们将主光源关掉，以便准确地观察辅助光源的照明效果。

现在我们再来看看图8.17，拍摄这张照片时我们重新打开了主光源。这是一个典型的主光源与辅助光源相结合的拍摄案例。

使用辅助光源时，光源面积非常重要。一般来说，辅助光源的原则是“越大越好”。或许你还记得，光源面积越大，产生的阴影越柔和。大型辅助光源产生的软质阴影看起来不是很明显，一般无法与主光源产生的阴影抗衡。

大型辅助光源在选择光位时有更大的自由度。因为大型辅助光源产生的阴影不是很清晰，所以可放置光源的范围很大，具体放在何处并不重要。也就是说，我们几乎可以将它放到任何我们碰不到的地方，并且用光之间的差异也小到可以忽略不计。

图8.18所示为双灯人像用光的设置，包括一个主光源和两个可行的辅助光源——一个为大型辅助光源，另一个为小型辅助光源。我们不太可能同时使用两个辅助光源，但是我们使用其中任何一个都可以获得很好的效果，这取决于我们自己的喜好和可用设备的状况。

大型辅助光源和主光源一样使用了反光伞，这有助于增加光源的有效面积并柔化阴影。因为辅助光源的面积较大，我们可以在很大范围内移动辅助光源而不会对阴影产生重大影响。这种用光设置可以很方便地使辅助光源靠近或远离被摄对象，还便于调节辅助的光亮度。

另外，如果我们使辅助光源靠近相机并稍高于相机，那么辅助光源的面积可以小一些。请注意，我们应使辅助光源尽可能距相机镜头近一些。这种辅助光源仍会产生硬质阴影，不过大部分阴影都会落到被摄对象的后面——相机看不到的地方。

图8.16　这张照片只使用了辅助光源照明，可以看出它比主光源暗得多

图8.17　这张照片同时使用主光源和辅助光源拍摄而成

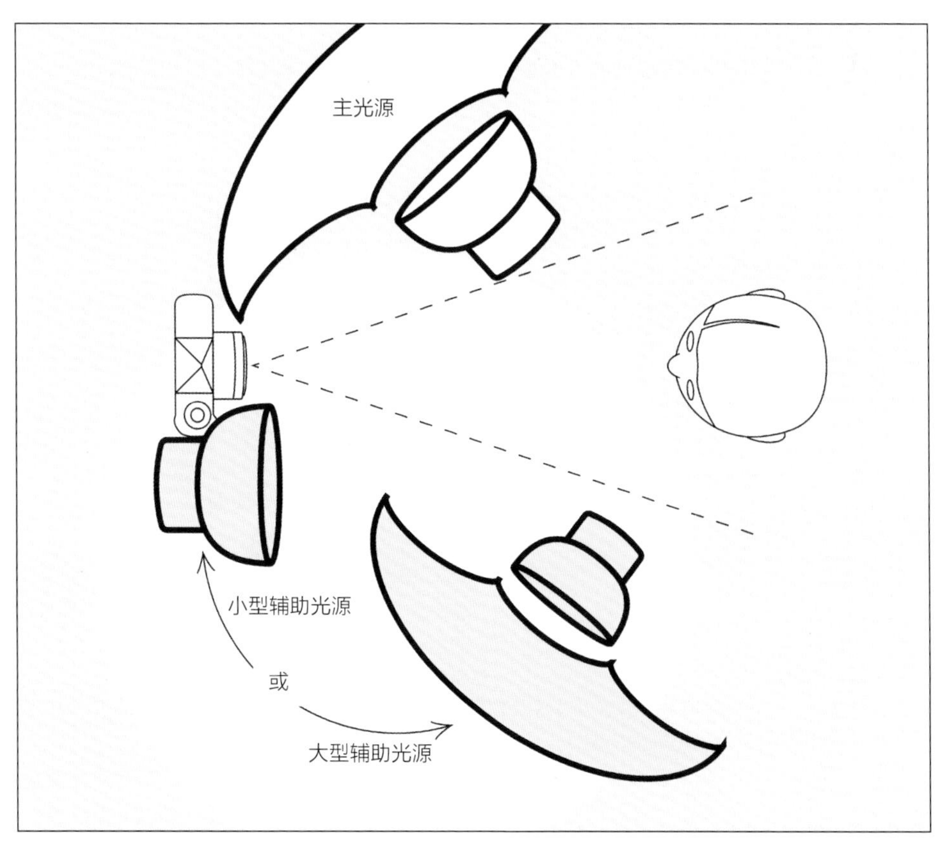

图8.18　两种补光方案。让一盏灯反射到反光伞上可以产生更加柔和的光线。靠近相机的微弱光线会产生硬质阴影，但它们大多会落在被摄对象的后面，相机无法拍到

我们可以很轻松地使用两个柔光箱、两把反光伞，或者以一个柔光箱作为主光源，一把反光伞作为辅助光源。一些摄影师更喜欢使用光效柔和的柔光箱，因为它能让被摄对象的眼睛看起来就像被窗光照亮了一样。一些摄影师则更喜欢使用反光伞，因为它能让被摄对象的眼睛看起来就像被阳光照亮了一样。还有一些人像摄影师喜欢用一个大的柔光箱作为主光源，用一把中等大小的反光伞作为辅助光源。这会在被摄对象的两只眼睛里分别产生一个大的眼神光和一个小的眼神光，使眼睛显得更有神，且反光伞产生的小眼神光足够小，并不会分散观看者的注意力。这几种方法没有对错之分，完全取决于摄影师的个人偏好。

将反光板用作辅助光源

如果你没有辅助光源，那么照亮被摄对象暗部阴影最简单的方法就是用反光板将主光源的光线反射至被摄对象的脸部。在图8.5的摄影棚用光设置中，我们展示了一块设置在相机右侧的反光板。

我们想为你展示反光板单独作用的效果，但这是不可能的。因为反光板是被主光源照亮的，它自身并不会发光。

使用反光板存在一个问题，即它的亮度可能不够，无法满足一些摄影师的偏好。当我们将相机往后移动以使画面包含被摄对象更多的身体部位（与只有头部和肩部相比）时，这种问题尤为突出。然后，你还需要将反光板往后移动，以避开相机的拍摄范围。

反光板提供的辅助光亮度取决于许多因素，具体如下。

- 反光板距被摄对象的距离。反光板距被摄对象越近，辅助光越亮。
- 反光板的角度。当反光板朝向被摄对象与主光源之间时，它反射的光线最亮。将反光板转向被摄对象方向，会降低投射在反光板上的光线强度；将反光板转向主光源方向，反光板会反射更多偏离被摄对象的光线。
- 反光板的表面性质。不同的反光板表面反射的光线强度不同。在之前的拍摄案例中，我们使用了白色反光板。如果我们想让被摄对象得到更多的光线，可以使用银色反光板。但要记住，反光板表面的选择也取决于主光源的面积大小，只有当主光源产生后光是软质光的时候，大型银色反光板才会反射出柔和的光。

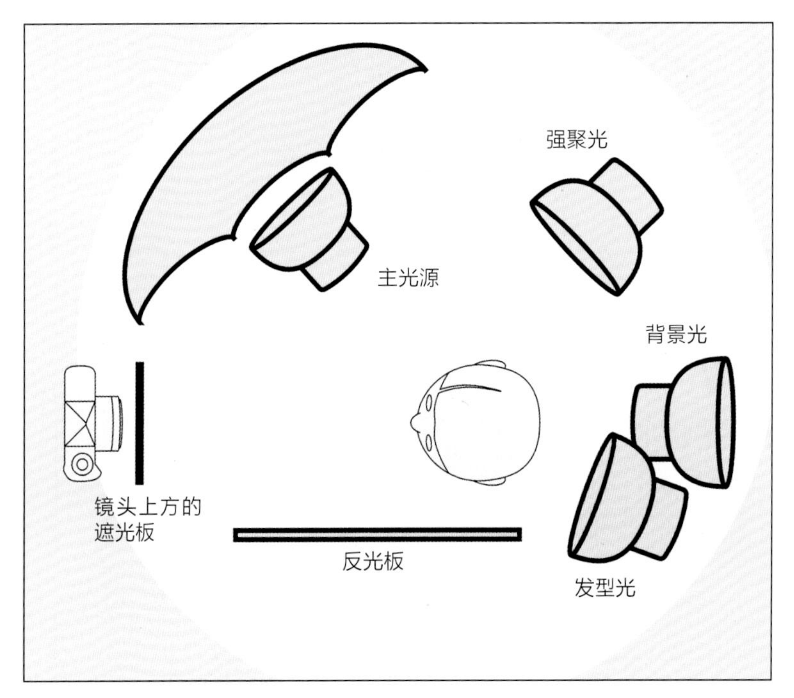

图8.19　主光源、反光板辅助光源及其他常见的人像用光设置。尽管一些摄影师用到的光源较少，而一些摄影师用到的光源较多，但这种用光设置是很常见的

- 反光板的色彩。在拍摄彩色照片时，我们也可以尝试使用彩色的反光板，有时它们有助于增加或消除阴影的色彩。例如拍摄日光人像时，太阳通常是主光源，没有反光板时，天空光就是辅助光。蓝色的天空增加了阴影的蓝色，使用金色反光板可以使阴影变暖，消除多余的蓝色，使色彩更加自然。准确利用补色法可以让在摄影棚内拍摄的人像作品看起来像在日光环境下拍摄的人像作品一样。一块淡蓝色的反光板会给阴影增加一些冷色，使其看上去更像是在户外拍摄的。这种效果是很微妙的，很少有观看者会自己注意到这一点，因此他们更倾向于相信这是一张拍摄于户外的人像摄影作品。

图8.19展示了在一个复杂的人像用光设置中，应该如何放置反光板。现在我们来讨论一下示意图中的其他光源。

背景光

到目前为止，我们讨论的都是被摄对象的用光。顾名思义，“背景光”照亮的是背景而不是人物。图8.20展示了背景光单独照明的效果。

图8.21使用了3个光源拍摄而成。除了前面提到的主光源和辅助光源，我们还增加了一个背景光源。可以将图8.21与图8.17进行比较，后者只使用了主光源和辅助光源。

显而易见，这两张照片是相似的。但是再仔细看看图8.21，被摄对象的头部和肩膀清晰地从背景中分离了出来，这正是背景光的效果。背景光在背景和被摄对象之间提供了一定程度的影调分离。

图8.20　拍摄这张照片时，我们关闭了主光源和辅助光源，只使用了一个背景光源将被摄对象的头部和肩部从背景中分离出来

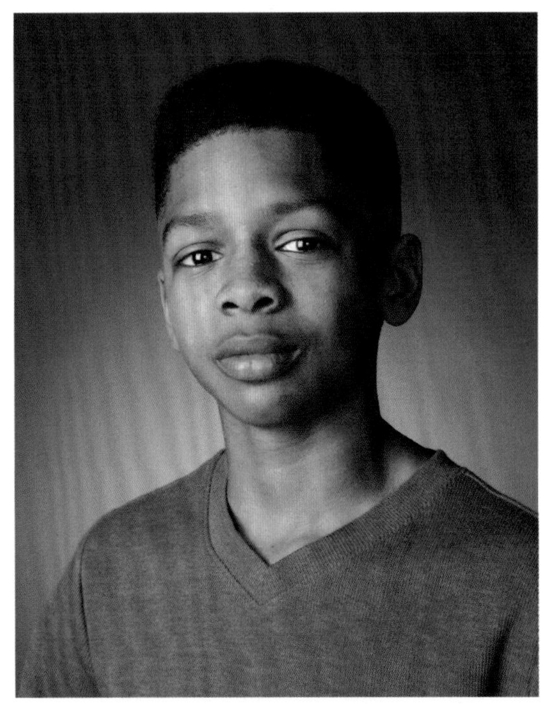

图8.21　我们在主光源和辅助光源的基础上添加了背景光源，这样被摄对象周围就出现了一圈令人愉悦的光晕，从而增加了画面的层次感

这种分离会给人带来画面层次增加的感觉，并在被摄对象周围添加一圈令人愉悦的“光晕”。背景光还可以为人像摄影添加色彩，只要在光源前加上彩色滤光片或滤光镜就可以了。滤光片的价格不贵，并且有多种颜色可供选择。将彩色滤光片和白色背景配合使用，可以减少摄影棚中不同色彩背景纸的数量。为若干背景灯加上不同色彩的滤光片可以创造出不可思议的混合色彩，这是彩色无缝背景纸和白色光源无法做到的。

图8.19展示了一种常见的背景光设置，光源被放在地板上用来照亮背景。这种设置对于拍摄半身人像而言效果很好，但对于拍摄全身人像而言，想要将背景光源藏到被摄对象的身后是比较困难的。

此外，想要均匀地照亮整个背景，而不是只在背景中央出现一个明亮的光点，对于这个距离的背景灯而言几乎是不可能的。为了拍摄全身人像或均匀地照亮背景，我们更愿意在被摄对象的两侧放置两个或更多的背景光源。

背景光可能会很亮或很暗，要不断试验，直至找到合适的光线。对于人像摄影而言，你以后或许会将人像合成到另一个场景中，所以安全起见，可以使背景比纯白色稍亮一些。这样你就可以利用后期软件中的“变暗”图层混合模式将人像合成到其他场景中了。在许多场景中，这种用光方式省去了要抠出头发轮廓的乏味环节。

发型光

接下来我们将讨论发型光。这种光线经常被用作高光以便将被摄对象黑色的头发与深色背景区分开来。然而，即使被摄对象的头发是棕色的，用附加光源照亮头发也可以使照片不至于太过沉闷。图8.22是单独使用发型光的效果。

我们使用了4种光源——主光源、辅助光源、背景光源和发型光源，来拍摄图8.23。可以将其与图8.21进行比较。

图8.22　这张照片只使用了发型光，注意落在被摄对象头发、肩膀及头顶的高光

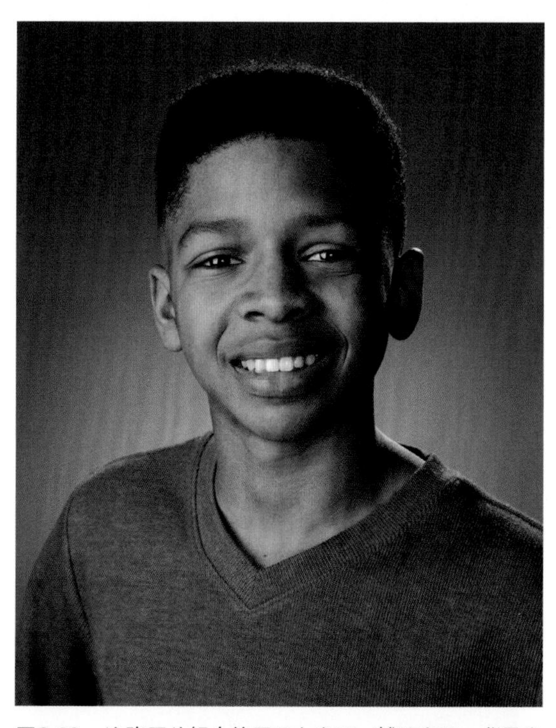

图8.23　这张照片组合使用了主光源、辅助光源、背景光源和发型光源，这里的发型光为标准亮度。一些摄影师喜欢亮一点儿的高光，另一些摄影师则喜欢暗一点儿的光线

一些摄影师喜欢把发型光直接放在被摄对象的上方，而另一些摄影师更喜欢把发型光设置在被摄对象阴影的一侧。

吊臂有助于我们隐藏发型光源，因为在照片中，放置在被摄对象后面的传统灯架会显现出来。如果没有吊臂，你也可以将发型光源放置在一个传统的灯架上，然后把灯架放在背景的后面，让它向下“俯视”被摄对象。如果被摄对象站在一面墙前，你就必须使用吊臂，或者让光线从某个角度照射过来，否则你就只能放弃发型光源了。

现在让我们来看看图8.24。拍摄这张照片我们仍然使用了主光源、辅助光源、背景光源和发型光源。它与图8.23非常不同，这主要是发型光源和背景光源的低功率设置造成的。

发型光通常用于将被摄对象的头发从身后的背景中分离出来，它们也能为照片增加影调变化。

然而，正如图8.24和图8.25所示，你也可以利用发型光为人像作品增添戏剧感和刺激性。请注意，在拍摄这两张照片时，我们将蜂巢式聚光灯作为主光源、立式柔光箱作为辅助光源。这两种光源结合，产生了强烈的反差和戏剧性效果，而这正是我们想要的。

图8.24 在这幅人像照片中，我们利用发型光源，使被摄对象看上去更具“前卫”感和趣味性。拍摄时在主光源上加装了一块蜂巢

图8.25 与图8.24相比，这一次我们将发型光源放置在被摄对象的身后并远离被摄对象。黑色的背景强化了发型光的效果

设置发型光源时，很重要的一点是不能产生眩光。设置光源时要注意发型光是否会直接照射到镜头。如果会照射到镜头，就需要调整光源的位置。

如果你不想改变光源的位置，就需要用遮扉或遮光板遮挡照射镜头的多余光线。在图8.19中，镜头上方的遮光板就是为了达到这个目的。

发型光一般不用于白色或浅色背景，特别是当被摄对象是浅色或金色的头发时，因为这通常会导致浅色头或金色发消失在白色背景中。

强聚光

到目前为止，我们已经讨论了不同类型的用光，有些摄影师还喜欢将强聚光作为用光设置的一部分。图8.26就是单独使用能够产生强聚光的聚光灯拍摄而成的。

正如你看到的，聚光灯通过提供额外的高光为脸部增加照明或“聚光”。聚光灯通常被放置在被摄对象的两侧稍微靠后一点儿的位置，其亮度通常为主光源亮度的一半。

我更喜欢在辅助光源的一侧使用强聚光，如图8.27所示。但其实在另一侧，它也可以产生不错的效果。我通常会在使用聚光灯时加一个遮扉，这样我就可以把光线限制在我想要的地方。

图8.26　这张照片是单独使用聚光灯拍摄而成的。聚光灯有时用来照亮局部，使局部产生小块高光

图8.27　这张照片是使用主光源、辅助光源和强聚光拍摄的，强聚光为被摄对象脸部的一侧增加了引人注目的高光

现在让我们来看看图8.28。与图8.27相比，它呈现了另一种不同的视觉效果。注意画面中的被摄对象是如何被非常柔和并且令人愉悦的光线笼罩着的。

正如你在图8.29中看到的，我们使用了若干光源和一块反光板。从结果来看，其用光效果相当于一个“超级”聚光灯的用光效果。

图8.28　当我们在拍摄这张人像照片时，我们的目标是让被摄对象“沐浴”在非常柔和，并且令人感到愉快、轻盈的光线环境之中。从结果来看，我们的用光基本是恰当的

图8.29　我们使用了若干光源和一块反光板，它们相当于一个超大面积的聚光灯

轮廓光

一些摄影师会利用轮廓光来勾勒被摄对象的轮廓。轮廓光通常是发型光和强聚光的结合，轮廓光会有突出散乱头发的不良效果，如图8.31所示，这张图我们没有做任何修饰。

然而，一种关于轮廓光的变化与我们之前了解的有所不同。这种用光设置要求将轮廓光源直接放到被摄对象的后面，其位置与背景光源相似，只不过轮廓光照向被摄对象而不是背景。

图8.30展示了单独使用轮廓光源拍摄的效果，图8.31是将轮廓光源和其他光源结合拍摄的效果，图8.32所示为轮廓光的用光设置。

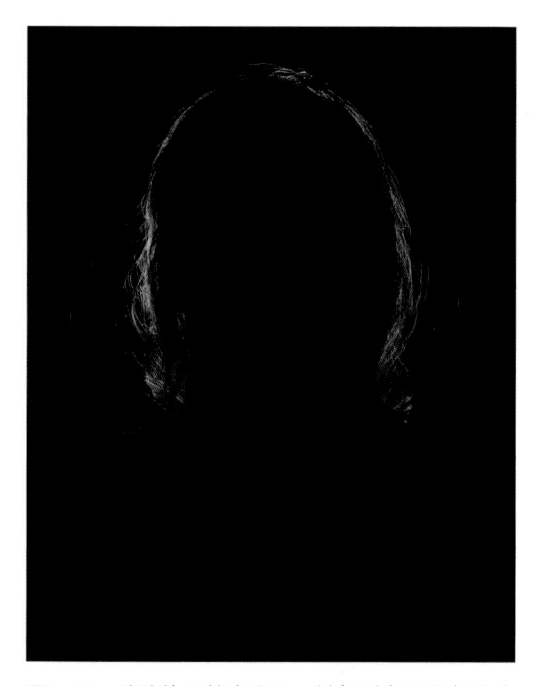

图8.30　单独使用轮廓光源，被摄对象的头部产生了一圈明亮的光线轮廓

图8.31　轮廓光源与主光源、辅助光源组合使用。注意被摄对象头部的轮廓光是如何使其头部与背景分离的

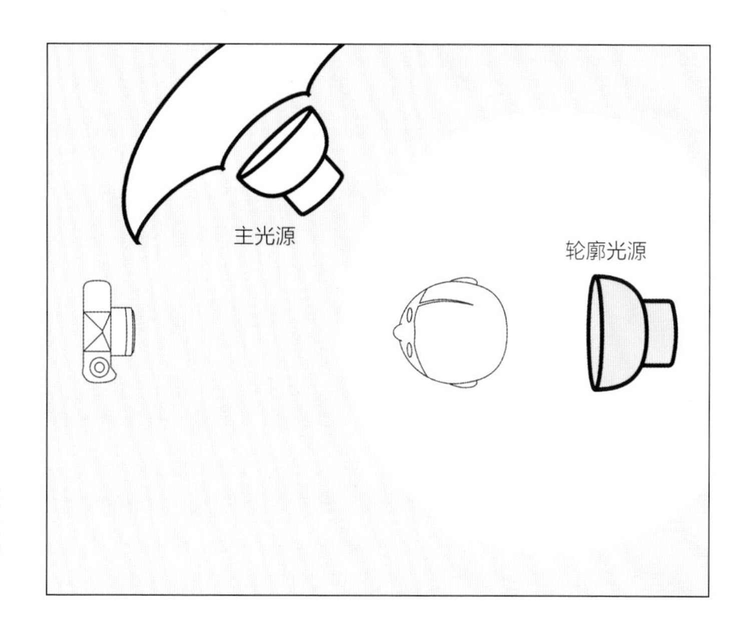

图8.32　我们将轮廓光源放置在与背景光源相似的位置，只有这样，我们才能将轮廓光源放置在被摄对象头部的后方

情绪与基调

情绪是一种主观意识，很难说清也很难量化，不同的人对于该术语有着不同的理解。在最基本的层面上，我们一致认为深暗、低沉的光线与浅淡、明亮的光线会唤起不同的情感反应。

为了避免不同个体的感知相互混淆，摄影师们用“基调”或“亮度”替代情绪。没有一个因素能决定基调。亮度可能是其中最关键的因素，但是被摄对象和曝光也是极为重要的影响因素。

低调用光

有大面积、占统治地位的暗部区域是低调用光的特点。使用这种用光方法拍摄的照片，往往会给人一种忧郁、严肃、正式、庄严的感觉。这意味着我们在拍摄时要使用深色的背景，被摄对象也要穿深色的衣服。

图8.33就是一个低调用光的典型案例。在拍摄这张照片时，我们使用了单光源，这是低调用光的特点。

在图8.34中，我们在阴影一侧添加了发型光，以显现一些轮廓。这仍然是一张低调用光的照片，但黑色的头发却并没有消失在背景中。

图8.33　请注意这张人像作品中的大面积黑暗区域。它们所具有的忧郁、庄严等情绪氛围，通常是低调照片的特征

图8.34　这张人像作品中仍然有很大的黑暗区域，但发型光增加了画面的空间感

高调用光

高调用光与低调用光正好相反。高调用光的照片都比较浅淡、明亮，画面中有大量的白色和浅灰影调，这通常会给人一种欢快的视觉感受。因此，摄影师频繁地采用高调用光来创造富有朝气的、快乐的视觉效果。

图8.35就是一个典型的高调用光人像案例。这张高调用光人像照片中的情绪与本章出现的低调用光人像照片中的情绪完全不同。

你在本章中看到的许多低调人像的用光都是在被摄对象的边缘制造某种高光。我们需要用这些高光来勾勒出被摄对象的特征，并将其从背景中分离出来。如果没有这些高光，被摄对象的外形特征将与背景融为一体。

高调人像照片总是使用大量的正面光和背景光。在高调用光中，边缘高光没有太大作用，因为被摄对象的轮廓会消失在浅色的背景中，所以我们通常会忽略许多在低调用光中非常重要的光线。通常来说，高调用光技术比低调用光技术更加简单。

获得高调用光的一种方法是，使用一个大型主光源，并使其尽可能靠近镜头，然后在相机的下方放置一块反光板，使其靠近被摄对象，最后设置两个背景光源。反光板的作用是将主光源发出的一些光线反射回被摄对象的身上。两个背景光源转向背景，明亮而均匀地照亮背景。

在图8.36中，我们使用了一种不同的方法。我们使用了亮度相同的主光源和辅助光源，以及两个背景光源，让被摄对象沐浴在柔和的、几乎没有阴影的照明中。

由于这种用光会降低对比度，因此这有助于使照片的瑕疵不那么引人注目，大多数摄影师都认为高调用光有助于美化被摄对象。如果你对此有任何疑问，不妨去看看时尚杂志和美容杂志的封面，其中许多照片的用光方式都与此相似。然而，在使用这种“美颜”用光时，要小心，因为阴影的缺失会使照片看上去较为平淡且缺少形式感，使被摄对象似乎完全失去了个性特征。

最后，我们得到了图8.36这张稍显不同的“明亮”照片，它呈现了另一种高调用光的形式，尽管它的背景不是白色的。我们拍摄这张照片时使用了环形光源。这种用光方式赋予了被摄对象的脸部一种特别强烈、高调的外观，这是当今时尚界所流行的。

保持基调

许多摄影师都建议，拍摄人像照片时要么选择高调用光，要么选择低调用光，不要将高调和低调的主体以及用光方法混在一起用，除非有特别的原因。然而，我们不能总是对这一准则亦步亦趋。当被摄对象身着深色衣服且拥有白皮肤金发，或身着浅色衣服且拥有深色皮肤、深色头发时，例外就出现了。

专业的人像摄影师通常会事先考虑被摄对象的着装问题，推荐他们穿浅色或深色的衣服，但大多数非专业的摄影师会惊讶地发现，有许多人

图8.35 占据优势地位的浅色调（包括服装）赋予高调照片一种清新明亮的感觉，这种风格的照片在时尚和广告宣传领域较为常见

图8.36 我们使用环形光源拍摄了这张特别明亮而强烈的高调用光照片，明亮、闪耀的金属背景强化了照片的氛围

同意摄影师的建议，最终却穿着完全相反的衣服出现。

除非你只拍脸部，或者有人坚持要求你在拍摄时混合使用高调用光和低调用光，在其他情况下，你可以将高调用光中的主光源移到侧面来，以扩大阴影区域，从而强调被摄对象的面部轮廓；你也可以在低调用光中通过减少阴影来使被摄对象的皮肤看起来更加光滑。

尽管如此，保持基调还是有不少优点的。如果大多数画面元素都在同一个影调范围内，那么照片上就不会有与脸部抗衡的杂乱元素。对于刚刚开始学习拍摄人像的摄影师来说，这一点尤其有用，因为他们还没有完全掌握将用光、摆姿、剪裁等整合到构图中的方法。

深色皮肤的表现

我们知道照片最有可能在高光和阴影区域损失细节。几乎没有人的皮肤会白到可能损失高光细节的地步，我们极少碰到这样的问题。然而，一些深色皮肤的被摄对象可能会导致照片出现阴影细节丢失的问题。

一些摄影师会在这种情况下通过增加曝光来解决问题。有时，我们必须强调的是，这种增加曝光的方式是有效的。例如，被摄对象肤色较暗，并且穿着深色的衬衫和外套，这时适当增加曝光就能补偿被皮肤吸收而损失的光线。

然而，如果被摄对象是一位穿着白色婚纱的深色皮肤的新娘，上述方式就会导致灾难性的结果。她的脸部可能会曝光正确，阴影处也有良好的细节，但她的婚纱将无可救药地曝光过度。

幸运的是，无须开大光圈增加曝光也可以很好地解决这个问题，并有望获得最佳结果。成功处理深色皮肤的关键在于增加皮肤的直接反射，如图8.37所示。

人的皮肤只能产生少量的直接反射，但你可能还记得，直接反射在黑暗的表面上最明显。因此，利用直接反射而无须增加整体曝光是提亮深色皮肤的一种方法。

需要牢记的另一点是，光源面积越大，被摄对象身上产生反射的角度范围就越大。这就使得大型光源可以产生更多的直接反射。因此，拍摄肤色较暗的人像照片时，大型光源会在皮肤上产生大面积的高光，摄影师无须在相机上调整曝光。

然而需要注意的是，光源面积微不足道的增长几乎不会带来任何改善。因为人的头部近似球体，产生直接反射的角度范围也相当大。我们使用的光源越大，效果越好。

我们还可以将光圈略微开大一些，但不要太大，这样新娘的脸部和婚纱都能表现得很好。（如果你没有按章节顺序阅读本书，我们建议你翻回去看图6.30及图7.3，以了解球形物体直接反射的角度范围。）

图8.37　明亮的高光有助于提高被摄对象脸部的辨识度，这种高光是由皮肤的直接反射产生的

柔和的聚光照明

在拍摄图8.38时，我们的目标是创作一幅富有戏剧性的人像作品，使被摄对象的面部从沉闷的、几乎没有色彩的背景中凸显出来。

为了得到我们想要的照片，我们使用了两种不同的光源，如图8.39所示，一种是大型柔光箱，另一种是蜂巢聚光灯。

在拍摄之前，我们要求被摄对象穿上一件中灰色的衬衫，以配合我们事先选择的中灰色背景。

在拍摄时，我们将大型柔光箱放在相机右侧，被摄对象前面一英尺的位置。在这个位置，相机右侧的被摄对象的脸部能够获得更多的光线，从而有助于表现她的面部特征。

然后我们将蜂巢板直接装到聚光灯前，这种装置能够在被摄对象的脸上形成一个轮廓清晰而明亮的光斑效果。

布光完成后，我们不断调整曝光设置和两个光源的输出功率，进行多次试拍。反复若干次后，我们确定了能产生图8.38效果的用光设置。

为了便于比较，在图8.40中，我们展示了单独使用其中一个光源拍摄所产生的效果。图8.40A是单独使用蜂巢聚光灯照明的效果；而图8.40B是单独使用大型柔光箱照明的效果。我们不妨再次看看图8.38，观察其中两种完全不同的光源组合使用的效果。

图8.38 我们将一个大型柔光箱与一个7英寸的蜂巢聚光灯结合使用，这在照亮被摄对象的同时凸显了她的面部

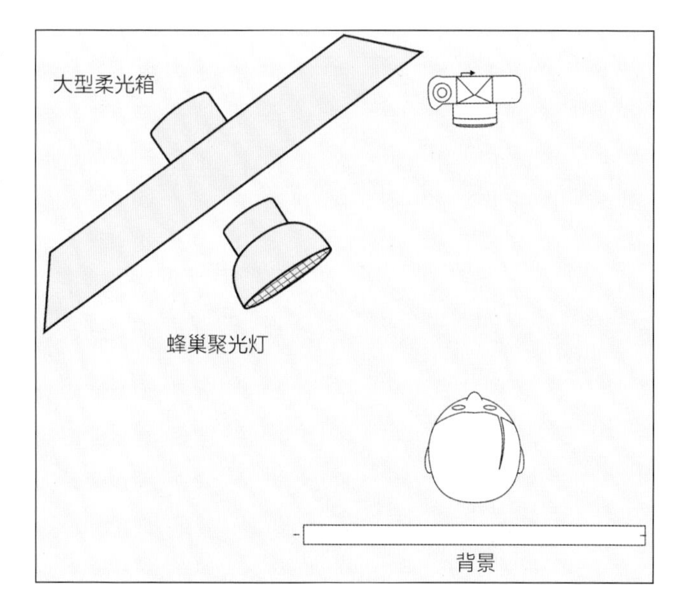

图8.39 注意我们是如何将轮廓光放置在与背景光相同的位置的，只有在这种情况下，我们才能把灯光对准在被摄对象的后脑勺

图8.40A　被摄对象的脸部由蜂巢聚光灯单独照亮

图8.40B　被摄对象的脸部由大型柔光箱单独照亮

不止一位被摄对象

照片中的被摄对象越多，光线就需要越均匀。即使只增加一位被摄对象，我们也需要调整用光设置。在图8.41中，我们使用了与图8.11相似的用光设置，效果并不理想。然后，我们将主光源向被摄对象的前方移动，并增加一些辅助光，使两位被摄对象都得到了良好的照明。当拍摄人数更多的照片时，你需要注意，整组被摄对象中每一个人获得的照明都应该是均匀的。

图8.41　离主光源近的被摄对象很亮，而远离主光源的被摄对象不够亮

图8.42　同样的姿势，但是将主光源往前面挪一点儿，同时将辅助光源的亮度提高一些，现在远离主光源的被摄对象也变亮了

小型光源？大型光源？何不结合使用？

我们已经看到了小型光源的优点：阴影清晰，质感分明，大量的漫反射能够揭示被摄对象的表面纹理。

我们也看到了大型光源的优点：阴影柔和，不会干扰主要被摄对象的表现，能够完全照亮用来揭示光滑被摄对象表面性质的较大角度范围。

我们能否同时运用这两种光源？当然可以，而且我们有两种方法。一种方法无须任何额外花费，前提是我们已经合理地配备了摄影棚光源；另一种成本较高，但使用起来更便捷、更容易设定位置。根据被摄对象的不同，这两种方法的效果的差异可能相当微妙。如果可以的话，不妨尝试这两种方法，哪怕借用部分设备，然后确定你更想使用哪一种方法。

让小型光源靠近大型柔光板

由于光线不能均匀地照亮整块柔光板，柔光板中央将会出现一个亮斑。也会有光线扩散到整块柔光板上，它们会提供柔和的照明。

从本质上讲，我们用一个电子闪光灯可以得到两种不同的灯光，并且能够很好地控制它们：使灯具靠近柔光板能够增加硬质光，使灯具远离柔光板则能够增加软质光。

一名摄影师就可以单独运用这种用光设置，但如果有摄影助理帮助，效果会更高。摄影师移动支撑柔光板的支架，然后告诉助理另一个支架应放在何处。(“不，不完全对，离被摄对象再近6英寸。是的，就是那儿！”)如果柔光板已经到位，我们必须重新安排光源的位置。

难学吗？不难。需要练习吗？当然需要。事实上，当读到这儿时，你就已经证明你是那些打算为用光付出额外努力的人之一。

此外，还可以将光源放置在柔光板背后，然后在前方设置第二个小型光源。

这与第一种方式的效果几乎相同，但可控性更强，因为我们可以独立调整两个光源的功率。

使用雷达罩

雷达罩是一种金属反光罩，与其他影室闪光灯的反光罩类似，只是它的面积非常大，直径通常能达到20~30英寸。大型反光罩产生软质光，小型的闪光灯管产生硬质光。

一些雷达罩可选用附件，将闪光灯管遮住以获得更柔和的光线，产生一种雷达罩加柔光箱的组合效果。不像其他方法，需要3~4支灯架，这种方法仅需一支灯架，因此一名摄影师就可以很容易地控制用光效果。

这听上去像是一个双赢的局面，对吧？不完全是。因为雷达罩不能折叠，因此不便携带，而且也相对昂贵。不过，如果你已经设备齐全，而且大部分拍摄工作都在摄影棚内进行，或许你可以考虑购置一个雷达罩。

使用彩色滤光片

到目前为止，我们所使用的都是标准的日光型光源。图8.43的情况有所不同，它显示了一种三灯组合的用光设置——一个主光源、一个强聚光源及一个背景光源。

我们在主光源上的银色反光伞上蒙上了一块淡蓝色的明胶滤光片。接下来，我们在条形柔光箱的网格上蒙上了一块琥珀色的滤光片，用以产生强聚光。最后，我们将一块蓝绿色的滤光片蒙在背景光源上。图8.44所示为最终拍摄效果。这一用光设置具有全然不同且变化无穷的视觉效果，感兴趣的话你可以继续探索。

图8.43　我们使用3个“过滤”光源——一个主光源、一个强聚光源和一个背景光源拍摄了图8.44的人像照片

图8.44　以图8.43中的用光设置拍摄的结果——一张变化无穷且令人难以忘怀的图像

浅谈图像处理

到目前为止，本章所有的照片都是以原片的形式呈现的。然而在现实中，人像摄影师会对选定的图像做一些后期处理，包括让皮肤看起来更光滑或去除亮光，消除眼镜镜片的眩光或瑕疵，等等。

在本章开篇的照片中，我们添加了一个暗角效果，以便观看者将目光聚焦在被摄对象的脸部，并使照片底部的裁切显得没那么生硬。一些摄影师会在灯架上放置一块遮光板，这样遮光板就可以遮挡部分来自图片底部的光线，从而有效地使图像的底部变暗。然而，由于我们必须快速地与被摄对象打交道，并且被摄对象在拍摄的过程中会不断地变换姿势，因此这种方法很麻烦。大多数摄影师会在客户选定的照片上添加一个暗角效果。（在高调人像摄影作品中，摄影师会用白色而不是黑色的暗角效果。）把暗角效果设置在一个单独的图层中，你可以根据个人喜好调整该图层的不透明度。图8.45是没有暗角效果的原始图像。

图8.45　这是没有暗角效果的原始图像。你可以将其与本章开篇的照片进行比较

irremediable defects in film. Good
phers managed to get excellent pic-
yway because they paid a lot of at-
to these defects and how to minim-
xtremes are a potential problem in
otograph, but in a white-on-white or
k-on-black image, pictures composed
ly of the extremes, little defects can
ly turn into big ones.
ital technology, lacking some of the
defects, has eliminated some of these
defects, but revealed a new one: some
"defects." If we shoot a
and reproduce it
1
2
3
4
5
6
7
8
9
OPERATO

第9章

9

极端情形下的用光

极端情形指照片中出现最亮和最暗的灰度区域或彩色区域。多年来，由于传统胶片无法补救的固有缺陷，极端情形成为最有可能导致照片品质欠佳的因素。优秀的摄影师无论如何总是能够拍出出色的照片，因为他们在弥补这些缺陷上花费了大量精力，始终在思考如何将这些问题最小化。

在任何照片中，极端情形都是一个潜在的问题。但在“白色对白色”或“黑色对黑色”的照片中，照片完全由极端影调构成，没有什么比这种情形更糟糕了。数字技术的运用避免了一些胶片的缺陷，但在这些问题得到解决的同时又暴露出一些新的问题：有的人喜欢这些“缺陷”。如果我们拍出了一张技术上无可挑剔的照片，并将它精心制作出来，有的人会认为这张照片沉闷且缺乏吸引力。因此，我们必须重新回顾这些传统的、我们一直希望有一天能够避免缺陷，以获得一张看上去还不错的照片。

在本章中，我们将探讨这些缺陷是什么，如何将其应用到数字图像中，以及如何使图像的质量损失最小化等问题。

特性曲线

在本书中，我们通常将注意力放在用光方面，并未深入探讨基本的摄影技术。尽管如此，当我们为“白色对白色”或“黑色对黑色”的被摄对象安排光源时，“特性曲线”决定了我们所使用的技术，因此我们必须对此加以探讨。其他作者已对该内容进行了更详细的解释，你可以根据自己的需要决定在本节花费多少精力。

特性曲线被用于许多技术领域，表示一个变量与另一个变量的相互关系。在摄影中，特性曲线是表示所记录下的影像亮度随不同曝光量而变化的曲线图（我们使用非技术名词“亮度”表示数字影像传感器的电子响应及胶片密度）。为了简便一些，我们只讨论灰阶曲线。当然我们在这里谈到的一切也适用于彩色摄影，只不过彩色图像需要3条曲线，这3条曲线分别代表红色、绿色和蓝色（对胶片而言是青色、品红和黄色）。

完美的曲线

特性曲线是一种比较两个灰阶的工具：一个灰阶代表场景的曝光梯级，另一个灰阶代表所记录的影像的亮度值。

需要注意的是，我们在谈论特性曲线时所说的曝光与我们在谈论拍摄照片时所说的曝光稍有不同。摄影师在拍摄照片时所说的曝光，指整张图像一次性接收到的均匀一致的曝光，例如f/8、1/60秒。拍摄中谈到的这种曝光，是"在这种光线条件下针对这种被摄对象，我如何设置相机的光圈与快门速度"的简略说法。

但摄影师也知道，理想情况下，场景中的每一个灰度级别都由照片中的唯一影调值表示。假设我们拍摄的不是一堵空白的墙，所记录下的影像就是在实际场景中组成灰度影像的一组曝光值。因此，当我们谈论特性曲线中的曝光梯级时，我们指的是"整个场景"，而不一定是指很多以不同曝光条件拍摄的照片。

图9.1显示了当我们拍摄包含10级灰阶的场景时会发生什么。在这张示意图中，横轴代表曝光梯级，即原始场景中的灰度，纵轴代表图像梯级，即所记录图像的一组灰度。

图中每个曝光梯级的长度都是相等的，这并不是一种巧合，摄影师和发明灰阶的科学家特意将可能的灰度范围分成相等的梯级。然而，最终图像中相应的亮度梯级大小可能各不相同。这种梯级大小的差异正是特性曲线图所要表现的。

一张理想的图像，其重要特征就是所有的图像梯级长度全部相等。例如，如果测量标有"梯级2"的垂线长度，你会发现它与标有"梯级5"的长度相等。

这意味着曝光的任何变化都会导致图像的亮度产生完全一致的变化。例如，图9.2是同一场景的曲线图，反映的是以理想的数字影像传感器（或理想的胶片）增加3挡曝光后拍摄而成的照片情况。

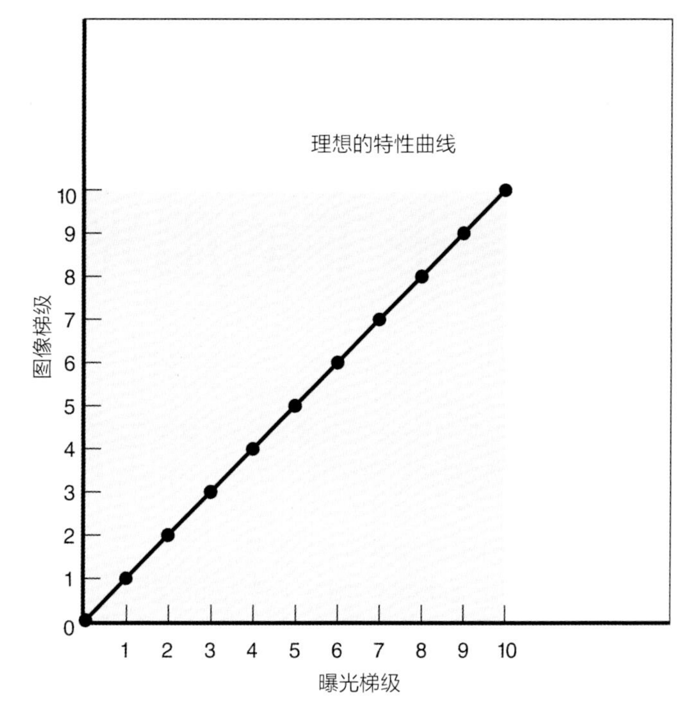

图9.1　一幅完美的"曲线"图：曝光的任何变化都会使最终图像发生相应变化

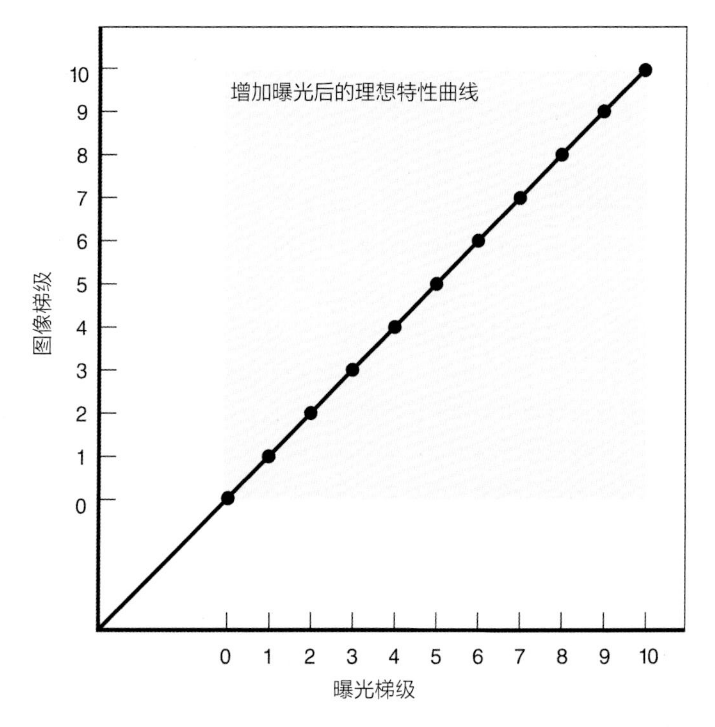

图9.2　增加了3挡曝光后的理想特性曲线，经过后期处理后，我们可以打印出与前一张照片相同的照片，因为两条曲线的密度梯级关系是相同的

拍摄之后，如果我们觉得图像太亮，可以很方便地将它调暗。如果我们使用的是一个理想的数字影像传感器，调整曝光将非常简便。对理想曝光心存疑虑的摄影师，只需要在正常曝光的基础上增加一些曝光。我们拍摄的图像经过后期处理，能够产生具有相同灰阶的照片。（此外，只要我们在谈论理想状态，我们就假定了胶片的颗粒是非常细的。）

然而在现实中，曝光是更关键的因素。这是因为图像的密度梯级图形并不是一条直线，而是一条曲线。

糟糕的相机

在日常工作中，摄影师几乎从来不运用特性曲线，但在他们的脑海中会经常浮现曲线的形状，因为这有助于他们预先想象真实的场景将如何出现在画面中。此外，这种想象的图像会稍稍夸大实际场景中的问题，我们将这种夸大的情况称为“糟糕”的相机。

如果我们像图 9.1 中所示的那样进行理想的曝光，那么“糟糕”的相机将得到如图 9.3 所示的特性曲线。横轴上的曝光梯级和图 9.1 中的完全相同，因为我们拍摄的是同一场景，但请看看纵轴上的亮度发生了什么变化。

第 1 级至第 3 级占据着极少的亮度空间，第 8 级至第 10 级同样如此。这说明图片中的阴影区和高光区被大大地压缩了。压缩意味着在实际场景中差别极大和能够很容易地辨别出来的影调，在照片中显得非常接近，难以辨别。

图 9.4 是一张正常曝光的照片。画面中大部分区域都是由中等到明亮的影调混合而成的。

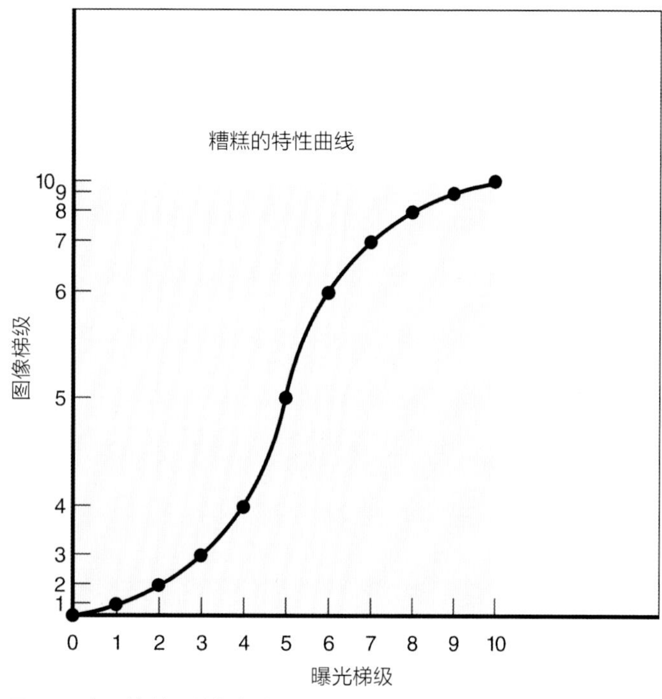

图9.3　在“糟糕”的相机上，阴影区和高光区都被大大压缩了

图9.4　正常曝光的场景，阴影区和高光区都有一些压缩，但问题并不明显

曝光过度

请记住，在一个正常曝光的平均影调场景中，压缩会出现在密度灰阶的两端。如果改变整体曝光，灰阶一端的压缩会得到改善，但另一端的压缩会变得更糟糕。图9.5显示了曝光过度的好处和损失。

正如我们所看到的，增加曝光可以消除部分阴影区的压缩。这当然很好，但高光区的压缩却变得更加糟糕了。

现在让我们看看图9.4所示的场景，如果曝光过度到图9.6所示的这种程度会导致什么样的结果。我们看到，阴影细节得到了改善，但照片的其他部分过于明亮了。这只是问题的一部分。你可能会认为，在后期制作中能够通过压暗图像的方式来修复这个问题。

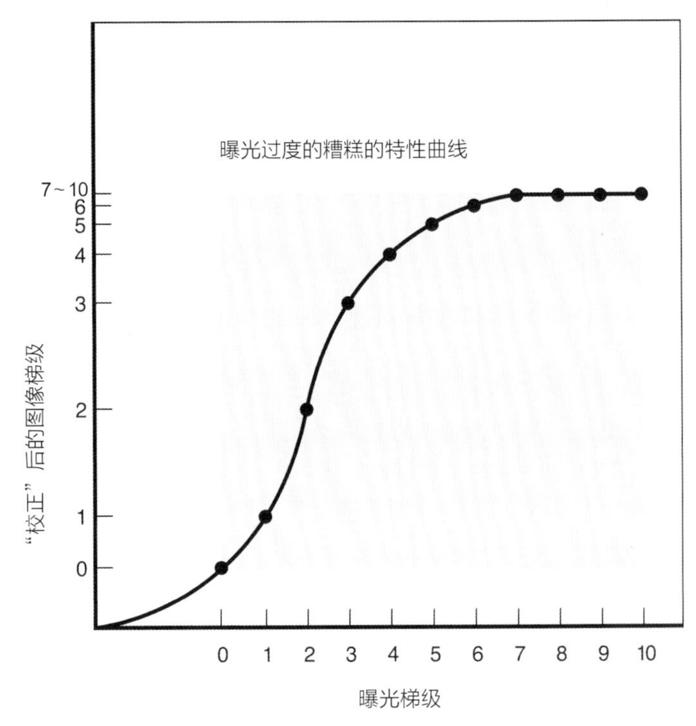

图9.5　曝光过度改善了阴影区的影调压缩，但代价是高光区的压缩变得更明显

图9.6　与图9.4为同一个场景，但这张照片曝光严重过度

图9.7　曝光过度的照片经过“校正”后，加高光区的细节几乎没有增加

让我们通过图9.7看看如果我们压暗图像会发生什么。现在，中间影调和上一张图片的影调已经非常接近了，然而我们无法修复曝光过度导致的高光区的影调压缩。尽管高光区变暗了，但其细节并没有得到修复。

然而这张糟糕的照片也并非一无是处。曝光过度使最暗的阴影部分的细节都表现出来了，甚至在较暗的照片中也是如此。

曝光不足

如果图像曝光不足，阴影区的影调会出现类似的问题。图 9.8 所示为曝光不足形成的特性曲线。

图 9.9 是一张曝光不足的照片。这张照片的高光区的梯级区分得更清楚，换句话说，高光区的每一个灰阶都与它上面和下面的灰阶有明显的区别。这种技术上的改善是否令人满意取决于特定的场景及观看者的偏好。在这个场景中，高光区的细节比之前更清晰。当然，没有人会认为这种改善值得我们以压缩阴影区为代价。

我们再次尝试解决这一问题。我们提高了图 9.9 的亮度，以恢复阴影区的细节，从而得到了图 9.10。我们在看到特性曲线的时候或许已经预见到了画面效果，提亮后的照片并没有恢复阴影区的细节。这是因为曝光不足已经使阴影区的影调被压缩得太多，以至于无法挽回。

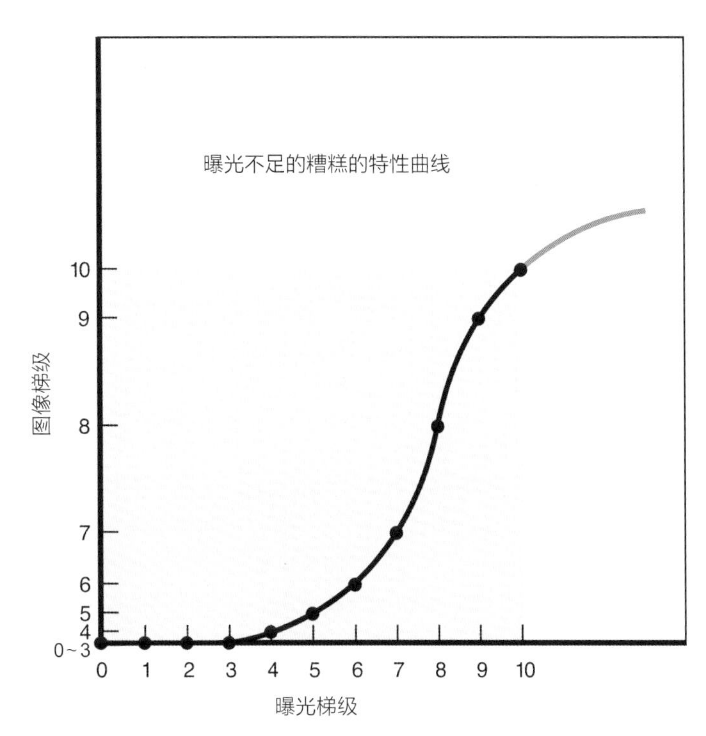

图9.8　曝光不足形成的特性曲线，阴影区遭到严重压缩

图9.9　一张曝光不足的照片。原始场景中大量层次分明的阴影区的影调被压缩了

图9.10　曝光不足的照片经过处理后得到影调更明亮的照片。尽管整个场景的影调都变亮了，但阴影区的细节依然无法恢复

使用RAW格式拍摄

至少一个世纪以来，摄影师们都对S形特性曲线感到不满，希望胶片制造商能够使曲线变直一些。他们发现曲线的高光和阴影部分细节遭受了损失，想当然地认为更直的曲线能够改善细节的表现。现在，数字摄影已经取代了胶片摄影，我们可以实现这个愿望了，但我们发现数字摄影也有它的缺陷。

数字相机中的RAW格式文件拉直了特性曲线，在对场景正常曝光的情况下保留了过去经常会丢失的高光细节和阴影细节。现在的问题是，这样的照片看上去缺乏立体感。

我们希望看到中间影调有更大的反差，为此宁愿牺牲一些高光和阴影区的细节。因此，我们似乎必须保留这些摄影技术方面的缺陷。

RAW格式文件的优势在于它在进行后期制作之前保留了丰富的图像细节，我们在后期制作时对于需要牺牲哪些细节以提升照片的质量可以进行判断。RAW格式文件通常被称为“数字底片”，因为摄影师会采用在暗房中经常用到的方法来处理RAW格式文件。

和底片一样，RAW格式文件为摄影师提供了在拍摄之后改变想法的自由。摄影师使用RAW格式文件可以制作出与最初拍摄的图像全然不同的TIFF或JPEG格式的图像。

RAW格式文件的缺点在于不同的相机制造商的RAW格式文件均不相同，并且彼此不能兼容。这会使RAW格式文件受到相机制造商专用软件的制约，这是一个非常棘手的问题。现在无论是谁都可以用马修 · 布雷迪（Matthew Brady）的底片制作照片，或许比他本人制作得还要好，但如果支持当前RAW格式文件的软件在未来不复存在了，我们的后代又该如何处理我们的数字底片呢?

有人认为，一个很好的解决方案是Adobe公司的“数字底片格式”（DNG）。这是一个公开的标准，很可能会在历史的长河中幸存下来。它保留了RAW格式文件的优势，任何具备软件知识的人（包括那些在150年后不管使用何种电脑的人）都能理解并使用它。一些相机制造商采用了与DNG兼容的RAW格式，不过这样的制造商实在少得可怜。

颗粒度

一些摄影师仍在使用胶片拍摄，这是有充分的理由的。即使科技发展使胶片彻底成为明日黄花，但仍然有一些摄影师会采用胶片创作。也许他们这样做只是为了让自己与众不同，就像那些仍在用19世纪的感光材料冲印照片的人一样。保险起见，你可以使底片曝光过度，但我们必须提醒你，曝光过度会增加照片的颗粒度。

影响颗粒大小最重要的两个因素是胶片的感光度和影像密度。首先，在能够保证获得合适的光圈和快门速度的前提下，我们通常选择感光度最低的胶片。其次，我们密切关注影像的密度以使颗粒最小化。

影像密度越大，颗粒越粗。影像密度的增加是曝光的增加还是显影的增加所引发的，区别都不大。颗粒度的增加同样如此。

这意味着整个画面上颗粒的大小并不一致。由于影像密度的差异，高光区的颗粒比阴影区的更多。这一事实让一些摄影师感到奇怪，特别是那些底片品质一致，只需很少操作就可以直接印放照片的摄影师。

大多数底片上影像密度较大的区域最终在照片上呈现为浅灰色或白色。这些区域的颗粒较粗，但由于影调过浅而很难被发现。此外，照片中的高光区的颗粒也被相纸特性曲线所固有的高光区压缩进一步隐藏起来了。

然而，假设标准的印放曝光不足以表现高光区的细节，根据场景的不同，大多数摄影师会在印放照片时通过整体增加曝光或在问题区域局部增加曝光（即“加光”）进行补救，这使得照片上有的高光区的梯级好像中间梯级。在印放照片时，把密度较大的灰度梯级作为中间梯级进行曝光能够显示出底片上最粗的颗粒。

底片上的高光压缩并不像阴影压缩那么糟糕，但缺陷会随着颗粒的增加而变得更复杂，最终影像质量也会变得更糟糕。

多年来，许多优秀的摄影师意识到，如果使用现代放大机放制照片，所使用的黑白底片在显影时应比说明书推荐的标准时间缩短20%左右，这样可以减少胶片的颗粒。

然而，拍摄彩色负片的摄影师仍然严格遵守标准显影时间，因为缩短显影时间会严重影响照片的色彩。这些摄影师应该感谢美国职业摄影师协会的前会长弗兰克 · 克里奇奥（Frank Circchio）先生，他在使用数码相机前曾创制了一套彩色负片曝光系统，该系统能够确保在不曝光过度的前提下使胶片获得充分的曝光。他制作出比其他摄影师的照片面积更大、清晰度更高的照片，以实践证明了该系统的有效性。

两种特殊被摄对象

“白色对白色”和“黑色对黑色”场景的拍摄难点并不只是由被摄对象自身造成的，也与摄影这一媒介最基本的要素——场景有关，即场景应该被记录在至少能够保留影像细节的特性曲线部位。这意味着没有哪一种单独的用光技术，甚至是一组用光技术，能够满足处理这类被摄对象的要求。

拍摄“白色对白色”和“黑色对黑色”场景需要完全掌握所有摄影技术。在所有摄影技术中，最基本的技术是用光和曝光控制。在每一张照片的拍摄过程中，这两种技术均共同发挥作用。

在具体的场景中，每一种技术的相对重要性有所不同。有时我们首先考虑场景的曝光控制，但在另外一些情况下，我们又将用光技术作为首要工具。接下来，我们将讨论这两种基本技术，并就何时使用何种工具给出一些指导意见。

白色对白色

将白色被摄对象安排在白色背景前是一种实用且颇具吸引力的方式。在广告中，这种安排能使设计者在构图方面获得最大的灵活性。文字可以放在画面的任何地方，甚至可以放在被摄对象的次要部位。白色背景上的黑色字体通常非常显眼，哪怕是报纸上印刷质量很差的图片也是如此。

此外，摄影师无须担心如何剪裁照片以适应版面空间。如果照片复制后能保持背景的纯白色，观看者将无法看出这张广告照片的边缘到底在哪里。

不幸的是，“白色对白色”的被摄对象仍是所有场景中最难表现的。一个“正常”曝光的“白色对白色”场景被记录于特性曲线上最糟糕的部位。在曲线的这一部位，较小的对比度会压缩该部分灰阶，场景中区别明显的灰度梯级在照片上会变得相似或完全相同。

白色背景前的白色被摄对象在很大程度上使我们无法使用直接反射。在前几章中，我们了解到平衡直接反射和漫反射能够更好地表现细节，否则这些细节会消失。在光源或镜头前加装偏振滤光片或偏振镜，可以对直接反射进行控制。

和其他场景一样，“白色对白色”场景中通常会有许多直接反射，但场景中漫反射的亮度通常会盖过直接反射。由于大量漫反射的作用，相机无法拍到更多的直接反射，摄影师试图掌控直接反射，但无济于事。

然而我们继续抱怨这些问题也是徒劳的，我们将在下文探讨如何解决这些问题。

在拍摄“白色对白色”的被摄对象时，良好的用光控制会产生影调差别，而有效的曝光控制能够保留这些差别。任何一种控制都无法单独达到目的，因此我们将分别详细讨论这两种控制方法。

“白色对白色”场景的曝光

特性曲线上最高和最低的部位是最容易丢失细节的区域。减少“白色对白色”场景的曝光就是将场景的曝光放在特性曲线的中间部位，这样做或许会使场景显得过暗，但我们可以在后期进行补救。

最糟糕的情形是处理后的照片仍然出现和正常曝光时相同的细节丢失问题，这情有可原；另一种情形是照片经过处理后获得更多的高光细节，这是一件非常好的事。

请记住，无须对标准场景因曝光不足而导致的阴影细节损失过于担忧，因为“白色对白色”场景的阴影区域影调相当浅淡。那么，在避免陷入其他麻烦的前提下，我们应该减少多少曝光呢?

下面是我们即将用到的一些规定。我们假设“正常”曝光是测量18%灰卡的反射光读数或直接测量入射光读数后得出的，进而假设“标准”再现指照片中灰卡的反射率同样还原为18%。最后，我们假设“减少”曝光和“增加”曝光都是对“正常”曝光的有意偏离，以此区别失误引起的曝光不足或曝光过度。

在相同的光线下，一个典型的白色漫反射比18%灰卡大约亮2.5挡光圈或快门。也就是说如果我们测量的是白色物体而不是灰卡，则需要在测光读数的基础上增加2.5挡的曝光才能得到正常曝光。

然而，假设我们没有增加2.5挡的曝光，而是严格按照测光读数进行曝光，在标准冲印程序下，同一件白色物体将变成18%的灰色物体。这种影调实在太深，观看者几乎不会将18%的灰度当成“白色”。不过这种曝光也有它的优点，那就是将白色被摄对象放到了特性曲线的直线部分。

然而没有人强制我们使用标准再现模式。我们可以使照片的影调变浅至所需程度，观看者会将这种近似浅灰色的影调称为“白色”。只要我们在后期提升图像的阶调，并将它从RAW格式转换为标准文件格式，我们就能够获得想要的高光压缩。

如果我们通过这种方式可以获得理想的高光压缩，为什么不从一开始就采用正常曝光来完成这种压缩呢？我们不那样做，是考虑到两个原因：（1）减少曝光为后期制作保留了更大的空间；（2）数字传感器不具备理想的线性响应，它的特性曲线也有一个肩部区域，尽管这个区域很小，而减少曝光能够使不容易保留的细节部分远离肩部区域。

在拍摄“白色对白色”的物体时，减少2.5挡曝光是我们能够接受的最大调整幅度。在拍摄非常明亮的白色场景时，可以尝试根据反射测光表的读数进行曝光，不进行任何曝光校正，即只是将测光表对准被摄对象，然后按照测光读数进行曝光，却不进行任何计算或补偿。精通测光技术的摄影师或许会很反感我们的建议，他们没错！如果我们没有继续提醒你注意次要的黑色被摄对象和透明物体，那么给出这样的建议可以说是完全不负责任。

如果场景完全由浅灰色组成，使用由反射测光表提供的未经补偿的读数进行曝光完全没有问题。但是，如果场景中有黑色被摄对象，这样会使它们缺少阴影细节。

这种细节损失是否会成为一个问题，完全取决于特定场景中的被摄对象。如果黑色被摄对象无足轻重，而且体积很小，不会彰显缺陷之处，那么缺少阴影细节就不会令人反感了。

然而，如果黑色被摄对象非常重要或面积较大，会吸引观看者的注意，缺陷也会变得突出。在这种情况下，最好使用正常曝光而不要减少曝光。“重要性”是一种心理判断而不是技术判断。对于一个“白色对白色”的场景减少曝光，而对另一个技术上完全相同的场景采用正常曝光，这可能是完全合理的。

如果我们考虑到可能会发生的错误，并且接受未经补偿的“白色对白色”场景的测光读数，那么这属于有意识地减少曝光。如果我们只采用测光表的读数而不考虑它可能会带来的风险，那么这可能会导致曝光不足的拍摄失误。

“白色对白色”场景的曝光量较少，这也有利于我们使用较低的感光度。在ISO 180的情况下正常曝光的场景，减少2.5挡曝光，意味着我们可以在ISO 32的情况下使用相同的光圈和快门速度。

“白色对白色”场景的用光

和其他场景的用光一样，“白色对白色”场景的用光目标是增强质感和层次的表现。为达到这一目标，我们可以采用第4章和第5章中介绍的用光技巧。但拍摄“白色对白色”的场景有一个特殊要求，即必须保证被摄对象的所有部分都不会消失在背景中。

如果想要获得真正的“白色对白色”场景，最简便的方法是直接“印放”一张空白相纸。当然，摄影师提及“白色对白色”这个术语时并不是指真正的“白色对白色”，他们的实际意思是“在极浅灰色背景上的极浅灰色被摄对象，同时场景中也有一些白色部位”。

我们已经讨论过为什么近似的浅色影调在照片中会变成同一影调，良好的曝光控制会最大限度地解决这一问题。但浅灰影调在同样的浅灰影调中仍然会消失，保证被摄对象可见的唯一方法就是使其影调浅于或深于其他灰色影调。这就是用光要解决的问题。

被摄对象和背景

需要加以区分的最重要的灰调是被摄对象的影调和背景的影调。如果不对这两者加以区分，观看者将无法辨别被摄对象的形状。观看者或许从来不会注意到被摄对象微小细节的损失，然而边缘部位的影调缺失将会相当引人注目。

我们可以对被摄对象或背景的边缘进行照明，使其在照片中再现为白色（或非常浅的灰色）。确定了白色的位置之后，我们知道其他区域应该比白色的部分稍暗一些。从技术层面上讲，是主要被摄对象的影调略深还是背景的影调略深都无关紧要，因为无论哪种方法都能够使影调区分开来。

然而，从心理层面上讲，背景是白色还是被摄对象是白色就很重要了。图9.11所示为白色背景前的白色被摄对象，我们让背景呈现为白色而被摄对象呈现为浅灰色。在你观看照片时，大脑会将这一场景识别为“白色对白色”。

大脑通常不会将灰色的背景识别成白色。请看图9.12，我们对场景重新布光，将背景处理为浅灰色，让被摄对象呈现为白色。你看到的不再是“白色对白色”的场景，而是“白色对灰色”的场景。

图9.12并非失败之作，被摄对象和背景之间仍有良好的影调区分，无论从哪方面看，它都是令人满意的。你可能更欣赏它的用光，并且我们没有理由看轻它，我们只是说这不是“白色对白色”的成功案例。

图9.11 背景呈现为白色，而半身像呈现为浅灰色。大脑将这样的场景识别为“白色对白色”

图9.12 现在背景呈现为浅灰色，而半身像呈现为白色。在这种情况下，大脑会将该场景识别为“白色对灰色”，而不是“白色对白色”

由于本节探讨的是“白色对白色”的场景，因此在所有案例中我们将使背景保持为白色，或者接近白色。在这些案例中，背景的亮度应该比主要被摄对象的边缘亮度高1/2挡至1挡曝光。如果曝光小于1/2挡，部分被摄对象将会消失于背景之中；如果曝光大于1挡，相机内的眩光可能会减小被摄对象的反差。

使用不透明的白色背景

最容易拍摄的“白色对白色”场景，是那些能够对主要被摄对象和背景的用光分别进行控制的场景。在这种情况下，我们可以稍微提亮背景的光线，使其呈现为白色影调。

将被摄对象直接放在不透明的白色背景前是最为棘手的“白色对白色”场景设置，因为我们在设置被摄对象或背景的光线时，无论怎样调整，这两者都会互相影响。不过这也是最常见的一种设置，因此我们将首先解决这一问题。图9.13展示了这种场景的用光设置。

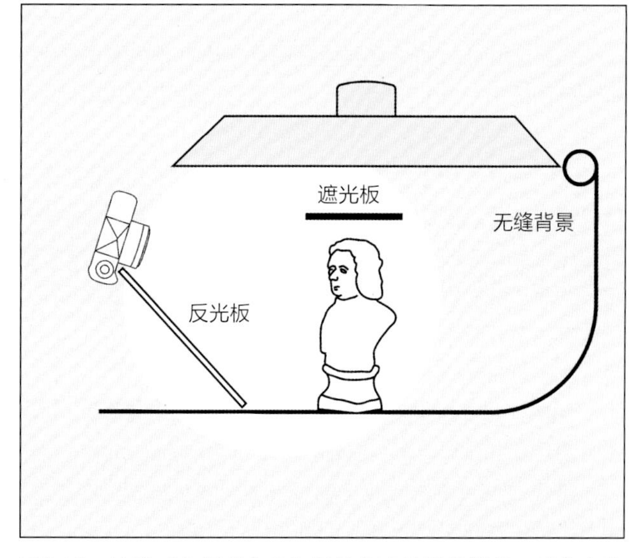

图9.13　拍摄“白色对白色”场景的有效用光设置。我们在拍摄图9.14时，没有使用遮光板；而在拍摄图9.15时，使用了遮光板

从上方照亮被摄对象

将光源安排在被摄对象上方，可以使被摄对象的正面略微处于阴影之中，但摄影台却得到了充分的照明。这种用光设置能够得到我们所需的灰色被摄对象和白色背景。我们从图9.14中可以看出，在大多数情况下无须做进一步调整就可以看出被摄对象的两侧和背景之间的差别。

图9.14　巴赫半身像两侧边缘和背景之间区别明显，而头顶却基本消失于背景中

然而需要注意的是，这种用光方式会给被摄对象的顶部带来过强的照明，从而使该区域的影调层次丢失。这意味着在正式拍摄之前还需要对用光做一些调整。

在被摄对象上方加用遮光板

这一步几乎必不可少。我们将遮光板置于被摄对象的上方，它投射的阴影足以使被摄对象顶部的亮度降低，使之近似于正面的亮度水平。调整后的影调效果更为理想，如图9.15所示。

我们在上一个步骤中并没有讨论光源的面积问题，你或许会对此感到奇怪。就被摄对象而言，你可以使用任何尺寸的光源，只要看上去合适就行。然而我们还是建议使用中等面积的光源，因为这样在使用遮光板时能够获得更好的效果。

遮光板投射的阴影硬度通常比被摄对象的阴影硬度更为重要。如果光源面积过小，我们或许无法使遮光板产生的阴影足够柔和，从而融入场景之中。如果光源面积过大，又可能使阴影过分柔和，无法有效降低被摄对象的亮度。所以一开始时就采用中等面积的光源可以为以后试用遮光板留足空间。

如果你以前从未进行过这一操作，可能不知道应该用多大面积的遮光板，以及和被摄对象应该保持多远的距离。这些因素随被摄对象的变化而变化，因此我们无法给出公式，但我们可以告诉你如何自行判断。

首先准备一块面积和高光区面积相近的遮光板，试验时手持遮光板缓慢地上下移动。你可以改变遮光板的大小，在调整好位置后将遮光板固定住。

遮光板离被摄对象越近，产生的阴影就越硬。使遮光板靠近被摄对象，再远离被摄对象，看看会发生什么。遮光板的阴影边缘应与需要调整的高光区边缘完美地融合。

当遮光板远离被摄对象的时候，它的阴影可能会变得过浅。出现这种情况时，可尝试用面积大一点儿的遮光板。相反，如果遮光板的阴影能够完美地融入画面但影调太深，可将遮光板裁小一些。

当遮光板相对于主要被摄对象的位置合适后，看看它对背景的影响。遮光板也会在背景上投下阴影。对大多数被摄对象而言，遮光板在背景上投射的阴影会和被摄对象的阴影完美融合，不会引人注目。遮光板投射在背景上的阴影会比投射在被摄对象顶部的阴影更加柔和，这是因为背景距遮光板要比被摄对象距遮光板更远。

图9.15 一块遮光板挡住了巴赫半身像头顶的光线，解决了图9.14中出现的问题。现在头顶变得清晰可见了

图9.16 相机左侧的黑色卡纸会减少来自桌面的反射光，使画面产生立体感

如果被摄对象非常高，遮光板或许根本不会在背景上产生明显的投影。然而，非常浅而平的被摄对象就会存在这一问题。举一个极端的例子，一张放在白色桌子上的白色名片，如果遮光板没有均匀地在背景上投下阴影，就不可能在名片上留下阴影。在这种情况下，我们必须使用后文即将讨论的其他类型的背景，或者在拍摄完成后对照片进行遮挡或修饰。

增加立体感

被摄对象所处的白色背景会产生大量填充光。遗憾的是这种辅助照明通常过于均匀，无法使照片产生良好的立体感。图9.15在技术上是可以接受的，因为被摄对象已经非常清晰地呈现出来了，然而单调一致的灰色调却使其显得枯燥乏味。

如果被摄对象的影调比背景的影调深很多，我们需要在一侧增加一块反光板，这样可以同时增强辅助光和立体感。通常“白色对白色”被摄对象的影调只比背景略深，我们应慎用辅助光增加其亮度。这种情况下，我们通常可以将一张黑色卡纸放到被摄对象的一侧，这会遮住部分反射自背景的光线，并压暗被摄对象一侧的影调。

在拍摄图9.16时，我们就在相机左侧放了一张黑色卡纸，并使其恰好处于相机的取景范围之外。

使用半透明的白色背景

如果被摄对象呈扁平状，那么很难在降低其亮度的同时，不降低背景的亮度。解决这一难题的有效方法是使用可以从背后进行照明的半透明背景，白色的有机玻璃非常符合这一要求。只要被摄对象是不透明的，我们就可以将背景调节至任何令人满意的亮度而不会对被摄对象造成影响。图9.17为这一设置的用光示意图。

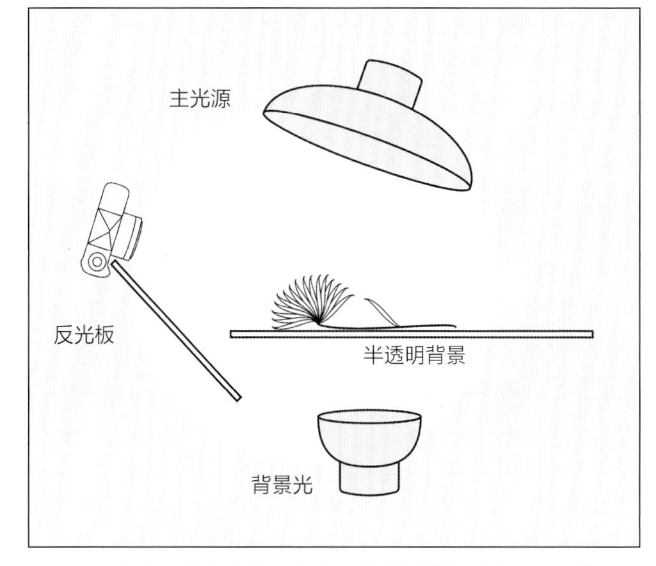

图9.17　半透明的背景在画面上比白色的被摄对象还要明亮

图9.18采用了这种用光设置。被摄对象与背景具有显著的差别，但是要注意被摄对象下方的照明已经完全消除了背景上的阴影。

看到这张照片之后，在想要保留被摄对象下方阴影的时候我们可能会避免采用这种用光设置。我们应该回避这种用光设置吗?绝对不能。这一用光设置的最大优势就是允许我们控制被摄对象过于突出的阴影而完全不受被摄对象用光的影响。下面介绍一下操作步骤。

图9.18　来自花朵下方的光线完全消除了背景上的阴影

首先，关掉我们打算用来为被摄对象照明的所有光源。接着，设置一盏测试灯，以产生令人愉悦的阴影，这个光源是否适合被摄对象并不重要，因为我们不会用它来拍照片。我们只是用这种光源来描画被摄对象的阴影轮廓（这和我们在第6章中对角度范围以及在第7章中对装满液体的玻璃杯后面的反光板所做的一样）。

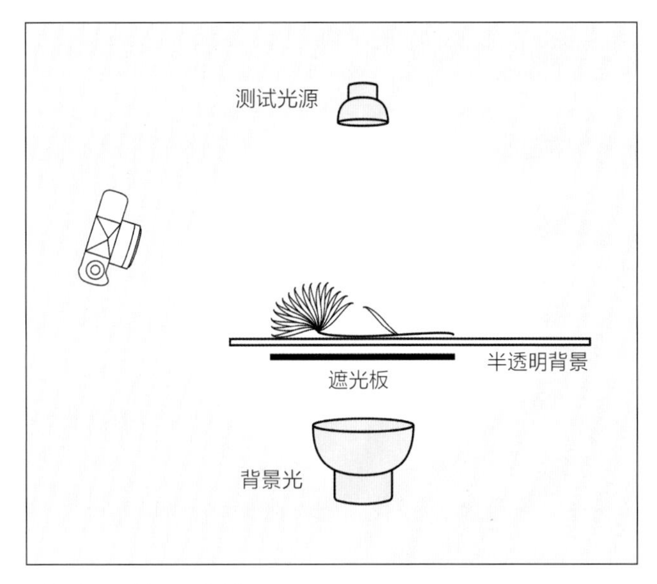

图9.19　制造桌面阴影

接下来，移动被摄对象下面的任何透明或半透明纸张（如果你在这个过程中移动了被摄对象也无须担心，此时并不需要精确定位）。用铅笔在纸上描画出阴影的轮廓，然后拿开这张纸并剪下阴影图形。最后，将剪下来的阴影图形粘贴于半透明背景之下，如图9.19所示。

现在你可以关掉测试光源了，只要你愿意，你可以用任何方式为被摄对象提供照明。图9.20就是采用这种用光设置拍摄的照片。图中的阴影并不是被摄对象投下的阴影，但看起来非常像。

用镜子做背景

最便于运用的“白色”背景可能就是镜子了。除了直接反射以外，镜子几乎不产生其他反射，这种直接反射可能要比来自白色被摄对象的漫反射明亮得多。

首先，我们使用带有大型光源的用光设置，并确保大型光源能够覆盖在镜子表面产生直接反射的角度范围。（我们采用在第6章中介绍过的确定平面金属物体角度范围的方式确定镜子的角度范围，如果需要用光示意图可以参考该部分内容。）由于必须覆盖整个背景的角度范围，这个光源有可能是我们曾经用过的照亮平面被摄对象的最大光源。

图9.20　我们将“定制”的遮光板放在半透明背景下面，它产生的阴影看起来好像是由花束投下的

需要特别注意的是，光源不应该照亮那些会分散观看者注意力的物体。记住，光源本身会在镜子中产生可被相机见到的强烈反射。

拍摄图9.21时，我们无须进行额外的用光设置。面积如此大的光源通常能够产生极为柔和的阴影，以至于不需要其他的辅助光源。此外，这是为数不多的几种通过背景在被摄对象下方反射辅助光的用光设置之一。

这种用光设置的一个问题是会有来自被摄对象的反光。根据花枝的形状和修剪的状态，这种反光有可能令人感到困惑。如果有可能，不妨试着在镜子上喷上水，以掩饰这种反光。

另一个可能出现的问题是缺少背景阴影，以这种用光设置，是无法获得背景阴影的。如果你觉得阴影对于被摄对象而言不可或缺，那么其他的用光设置或许会取得更好的效果。

确保背景小型化

我们已经解释过为什么对白色被摄对象而言直接反射通常无关紧要。极少的一点直接反射固然有助于增加一些立体感，但与漫反射相比，它通常还是显得过于微弱，无法担当用光的主要角色。

但是这种直接反射有一个例外情况，就是来自被摄对象边缘的直接反射。边缘区域的直接反射特别容易使被摄对象消失于白色的背景中。更糟糕的是，所有用光设置中的白色背景都处于最有可能在边缘产生直接反射的位置。

图9.21　作为反射光源的镜子是比“白色”的花朵还要“白”的背景

最常见的解决方法与在亮视场用光中使背景的直接反射远离玻璃杯边缘的技巧相同。我们曾在第7章中探讨这一技巧的要点：尽可能保持背景小型化。有时背景会比相机的取景范围大很多，并且我们不想将背景裁切成小块。在这种情况下，我们可以将光源限定在成像区域内，也可以在成像区域四周放置黑色卡纸。

拍摄“白色对白色”场景的另一个问题是相机眩光。大型白色背景会在相机内产生眩光，而且这种眩光很可能非常均匀，很难辨别出来，即使是在整体反差严重降低的情况下也难以分辨。然而，如果你将白色背景的面积设置为需要的大小，就无须担心眩光的干扰了。

黑色对黑色

掌握“白色对白色”场景的拍摄方法，是学习拍摄“黑色对黑色”场景的过程中的重要的一步。这两种场景的许多拍摄原则大致相同，只不过以相反的方式运用。我们会指出二者的相同之处，也会强调它们之间的差异。

在考虑曝光时，二者的主要差别在于是否将影像记录于相机的噪点范围之内；在考虑用光时，二者的主要区别在于是否增加直接反射的强度。

“黑色对黑色”场景的曝光

在特性曲线的部分，我们指出在阴影区和高光区存在着灰度梯级的压缩。这种压缩会在JPEG格式的图像中发生，也会在将图像由RAW格式转换成其他通用格式时发生。

由于数字噪点的存在，压缩问题在阴影区稍显严重。这些随机产生的微小斑点在缺少大块黑色区域的正常场景中并不引人注目，但在“黑色对黑色”场景中会相当明显。这一问题的严重程度与相机的质量有关，但到目前为止，至少就我们所见而言，所有相机都在某种程度上存在着这一问题。因此我们在拍摄“黑色对黑色”场景时，会通过增加曝光使影像靠近中灰阶调，虽然我们知道这样的影像在后期制作中需要进一步压暗。

拍摄“黑色对黑色”场景时，曝光量允许调整的最大值与“白色对白色”场景相似，为2.5挡。此外，由于噪点的存在，我们实际上可能更倾向于调整至极限值，这意味着我们采用的曝光会大大高于灰板的测光读数或入射光测光读数。我们也可以简单地将反射测光表对准被摄对象并按照测得的读数进行曝光，而无须进行曝光补偿。

如果我们谨记这种方法可能产生的潜在问题，那么对于更复杂的测光方法而言，这是一个令人满意的捷径。这种方法也和“白色对白色”场景的曝光方法相似。当然，这种方法会使同一场景中浅灰影调的次要被摄对象曝光过度，因此只有在场景真正近似于“黑色对黑色”时才适用。

“黑色对黑色”场景的用光

拍摄“黑色对黑色”的场景时，需要对曝光特别留意，以尽可能地将更多细节记录下来。然而，增加曝光这种方式对“黑色对黑色”场景而言，只有在次要的白色被摄对象不会出现曝光过度时才有效。

即使没有任何白色的被摄对象，增加“黑色对黑色”场景的曝光有时看起来也并不尽如人意，虽然这样可以比正常曝光记录更多的细节。尽管恰当的曝光至关重要，但仅仅控制曝光是不够的，将曝光控制和用光控制相结合才有助于我们创作出出色的照片。现在我们来了解“黑色对黑色”场景的用光的原理和方法。

和“白色对白色”一样，“黑色对黑色”也是一种对场景精确描述的缩写，更完整的描述应该是“一个主要由深灰色构成，但也包含部分黑色的场景”。

和其他场景一样，“黑色对黑色”场景的用光同样需要表现深度、形状和质感。就像“白色对白色”场景一样，“黑色对黑色”场景的用光同样需要把场景的部分曝光梯级移到密度坐标的中间部位。通过这一方法，我们可以避免场景中过浅或过深的相似影调在照片中变得完全相同而无法分辨。

“白色对白色”场景会产生大量的漫反射，这是它呈现为白色的原因。相反，黑色被摄对象之所以是黑色的，是因为黑色的场景缺少漫反射。漫反射的多少在用光方面非常重要，主要是因为它暗示了直接反射的多少。

就“黑色对黑色”场景的用光和“白色对白色”场景的用光而言，它们的最大区别在于大多数“黑色对黑色”场景允许我们充分利用直接反射。白色被摄对象所产生的直接反射并不一定很少，只是因为与明亮的漫反射相比，无论何种类型的白色被摄对象所产生的直接反射通常都不那么引人注目。

同样的道理，黑色被摄对象并不能产生更多的直接反射，然而与相对微弱的漫反射相比，它们产生的直接反射更加明显。

因此，对于大多数“黑色对黑色”场景的用光而言，其经验法则就要尽可能地利用直接反射。如果你已经掌握了金属物体的用光方法，就知道在拍摄这些物体时我们通常也采取相似的方法（直接反射使金属看起来更加明亮，我们极少拍摄看起来很暗的金属物体）。因此，拍摄“黑色对黑色”场景的另一个有效原则是，无论它是什么材料，都把它当成金属物体来拍摄。

通常，这意味着我们要找出产生直接反射的角度范围，并且设置一个或多个光源覆盖该角度范围（我们在第6章中介绍了具体做法）。在下文，我们将探讨用光的细节问题。

被摄对象和背景

我们拍摄的场景可能仅仅由灰色构成，而不是真正的“黑色对黑色”场景。这意味着被摄对象或背景需要表现为深灰影调而非黑色影调，以确保被摄对象不至于无法分辨。

图9.22所示为黑色背景前的黑色被摄对象。我们使用顶光为黑色的乌鸦照明，这种用光方式有助于将乌鸦从无缝背景纸的深黑色影调中分离出来，并完整保持其形态。

深灰色背景上的黑色被摄对象可以呈现同样的效果。在这两种情况下，被摄对象和背景之间的差别足以保证被摄对象清晰地呈现出来。然而，为背景提供照明会引发其他一些问题，如图9.23所示。

图9.22 大脑通常会将黑色背景与深黑色被摄对象（如图中的乌鸦）的场景解读为“黑色对黑色”场景

图9.23 在这张照片中，乌鸦看起来是黑色的，而背景却变成了深灰色。此时大脑不再认为这是一个“黑色对黑色”的场景

请注意，图9.23中的背景不再呈现为黑色。在心理上，我们会将深灰色被摄对象当成是黑色的，但不会将深灰色的背景当成是黑色的。对于设置简单的场景而言，它通常无法给大脑提供更多的线索以确定原始场景到底是什么状态。对于许多设置更复杂的场景而言，上述事实同样成立。

这与前面讲过的一个原理相关，即大多数情况下，只有当背景为纯白或接近纯白的时候，大脑才会将场景看成“白色对白色”的。针对这一情况所采取的处理方法也差不多。

如果只是打算使被摄对象区别于背景，那么可将背景或被摄对象中的一个处理为黑色，另一个处理为深灰色。但是，如果你想要成功地表现“黑色对黑色”的场景影调，请尽可能确保背景是黑色的。

你会发现这一观点几乎影响了我们介绍的所有用光方法，只有一种情况例外，即使用不透明的背景。下面我们将讨论这一方法。

使用不透明的黑色背景

将一个黑色的被摄对象放在不透明的黑色背景前，这通常是设置“黑色对黑色”场景最糟糕的一种方法。我们首先讨论这种方法是因为它通常是最便捷的方法，大多数的摄影棚里都备有黑色的无缝背景纸。

图9.24说明了这个方法的问题。（采用了大型光源从上方照明。）被摄对象下方的背景纸获得了与被摄对象相同的照明，没有什么简易的方法可以使被摄对象的亮度大于背景。我们知道应该使被摄对象呈现为深灰色而不是黑色，以保留细节。然而，如果被摄对象无法呈现为黑色，那么它下面的背景同样无法呈现为黑色。

我们可以使用聚光灯将光线集中在主要被摄对象上，这样可以使背景显得暗一些。不过要记住，我们如果想要在被摄对象上产生尽可能多的直接反射，就需要用大型光源来覆盖产生直接反射的角度范围。使用大型光源通常意味着不能使用聚光灯。

我们也希望来自背景的大量反射属于偏振直接反射，然后在相机镜头前加用偏振镜阻挡反射光，从而使背景保持黑色。这种方法有时会奏效，但在大多数情况下，来自被摄对象的直接反射同样带有偏振光。很遗憾，偏振镜在压暗背景的同时，也会压暗被摄对象。

最佳的解决方法是找一块比被摄对象产生的漫反射更少的材料做背景。对于大多数被摄对象而言，黑丝绒符合这一要求。图9.25中的被摄对象与图9.24相同，用光设置和曝光也相同，只不过用黑丝绒代替了黑色背景纸。

使用黑丝绒做背景可能会出现两个问题。一是少数被摄对象非常黑，甚至比黑丝绒还要黑；二是黑色被摄对象的边缘会和它的阴影融为一体，图9.25中就出现了这种状况。这种损失是否能够接受因照片而异，是一个见仁见智的问题。但在这里，我们假定不可接受，因为我们要讨论的是如何解决这个问题。

辅助光此时发挥不了什么作用。请记住，被摄对象不会产生大量的漫反射，并且能够在被摄对象边缘产生直接反射的光源处于成像区域中。

这个问题和我们在第6章中讨论的金属盒子问题差不多，我们可以利用不可见光来解决。遗憾的是，我们无法通过黑丝绒反射大量光线，无论是不可见光还是可见光，因为只有光滑的表面能够做到这一点。

使用光滑的黑色表面

在图9.26中，我们用黑色有机玻璃代替了黑丝绒，光滑的表面反射出一些不可见光到被摄对象的四周。这种方法似乎对任何黑色被摄对象都适用。然而真的如此吗？

请注意，被摄对象上方的大型光源也覆盖了在光滑的有机玻璃表面产生直接反射的角度范围，因此背景看上去不再是黑色的。可能你还记得我们前面讲过，背景必须保持黑色影调。

在识别“黑色对黑色”场景时，大脑需要看到黑色的背景。明白这一点，我们可以不管这种明显的矛盾来讨论用光的方法。在这张照片中，被摄对象、背景和被摄对象的反射构成了一个更为复杂的场景。我们认为，被摄对象下方的黑色反射提供了足够的视觉线索，以告诉大脑背景表面是黑色，但它是光滑的，且能反射光线。因此这还是一个“黑色对黑色”的场景！

这种解释应该能够说服大多数读者，使出现的灰色背景也得以过关。但还是会有读者心存疑虑，并坚持最初的观点，为此，下面我们将介绍另一种解决方案。

图9.24 如果手电筒的曝光正常，黑色背景纸就无法呈现为黑色

图9.25 与图9.24的曝光相同，但黑丝绒背景比黑色背景纸暗了很多

图9.26 黑色有机玻璃背景。注意被摄对象在背景上的清晰反射，这个场景还是“黑色对黑色”吗

使被摄对象远离背景

假设我们将被摄对象放在距离背景足够远的位置，那么照射被摄对象的光线就不会对背景产生影响。我们可以采用任何用光方式为被摄对象提供照明，而背景仍会保持黑色的影调。

如果我们将被摄对象的底部从画面中剪裁出去，使被摄对象远离背景就非常容易。在图9.27中，被摄对象立在与背景有一定距离的底座上，这样光线在充分照亮被摄对象的同时，几乎不会落到背景上。不过，如果需要完整地表现被摄对象，我们必须采用一些技巧。

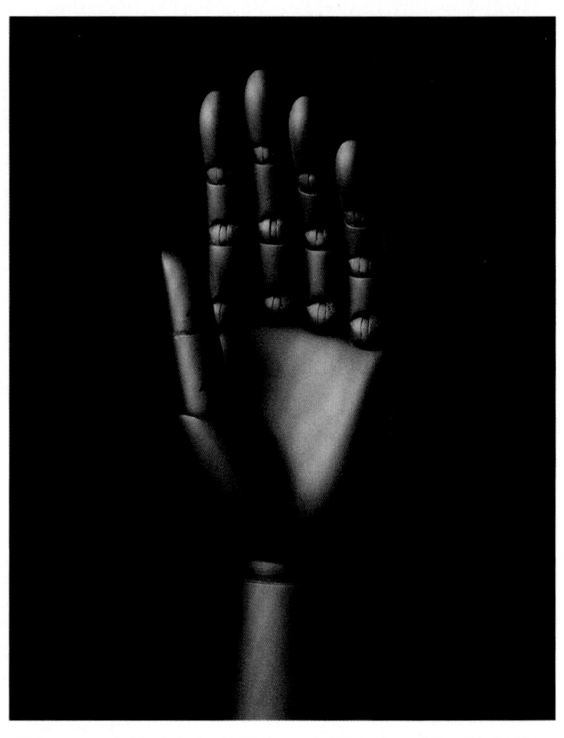

图9.27　被摄对象与背景有一定距离，这样可使光线照射到被摄对象，但又不会落到背景上

业余爱好者可能会认为专业摄影师在拍摄这类照片时，会使用细线吊住被摄对象，有时我们确实会这样做，但这样做通常需要在后期对细线进行处理。（细线在电影短片或视频镜头中偶尔能逃过观看者的视线，不被发觉，但在高品质静态图像中则可能非常明显。）处理黑色背景通常并不困难，然而不做处理显然更佳，因此我们建议采用其他方法。

在第6章中，我们将金属盒子放在一块透明的玻璃上，然后用偏振镜消除玻璃表面的偏振直接反射。使用偏振镜不会对金属产生影响，因为来自金属的直接反射几乎不带偏振光。

玻璃台面对大多数黑色被摄对象并不适用，因为来自黑色被摄对象的大量直接反射有可能是偏振光。如果用偏振镜消除玻璃表面的反射，也有可能使被摄对象变成黑色。

直方图

在“白色对白色”和“黑色对黑色”部分，我们需要更多地探讨摄影的技术问题，因而在此处讨论直方图比较适宜。

许多摄影师第一次接触直方图是在Photoshop中。在学会使用直方图后，许多人都认为这是一种比任何传统摄影技术都更直接的图像控制方法。如今许多数码相机已经将直方图引入传统摄影中。

许多数码相机在取景时会显示场景的直方图，使我们在拍摄之前就能够进行类似于Photoshop功能的校正。还没有一家数码相机制造商能够像Adobe公司一样提供完美的直方图，但我们假定它们已经做到了。

从概念上讲，直方图相当简单，它只不过是十分简单的曲线图形。然而，一旦你掌握了如何解读直方图中包含的信息，直方图就会变成非常有用的工具。在当今这个数字时代，理解直方图的重要性不言而喻，几乎没有哪个摄影师的工作可以不用借助直方图。

直方图由许多线条构成，每一根线条都代表着不同亮度值的像素数量，像素的亮度包括从纯黑到纯白之间的256级灰度阶调。

我们用数码相机拍摄彩色照片时，照片的基本直方图通常由3个直方图组成：红色、绿色和蓝色。如果我们需要对照片的色彩进行调整，可以选择对某种色彩的直方图单独进行调整。

不过我们暂时先忽略这些，并假定我们在以下的章节中所拍摄的都是黑白照片，这样讲起来更加简单，理解起来也会更加容易。

请看图9.28，这是一个典型的直方图，它显示的是图9.27的照片信息。换句话说，图9.28是表示图9.27中不同亮度的像素数量的示意图，这些不同亮度的像素组成了图9.27。

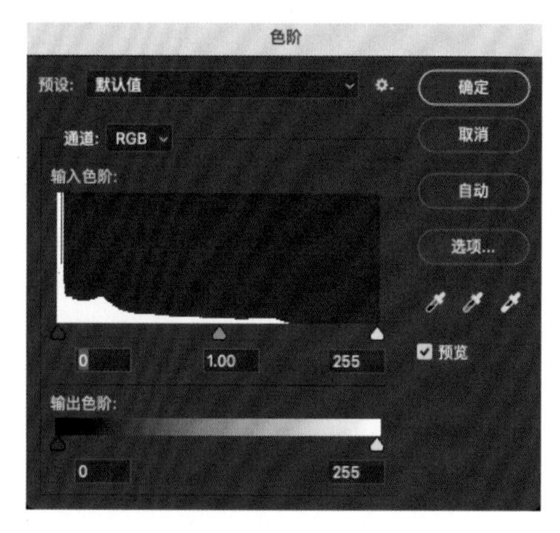

图9.28　直方图代表了存在于场景中的每一个灰阶值或色调值的数量

直方图左侧的纵轴代表像素的数量，底部的横轴代表像素的亮度，或它们在图片的整体色调范围中的位置。

影调最深的像素位于直方图的左侧，最浅的位于右侧，中灰影调位于中间部位。当把所有的像素信息集中在一起的时候，我们就得到了一张代表照片中的影调值的示意图，并且可以看到影调值的分布情况。

我们可以将直方图转换为灰阶值来说明问题。我们可以说直方图最左侧的纯黑部分的影调值为0，最右侧的纯白部分的影调值为255，中灰的影调值为128。将它和我们熟悉的区域曝光系统相对应，可以说直方图的最左侧对应“0”区，中灰对应“V”区，最右侧对应“X”区。

之前我们说过，从黑色到白色，共有256级灰阶，然而我们现在又说灰阶的最高值只有255，这可不是印刷错误，0也代表一个等级。

因为这是一个“黑色对黑色”场景的直方图，因此没有显示白色或浅灰色。请注意，场景中最亮的像素约为218或220，而不是255。同样，“白色对白色”场景在直方图左侧的像素数也会少得可怜。

预防问题

我们来看看这个直方图，根据直方图我们可以推断这张照片很可能已经被处理过。观察直方图中亮度级别为93、110、124及其他几个地方的亮度值裂口。这些裂口通常表示后期处理中的数据丢失。在这个案例中，数据的损失较小。然而，过度调节则会导致非常严重的后果。

如果你认为图9.27的画面过暗，可增加其亮度。图9.29是提亮处理后的结果，图9.30是其直方图。

图9.29　对图9.27进行提亮处理的结果

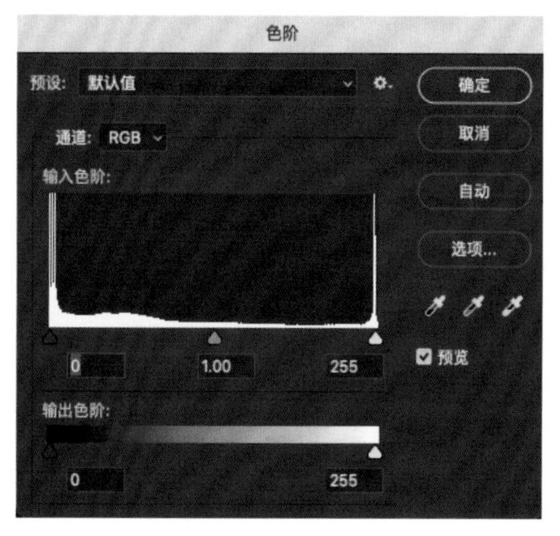

图9.30　图9.29的直方图

新的直方图大约有100个裂口，这就是直方图的作用所在。通过直方图，即使缺少经验的摄影师也能看出他们可能忽略的问题，许多有经验的摄影师也需要借助直方图来确认拍摄效果。我们或许会认为图9.29是一张出色的照片，但它的直方图却引发了我们的担忧。

过度处理

在相机中调整直方图和在后期制作中调整直方图有诸多相似之处，但两者之间的区别至关重要。尽管后期处理与用光无关，但如果我们有所保留，让你误认为我们已经知无不言，那将是一种疏忽。下面我们会介绍一些重要的知识，即使这些知识与用光并无直接关系。

避免“糟糕”直方图出现的最佳方法，是正确用光并且准确曝光。但有时我们无法做到这一点，我们不能让一个快速发展的新闻事件等着我们布置好灯光。

过度处理通常是由我们对图像进行反复调整造成的：调整图像，看一下效果；再调整一下，再看一下效果，如此反复。请不要这样做！

在当今这个数字时代，数码照片通常会在不同的地方和不同的人之间传来传去。在此过程中的每个环节，照片的色彩范围、饱和度、色调，以及其他参数都有可能发生改变。

这种被过度处理的“改善”后的照片随处可见，然而遗憾的是，我们在几乎所有的显示器上查看这样的照片时，都并不能立刻发现这一点。所幸借助该照片的直方图可以迅速地发现问题。

在调节直方图时，我们会将特定范围的灰阶值扩展至更大的范围（这会导致直方图断裂，成为“糟糕”的直方图）。然而，影调等级是有限的，我们在扩展某一范围的影调时，通常会压缩另一范围的影调。

这种压缩意味着原来占据较宽范围的灰度值现在只占据一个狭窄的范围，也就意味着在原始图片中不同的两个灰度值现在可能变成了相同的灰度值，细节就这样丢失了。那么这种处理总是必要的吗？如果图像其他部分的改进能够补偿细节损失，绝大多数情况下是必要的。

更严重的问题来自反复调整。细节的损失是累加的，如果每次调节都非常轻微，你可能根本注意不到。

一种久经考验的解决方案是保留原始文件，在复制文件上进行调整，并对调整过的文件加以标注。如果不满意调整结果，则删除调整过的文件，返回原始文件根据标注重新进行调整。最新版本的Photoshop能够在图像文件中保留这些标注。

另一种方案是使用Photoshop的“调整图层”功能。利用该功能进行调整不会影响原始文件，调整后的图层只代表呈现在显示器中或照片上的图像，就像已经进行过处理一样。因此，这种方案不会损害原始文件，并且可以根据需要反复调整。

曲线

在数字摄影领域，我们的讨论不应严格限定在用光方面，也应该讨论一下曲线。因为现有的数码相机只能显示直方图，所以我们在这里不会提供详细的信息。（不过现在有些相机能够显示曲线了。）

曲线是一种后期处理工具，它在显示器上看起来很像胶片特性曲线。曲线看上去和直方图全然不同，但能够提供很多相同的信息（见图9.31）。曲线和直方图有两个区别：（1）曲线不能表示场景中每个亮度值的数量，而直方图可以；（2）直方图只允许我们调整灰阶上的3个点（黑点、白点和中点），而曲线允许我们在任意点上进行设置和调整。

对灰阶进行多点调校，这种能力使曲线在修饰（或毁掉）图片方面，成为更强大的工具。和调节色阶一样，Photoshop允许通过非破坏性图层进行曲线调整。

我们鼓励初学者先学习如何控制直方图，再学习曲线的用法，并且使用非破坏性图层处理图像。

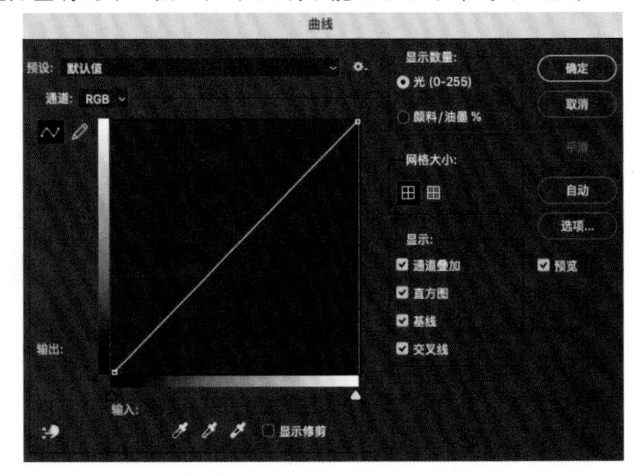

图9.31　曲线对话框

新的原理

在本章中，我们几乎没有介绍什么新的原理，相反，我们集中讨论了基本的拍摄和用光，还有一些手段和技巧。

“白色对白色”和“黑色对黑色”场景的拍摄，其实不需要很多特殊的技术，但确实需要我们精心运用基础知识。在摄影领域通常都是这样：专业能力的提升不一定需要学习新的知识，但需要反复研究基础知识，并且以更有洞察力的方式将它们融会贯通。

其中一个基本原则是，光的性质永远不变，无论我们多么虔诚或智慧，都无法让它发生改变。我们喜欢说控制光，但通常真正能做的只是按照光线的方式与其合作。任何光线都是这样，无论是在摄影棚内还是在室外——你将在下一章中了解更多这方面的内容。

拍摄手机或电脑屏幕

尽管手机或电脑屏幕与我们在本章中讨论的被摄对象无关，但我们在这里添加此部分内容，是因为这与我们在本章开篇使用的照片有关。在开篇的照片中，我们让手机屏幕保持黑暗，因为我们希望场景中的其他物体呈现应有的黑色或白色。然而，有时我们也希望展示手机或电脑屏幕上的内容。这时，我们需要拍摄两张照片，第一张照片让屏幕保持黑暗，以确保其他物体正常曝光。第二张照片展示屏幕上的内容。再将该照片中的屏幕部分复制并粘贴到第一张照片中。你可能需要对屏幕图层做一些颜色调整。

图9.32与本章开篇的照片为同一场景，区别在于本图中的手机屏幕中的内容是可见的。

电脑屏幕的拍摄也是如此，但大多数摄影师更喜欢直接截屏，以获得更好的色彩，然后将其粘贴到原始的场景照片中，并在Photoshop中对视角加以调整。

图9.32 与本章开篇照片为同一场景，但本图中的手机屏幕中的内容是可见的

7III
SONY
Distagon 2/40 CF
12-inch reflector
LENS CLEANING

第10章

10

移动光源

到目前为止，我们探讨的大部分话题都属于经典的“摄影棚”摄影。但是本章不一样，我们将探讨户外摄影的用光问题。我们将脱离摄影棚的限制，来到户外开展拍摄工作。换言之，我们将使用便携式设备进行拍摄。

就在几年前，情况并非如此，所谓户外或“外景”摄影更像是一场痛苦的折磨。大型灯具、沉重的电源、发电设备、线缆、灯架、柔光板、反光板及其他设备，这些都必须小心翼翼地装进沉重的大箱子中带走。

到了外景地，所有设备都必须取出来，使用过后又要重新包装，然后运回原来的地方，不仅搬运工作繁重，还要花费大量时间并且经常需要额外的人手。这种工作方式的运行成本通常也很高，这一事实常常令我们的客户郁闷不已！

所幸现在情况已经发生了巨大变化。那些几年前还需要我们搬运若干大箱子才能完成的外景摄影任务，今天只需要带上两三个小包，重量只是前者的零头。以前可能需要3~4个摄影助理才能完成的任务，现在只需一个助理，甚至一个也不需要。

你或许会问，为什么会有这样的差别？好吧，答案很简单：微型化。今天，许多拍摄工作都可以用能够发出强烈光线的、令人惊叹的小型用光设备完成，而且效果非常出色。

外景摄影灯具

今天，大多数摄影师在从事外景摄影时会使用3种基本的灯具：重型便携式闪光灯、热靴闪光灯和LED灯板。其中重型便携式闪光灯虽然仍有摄影师在使用，但有不少摄影师，无论是专业的还是业余的，都已经逐步转向另外两种灯具了。因此在本章中，我们只对重型便携式闪光灯进行简要介绍，而把重点放在热靴闪光灯和LED灯板的使用上。

重型便携式闪光灯

这种闪光灯由电池提供电力，它们比影室闪光灯的功率稍低，但相当轻，因此更方便携带。功率较低的闪光灯电源可以背在肩上并通过电源线连接到闪光灯头上。功率较大的电源通常放在地上，而闪光灯头则安装在足够坚固的灯架上。

热靴闪光灯

今天的热靴闪光灯轻便且功率大，具有令人赞叹的丰富功能。它们极为便携，对许多拍摄任务都能提供足够的照明。热靴闪光灯不仅可以通过热靴连接到相机上使用，也可以从相机上卸下进行离机闪光（见图10.1）。

热靴闪光灯更大的用处在于它们可以很方便地与其他闪光灯连接起来，形成更强大的组合光源，并且可以进行遥控。此外，有许多现成的附件可用于热靴闪光灯，如各种柔光板、聚光镜、反光板、蜂巢板、滤光片之类的光线调节器，并且大部分价格合理。了解了这些，就很容易理解为什么热靴闪光灯会成为当今许多顶级摄影师的用光选择，特别是那些大部分时间在不同的外景地之间穿梭的摄影师。

图10.1　较轻的重量、较小的体积和较大的输出功率，使得热靴闪光灯成为许多摄影师的“必备”装备

LED灯板

这些明亮的小“灯泡”是步入摄影用光领域的一种最新、也最具革命性的设备。灯板由数百到数千个体积虽小但极为明亮的发光二极管组成（见图10.2）。最小的灯板由电池供电，并且重量很轻，可以安装到相机的热靴上。其他面积更大的灯板通常安装在灯架上。

LED灯板发出的是连续的光，它因此受到那些需要同时拍摄照片和视频的摄影师的强烈欢迎。LED灯板的另一个优点是工作时基本不产生热量。今天的许多LED灯板允许用户根据需要调节色温，这可以为后期处理节省大量的时间。双色RGB LED灯板不仅为我们提供了从钨丝到日光的全范围选择，还可以让我们设置光谱上的任意颜色。在购买之前，你要做一些研究，因为有些 LED灯板的颜色更准确，有些可以通过手机应用程序来控制灯光设置，而且它们的电力也各不相同，有些只适用于重点照明。虽然LED光源一般都比较小，但只要搭配反光工具，无论是自制的还是购买的，都可以很容易地变成大型光源，不过电力可能是一个需要注意的问题。

图10.2　对于那些同时拍摄照片和视频的摄影师而言，LED灯板尤为有用。随着LED灯板输出功率的增大，毫无疑问，将会有越来越多的摄影师愿意使用它

获得正确曝光

我们已经介绍了外景摄影中最常用的灯具，下面我们将继续介绍一些有助于获得最佳拍摄效果的技术。我们先来看如何确定合适的曝光。

在摄影棚内工作的摄影师通常在稳定一致的光线条件下工作，他们可以使用与之前相同的曝光设置而无须过多斟酌。然而，在外景地拍摄时，确定正确的曝光变得更加复杂。

例如，现场的光线总是在不停变化。随着外景地的变换，外景现场能够反射光线的墙体、天花板及类似表面的亮度各不相同。摄影师在摄影棚内工作时，光源与这些反光表面之间的距离取决于房间的大小。考虑到这些因素，在使用闪光灯拍摄时，我们可以通过3种基本方法来获得正确的曝光。

- 由闪光灯和相机共同完成计算。

- 使用闪光测光表测得准确曝光。
- 通过计算确定曝光。

在本书中，我们将集中讨论前两种方法，而忽略第三种。这样做出于两个原因。首先，今天的数码相机都是即拍即现的，你按下快门之后，拍摄结果便会立即显现在相机的LCD显示屏上。这可以让你在拍摄时随时察看曝光是否正确。因此，如果你在暗处拍摄，你会立刻意识到需要增加一些曝光。其次，现代相机的TTL（透过镜头）测光系统极为精确，你总能得到不至于太离谱的闪光结果。只要试拍几次，你便会很容易地获得所需的精确曝光。

如果你有兴趣了解当今闪光设备确定曝光的计算方法，可以去查阅它们的说明书。说明书通常会提供该闪光设备计算曝光量的详细信息。

由闪光灯自行决定曝光

简单地说，现代热靴闪光灯会发出极短的闪光照向被摄对象，然后它们“读取”被摄对象反射回来的光线，据此判断发出的光线是否能够产生合适的曝光。显然，这是一个极为精密的程序，几家主要的相机制造商都提供了所谓的“专用”闪光灯，专门搭配自家生产的相机使用。这种专用设备通常能够最大限度地提升相机和闪光灯协同工作的能力。我们强烈建议使用这种闪光灯，尽管它们相当昂贵。

专用闪光灯最重要的一个功能是TTL测光。除了使用简便、操作迅速，这类闪光灯而主要优势是能够对拍摄环境的光线状况进行评估。这种功能非常有用。例如，如果你在一个大型体育馆中拍摄之后，又来到办公室，闪光灯便会自动进行适当的曝光调整，以适应小房间的墙壁和天花板上反射出的光线。

使用闪光测光表

市面上有许多性能优异的闪光测光表。尽管它们在操作细节上稍有差异，但对于任何确定的现场光与闪光的组合，在保持快门速度不变的情况下，它们都能计算出合适的镜头光圈。

我们有时会使用闪光测光表，并且乐此不疲。然而，我们也不能完全依赖它。

测光表和LED灯板

因为LED灯板是持续光源，对于大多数拍摄场景，当今数码相机的内置测光表都能够提供非常准确的曝光读数。当然，在使用LED灯板照明时，可能需要与其他光源（如日光、白炽灯或荧光灯）配合使用，如果你愿意，此时也可以使用任何标准的“独立式”测光表进行测光。

获得更多光线

谈到光线，摄影师总是显示出“贪婪”的一面。我们似乎总想获得比现有光线更多的光线。在开展外景摄影时尤其如此，由于便携性和电源供应的问题，我们往往无法随身携带足够的用光设备。

当然，有时能够用来拍摄的光线绰绰有余。我们都曾经遇到过这样的情况，甚至在按下快门前就知道这种光线会产生眩光，然而这样的用光已经是我们能够得到的最佳光线。

例如，不久前，我们接到一个拍摄警察在繁忙的辖区执勤的任务。他们在夜间执行任务，一旦哪里发生事情他们便会迅速行动起来。这种情况下我们根本没有时间去思考，也没有时间将闪光灯安放到合适的位置。因为大多数事件发生在大街上，附近没有天花板或墙体来反射光线。我们能够使用的只有装在相机顶部的闪光灯。

行动开始时，我们唯一来得及做的事就是瞄准拍摄，在这种情形下再考虑现场的“光线质量”就显得有点迂腐了。此时最需要考虑的是如何获得足够的光线以便展开拍摄。

诸如此类的情形不胜枚举，几乎各种摄影类型都会碰到这种情况。但是不管情形如何变化，通常的思路都是必须获得拍摄照片所需的足够光线。

为了获得尽可能多的光线，你首先要做的事情就是运用常识：带上有可能用到的最明亮的光源。这并不意味着使用功率尽可能高的闪光灯。例如，有的闪光灯带有更为有效的反光罩，它们能在不增加重量的情况下增加光线的输出量。与其他用光技术一样，练习可以让你更容易更快速地做出正确的决定。当被摄对象处于运动状态时，这一点很重要，因为在拍摄一张新照片时，你必须在第一次拍摄时就把它拍对。

多灯或联动闪光

当今热靴闪光灯的一大优点是，它们可以组合或联动使用，产生与某些影室闪光灯一样明亮但布光要灵活得多的照明。我们可以独立使用这种联动闪光方式，也可以使用多光源设置，就像在摄影棚内使用大型灯具那样（见图10.3）。

联动的热靴闪光灯可以分别进行程序设置，通过遥控触发方式，既可以单独闪光，也可以共同闪光。一旦你花费时间学会了如何联动和控制多个闪光灯（这意味着你需要阅读说明书），你可能会诧异于当年没有它们的时候你是如何走过来的。

联动闪光灯还有另一个优势，特别是在你需要快速开展工作的情况下：它们的回电速度通常要远远快于单独的闪光灯，尤其是在降低输出功率的情况下。例如，对于某些型号的闪光灯，将两个闪光灯联动起来，其回电速度几乎是单个闪光灯的两倍。在拍摄快速移动的动态被摄对象时，回电速度的加快能够提供巨大的帮助。

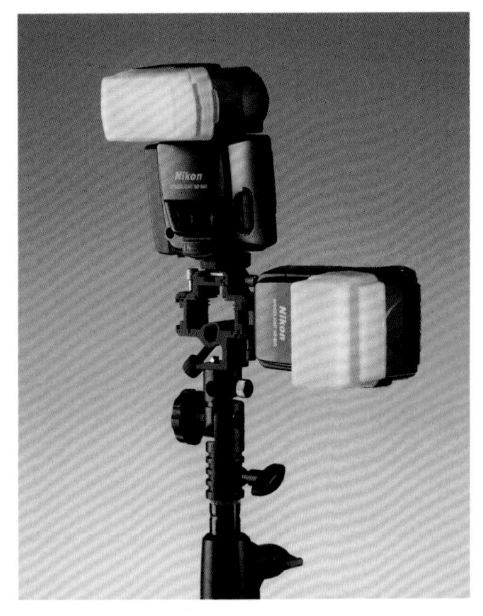

图10.3　联动闪光灯是用途多样且功率很大的光源，在遥控触发时尤其如此

电池盒

电池盒是另一种方便的工具，可以最大限度地帮助你挖掘闪光灯的性能，功率最大的电池可以获得最短的回电时间。电池盒通常可以放入口袋，由4~8节标准AA电池供电。在电池电力耗尽之前，电池盒能够大大增加闪光灯的发光次数。此外，如果降低闪光灯的输出功率并使用更高的感光度加以补偿，它们还将显著缩短闪光之后的回电时间。

与大多数相机配件一样，我们强烈建议购买专门为闪光灯设计的专用电池盒。这种电池盒比“通用”型号昂贵，然而可以肯定的是，它们能够最大限度地配合闪光灯。我的一位朋友曾购买了一个功能强大的非专用电池盒，结果第一次使用时就使闪光灯彻底熄火了。这种状况绝对不会只发生在他一个人身上。

电池盒中安装的电池也会影响闪光灯的效率，电力更强大、更持久的电池在不断出现。在写作本书的时候，我们在拍摄时更喜欢采用可反复充电的镍氢电池。然而，到本书正式出版的时候，一些令人难以置信的、性能更出色的新型电池很可能已经上市了。所以，让我们拭目以待吧。

闪光聚光镜

当闪光灯本身发出的光线不能满足拍摄需要时，闪光聚光镜能够发挥非常重要的作用。闪光聚光镜采用一片菲涅耳透镜聚焦光线，它将闪光灯发出的光线汇聚成非常强烈的光束，能够照射远处的被摄对象。体育、鸟类和其他野生动物摄影师常常利用这一附件。安装闪光聚光镜后，摄影师就有可能在暗弱的光线下拍摄，并且能够以比单独使用闪光灯时更远的距离进行拍摄。

改善光源质量

前面我们就使用热靴闪光灯时如何获取充足的光线提出了一些建议。对于这种照明方式，另一个常见的挑战是如何改善光线质量。因此我们的讨论话题将从光线的亮度转到光线的质量上来，以及应如何获取优质光源。

问题

热靴闪光灯（及其他光源）发出的光线通常有3种基本缺陷，分别为：光质过硬、照明不均、光位单一。

热靴闪光灯属于典型的小型光源，除非我们进行某种形式的柔光处理。正如你已经了解的，小型光源会产生边缘生硬的、通常缺乏魅力的硬质阴影。

当一个闪光灯不足以产生能够照亮整个外景场景的光线时，照明不均匀的问题就出现了。当摄影师被迫使用仅有的一个闪光灯拍摄时，这种情况经常发生。

单向或“扁平”的顺光照明，其成因在于闪光灯和相机靠得太近。通常，这种情况发生在将闪光灯安装在相机机顶的热靴上时。

然而幸运的是，有几种相对简单的技术有助于解决以上问题。我们将通过其中一种简单而有效的技术解决这一问题——使闪光灯远离相机。

离机闪光

为了能够用热靴闪光灯拍摄出成功的照片，这是我发出的第一个告诫：不管何时（大多数情况下都是如此）都应避免将闪光灯装在相机热靴上拍摄，因为装在相机上的闪光灯发出的硬质顺光往往无法产生令人满意的图像。

当然，在某些情况下，将闪光灯装在相机上可能是最好的选择，比如在拍摄突发新闻或在热闹的城市中街拍时。然而，对于我们的大部分拍摄工作而言，这类图像绝对达不到我们想要的标准。因此，我们发出以上告诫——“离机闪光”。

当我们使闪光灯离开相机闪光时，我们可以随意安排其位置。我们获得了真正的方位自由，可以把闪光灯放在能够产生引人注目的用光效果的位置，拍出令人满意的作品。

多年来，相机和闪光灯制造商一直在努力使富于效率、功能齐全的离机闪光摄影成为现实。好消息是他们已经相当成功。在我看来，最实用的也是最佳的离机闪光方式是，将闪光灯用高质量的同步线或无线遥控引闪器与相机连接起来。这两种连接方式的效果都非常不错，然而遗憾的是，这两种方式也都有它们的缺点。

先讲同步线。永远不要购买低质量的同步线。那些遭遇过扭曲、拉伸、缠绕和拆封的同步线会让你的拍摄半途而废，而且这种状况会在复杂的拍摄任务中屡屡发生。所以还是购买一根高质量的同步线吧，并始终将其放在包里备用。

另一件可以肯定的事情是，你通过同步线将相机和闪光灯连接到一起后，可以使用相机的TTL拍摄模式。虽然不管何时我都喜欢在手动模式下拍摄，但是当情况变得紧急时，充分运用相机和闪光灯的所有自动功能可以转危为安。所以不要心存侥幸，认真检查同步线，用它将相机和闪光灯连接起来，确保它们能够正常工作。

接下来讲无线引闪器，对我而言有两个最佳形容词描述它们——“如果”和“难以置信的”。如果你需要它们，如果你不介意多花一些钱，如果你不介意花上几小时埋头于令人绝望的说明书中，它们是令人难以置信的。

时至今日，市面上有许多不同的无线引闪器。有的相当便宜，因而功能有限，然而这种小装置已经能够提供我们所需的遥控引闪功能。此外，一些高端品牌的无线引闪器，不仅能够触发相机，还可以遥控调节闪光灯。显然，这是极为有用的功能，但你将不得不支付大量现金并且花费许多时间来学会使用这种新设备。

通过反射闪光软化光质

便携式闪光灯就其本质而言，属于小型光源，我们之前已经讲过，小型光源有一个缺点：除非光线经过某种形式的柔化，否则小型光源将产生边缘生硬、通常也是喧宾夺主的、毫无美感的阴影。我们有非常有效的方法能够解决这一问题。

一种行之有效的方法是将闪光灯发出的光线从天花板或墙壁“反射”出去，反射光（而不是闪光本身）便会成为非常有效的光源，如图10.4所示。由于天花板或墙壁像一个面积更大的光源，所以照片上的阴影就会显得更为柔和且不那么引人注目。对许多经验丰富的摄影师而言，反射闪光，尤其是从天花板上反射闪光，是他们经常使用的用光技术。原因很简单：反射闪光是一种操作方便且一般情况下效果确实不错的用光策略。它通常能够柔化出非常漂亮的光线。

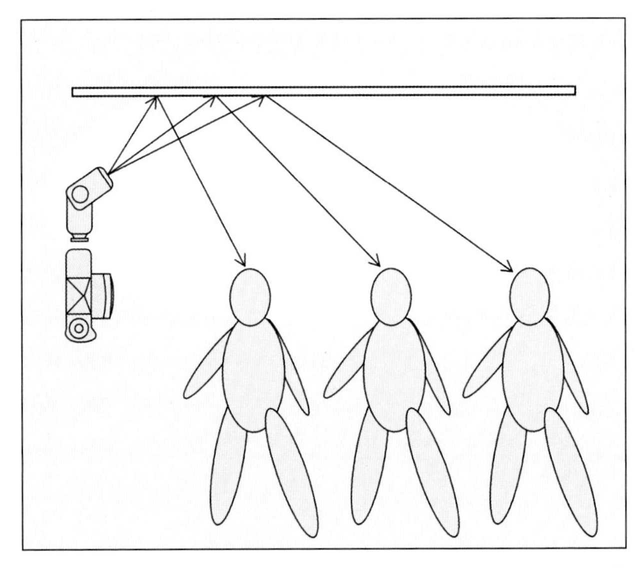

图10.4　通过天花板或墙壁反射闪光能够大大增加光源的有效面积，使阴影变得非常柔和并且照明也更加均匀

然而，这一方法并不是在所有情况下都有效。我们必须谨慎地使用反射闪光，它只有在以下情况下才能取得更好的效果。

- 在室内拍摄且房间有天花板。
- 天花板不太高。
- 天花板不是黑色的木头，也没有涂上一些令人生厌的、有可能反射回被摄对象的色彩。

物美价廉的全反射柔光罩

正如前面所提到的，在使用热靴闪光灯时，有几种能够改善热靴闪光灯光质的附件。图10.5是一个经常用到的附件，它就是可以套在闪光灯灯头上的全反射柔光罩。它的价格低、体积小巧、便于携带。

全反射柔光罩能够生成照亮整个房间的柔和的环绕光，这种光线所产生的是软质阴影。柔光罩使用得当的话，能获得非常出色的拍摄效果。

全反射柔光罩的用法很简单。你只要把它卡到闪光灯灯头上，并使灯头朝上成75° 角照向天花板即可。此外，如果你想稍稍提升其表现效果，可以在全反射柔光罩上加用彩色滤光片。

虽然使用全反射柔光罩通常会令你的照片看起来更好，但它确实也有一些缺点。首先，在室外使用全反射柔光罩，几乎不会产生任何效果。很显然，这是因为在室外很少有适合的表面来反射闪光。其次，效率问题。所有的柔光设备，不管哪一种，都会吸收部分光线。此外，当闪光灯发出的光线从某个物体表面反射至被摄对象时，其行程必然变得更远。不过，幸运的是我们发现这个问题算不上多严重。在大多数情况下，我们发现补偿2挡或3挡曝光便能获得令人满意的结果。然而，安全起见，在使用任何类型的柔光设备之前，都应该进行一些试拍。

图10.5 全反射柔光罩的携带、安装和使用都十分便捷，加之经久耐用，已经成为许多经验丰富的摄影师的最爱

“熊猫眼”

还要注意“熊猫眼”问题！如果我们用来反射闪光的天花板特别高，或者被摄对象过于靠近相机，或者没有在闪光灯上面安装全反射柔光罩或其他柔光附件，那么反射光可能会在被摄对象的眼窝处留下醒目的深暗色阴影（见图10.6）。

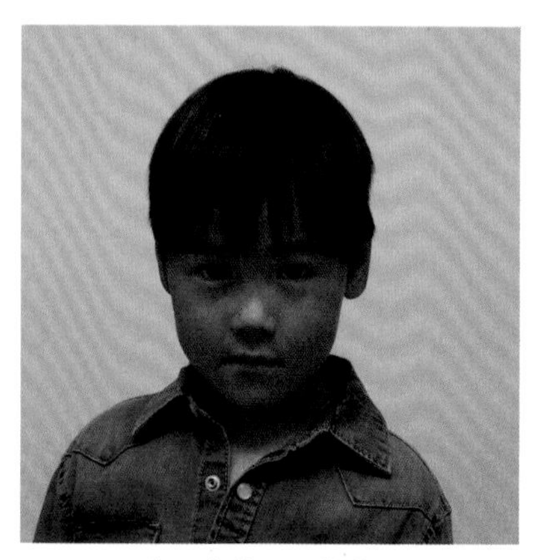

图10.6 在没有使用反射补光板的情况下，从天花板反射下来的闪光会在被摄对象的眼窝处形成难看的阴影

许多摄影师通过使用小型反光板将这一缺陷的影响降至最低，如图10.7所示。这有助于防止在被摄对象的眼窝处形成过于黑暗且边缘生硬的阴影。

我们通常会用橡皮筋或电工胶带将反光板固定在闪光灯上。此外，一些新型的热靴闪光灯带有内置式反光板。这是极为有用的功能，因为当你想用反光板的时候，它们随时待命。

反光板将部分闪光直接反射到被摄对象的面部，其余光线则通过天花板反射下来。这两种光线的组合能够帮助你拍出照明更加均匀的照片。图10.8展示了使用反光板之后发生的变化。

另外需要注意的是，如果你发现自己不得不用闪光灯拍摄，然而手头却没有反光板，请不要绝望，有一个简单但能够完全令人满意的解决办法。你只需将你的手放在本应放置反光板的位置，它便可以直接反射部分闪光。你会惊异于这种简单的方法竟然也能获得非常不错的结果。

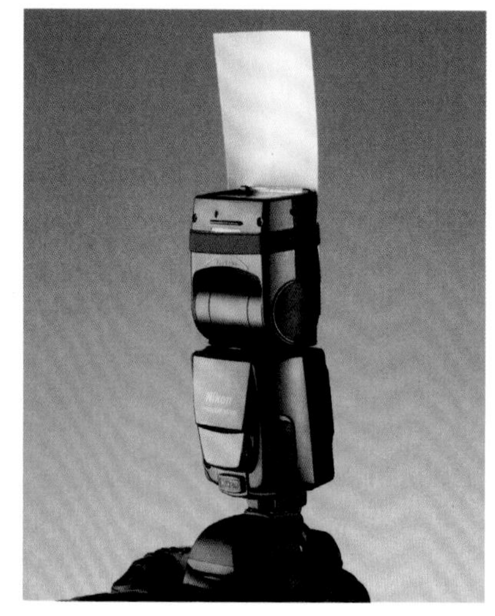

图10.7 一块安装在闪光灯上的小型反光板，有助于减少天花板反射导致的阴影

图10.8　看看反光板是如何减少被摄对象面部难看的阴影的

羽化光线

羽化光线，这一术语的意思是指让光源的部分光束照亮前景，其余光线照亮背景或环境。图10.9展示了一种常用的羽化光线的设置方法。

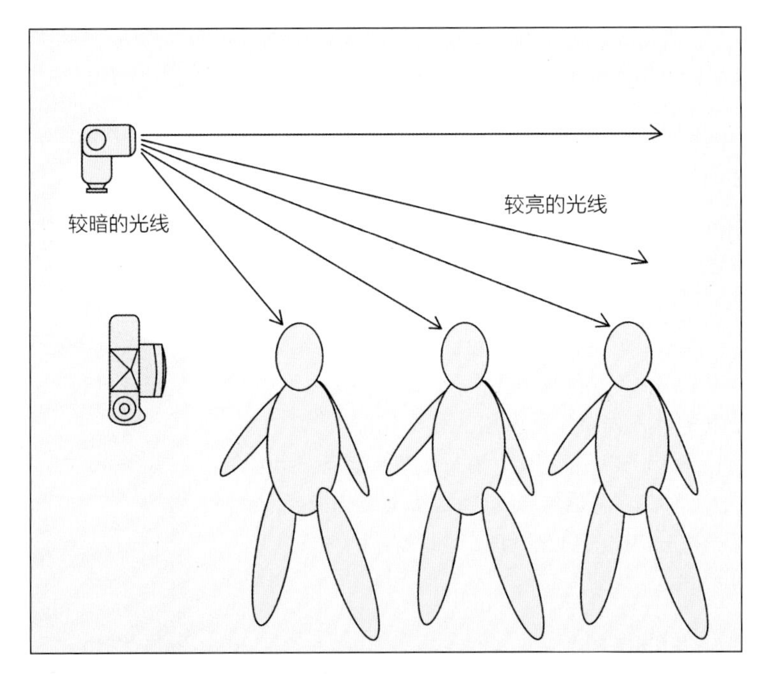

图10.9　羽化闪光灯光线。这项技术能否成功运用，在相当程度上取决于闪光灯的反光罩结构

然而，在我们继续之前，有一点需要注意。羽化效果的好坏或是否能够羽化，很大程度上取决于闪光灯的反光罩结构。例如，一些重型便携式闪光灯采用大口径的圆形反光罩，这种结构通常会向四周而不仅仅是被摄对象散射大量光线，因此其羽化效果总是非常出色。

而热靴闪光灯的小型灯管周围被高效的聚焦式反光罩围绕着，这使得绝大部分光线都直接照向被摄对象，几乎没有光线浪费在其他方向。这种类型的闪光灯不适合用来羽化光线。

好在我们现在有许多可用于热靴闪光灯的用光附件。在使用这些用光附件时，其中有些能够彻底改变闪光灯的光线照射方式。

所有这一切意味着，判断自己的闪光灯能否进行羽化的唯一方法就是，不断用手头的各种闪光灯附件进行尝试，看看使用附件与不使用附件的效果有何不同。如果幸运的话，你也许会发现一种用来羽化闪光的方法。记住前面的提醒，现在让我们来看看羽化光源中到底包含了什么。

请回头看图10.9，注意最强烈的光线是从闪光灯灯头的中心发出的。如果把闪光灯调到适当的角度，中心光线会照到场景的后方。

反光罩边缘溢出的光线非常暗淡，它们照亮了靠近相机的被摄对象。只要稍加练习，就能很容易地掌握通过调整闪光灯角度来实现所期望的羽化效果的方法。

消灭阴影

从图10.9中我们发现还存在着另一个问题。你会注意到图中的闪光灯被尽可能地抬高了，这样做是为了尽量使被摄对象投射的阴影不至于太引人注目。闪光灯的位置越高，投射的阴影就越低。因此，如果被摄对象靠墙很近，闪光灯就应该举高一些，这样阴影才会投射到相机看不到的地方。

我们将闪光灯放在两个不同位置拍摄了图10.10与图10.11。在图10.10中，闪光灯的位置较低，大约与相机齐平，且偏离中心位置。请注意，这种用光在墙上产生了十分明显的分散观看者注意力的阴影。

图10.10　闪光灯过低导致小女孩身后的墙上出现了分散观看者注意力的阴影

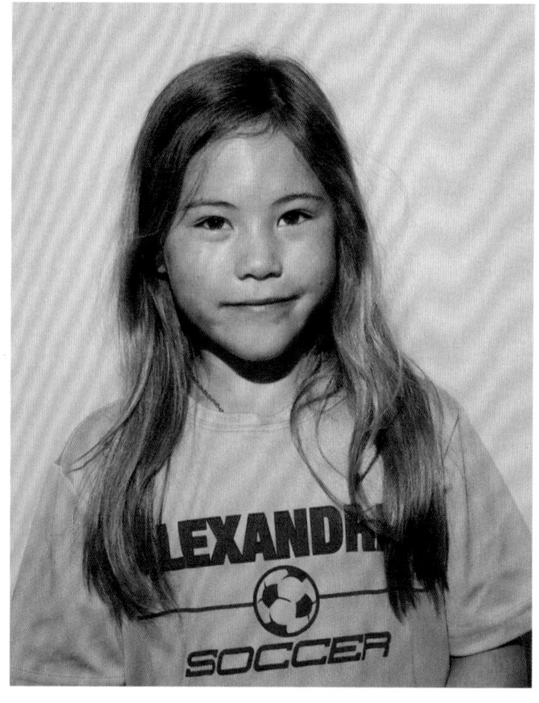

图10.11　闪光灯的位置较高，前一张照片中的阴影消失不见了

再来看图10.11。我们将闪光灯放在中间且高于相机的位置拍摄了这张照片，注意看这一位置是如何使阴影消失的。

不同色彩的光源

在摄影棚中，摄影师会小心地控制光源的色温，所有光源通常都具有相同的色彩平衡。加入有彩色滤光片的光源或其他类型的光源都是摄影师有意为之，目的是改变光源的色彩，而不是一时兴起或意外所致。

在外景摄影中，摄影师往往无法细致地控制光源色温，通常情况下，场景中的现场光与任何标准的摄影色彩平衡都不匹配。此外，现场光通常也无法去除。

即使在室内拍摄可以关闭现场光源，有时摄影师为了获得足以照亮大片区域的光线，还是不得不打开光源。无论出于什么原因，如果摄影师无法预见可能出现的问题并采取相应措施，这种不标准的色彩都可能带来无法预知的后果。

光源的色彩为什么重要

用不同色彩的光源拍摄彩色照片可能会导致严重的后果。当我们观察一个拍摄场景时，大脑会自动补偿光源色彩的极端差异，并将大多数场景解读为处于“白色”光源的照射之下。当然，也有例外。

例如，如果黄昏时你在室外，你的视觉已经适应了昏暗的日光，你可能会看到远处房屋的灯光是橙色的，这是灯光的本来色彩。但是如果你停在屋前，接着走进室内，大脑会立刻进行调整，你会看到白色的光。为了弄明白这其中的原因，我们先来看看两种标准的光色——钨丝灯光和日光。

钨丝灯光

钨丝灯光用于由钨丝灯泡照亮的场景。钨丝灯的光线通常是偏橙色的。当相机的白平衡设置为钨丝灯时，相机的白平衡“大脑”会抵消这种橙色的偏色。此时在钨丝灯光源下拍摄，所拍摄照片的色彩会接近自然的画面色彩。但是如果我们使用钨丝灯白平衡拍摄日光照明的场景，照片将会出现偏色现象。整个画面看上去就不再是“标准”的色彩了，会明显偏蓝色。

准确地说，家用钨丝灯绝对不可能产生与摄影用标准钨丝灯一样的光色。新买的家用钨丝灯更偏琥珀色，随着灯泡的老化会渐渐偏橙色。（摄影师与戏剧制作人使用的石英卤素灯具有精确的钨丝灯光色，并且灯泡在整个寿命期能够一直保持色彩的稳定。）

LED灯泡也能提供钨丝灯的光色，但提供的并不总是真正的钨丝灯光色。

日光

在由日光照亮的场景中，将相机设为日光白平衡模式能够获得标准的色彩。显而易见，太阳光在不同的气候条件、不同的地点和不同的时间段，其色彩都是不同的。（最初的“标准日光”是指一年中的特定日期、某一天中的特定时间、英国某地晴空万里时的太阳光。）

这种光线具有丰富的蓝色，这也是为何晴朗的天空总是呈蓝色。日光白平衡模式会补偿这种蓝色，在正午的阳光下或使用闪光灯时实现最精确的色彩还原。可以想象，如果在钨丝灯光源下使用日光白平衡模式拍摄，照片将偏橙色。

非标准光源

摄影师将日光与两种色彩略有差别的钨丝灯光作为标准光源。所有其他光源对摄影师而言都是非标准的。遗憾的是，“非标准”并不等于“不寻常”或“罕见”，非标准光源其实相当常见。我们将使用部分非标准光源作为案例。这里虽不能列出所有的非标准光源，但它们显示出的问题足以令你对外景拍摄任务中的潜在问题保持警觉。

特别是在很多现代办公环境中，频繁出现的混合光照明可能会引发严重问题。现如今的数码相机能够校正几乎所有非标准光源的色彩，而且能够校正所有均匀混合的光源色彩。对摄影师而言，困难来自不均匀的混合光源——部分场景被某种光源照亮，而其他区域却被不同色彩的光源照亮。

这种情况过于复杂，相机无法处理此类问题。我们必须比相机考虑得更多，才能解决这些问题。为了达到这一目的，我们必须熟悉这些非标准光源。因此，我们将列出一些常见的非标准光源。

荧光灯是摄影师最常遇见的非标准光源。荧光灯的光线是摄影师面对的一个特殊难题。它不仅是一种非标准光源，还具有多种不同色彩。荧光灯灯管的使用程度也会影响它的色彩。

不仅如此，荧光灯灯管坏了之后，人们通常会更换成其他类型的新灯管。若干年后，一个大房间里可能会有好几种不同类型的荧光灯。不幸的是，针对某一特定类型荧光灯设置的最佳白平衡对于其他荧光灯而言，效果可能会相当糟糕。

一般而言，荧光灯的光线通常偏绿色到黄色。不过在有些情况下，它们是日光型的。当相机设置为钨丝灯白平衡或日光白平衡时，荧光灯多样的色彩变化会产生某些令人极为不快的非标准色彩。尤其是在未经校正的荧光灯光线下拍摄人像，效果会很糟糕。

非标准的钨丝灯比两种标准色温的摄影钨丝灯更为常见。普通钨丝灯比摄影钨丝灯明显更偏琥珀色，而且随着灯泡寿命的衰减，会越发明显。当色彩的准确还原至关重要时，对这种色彩的差异不可掉以轻心。

大多数人对非标准的日光都已习以为常。众所周知，阳光在黎明和黄昏时是偏暖色的。使大多数人感到惊讶的是，即使是晴天的正午，日光的色彩也有可能非常不标准。

当我们使用“日光”这一术语时，所指的是直射阳光与周围天空光的混合光。

另外，树叶也会造成非标准日光。接受不到阳光直射的被摄对象仍会被广阔的天空照亮。这一问题是由绿叶过滤的光线及被摄对象反射的日光共同导致的。在某些极端情况下，日光下拍摄的照片看上去更像是在荧光灯下拍摄的。

再一次强调，在许多情况下，色彩偏差可能并不那么重要。但我们必须考虑每个场景中获得精确色彩的重要程度，进而决定是否需要对色彩进行校正。

发光二极管或LED灯，在日常生活中已经不再新鲜。它们在家庭照明和商业照明中越来越受欢迎。遗憾的是，对于那些必须在LED照明环境下拍摄的摄影师而言，有些LED灯光的色温差别相当大。至少就目前而言，这意味着试拍是唯一可行的途径。

拍摄测试图片，如果它们看起来过于偏暖色，可尝试在LED灯前蒙上一块蓝色滤光片。如果相反，照片看上去过于偏冷色，可尝试蒙一块橙色滤光片。这种方法看似简单，但大多时候可以帮助我们获得一张不错的照片。

有几家公司正在生产可调节色温的LED灯板。可能还有一些更好的方法，因此你仍然需要进行一些测试。

混合色彩光源与非混合色彩光源

在不同色彩的光源下拍摄时，我们会遇到两种基本情况。第一种我们称之为混合色彩光源，第二种我们称之为非混合色彩光源。你很快就会看到，混合色彩光源和非混合色彩光源带来了不同的技术挑战，我们必须以不同的方式加以解决。

“混合色彩光源”，顾名思义，是由不同色彩的光源混合或融合而成的，其色彩平衡特性不同于任何一种单一光源。

图10.12展示了不同光源是如何混合的。荧光灯提供现场光照明。

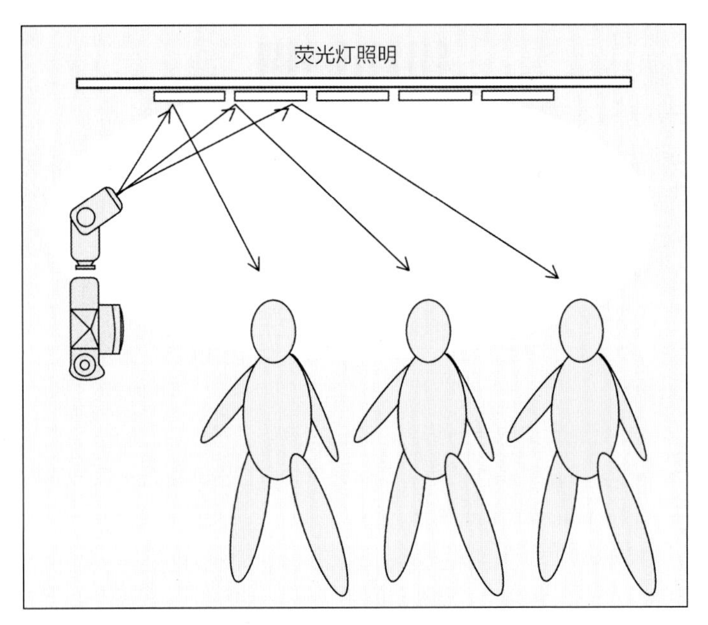

图10.12 闪光灯和荧光灯混合产生了较为均匀的照明

闪光灯的光线从天花板反射下来。反射下来的光线和荧光灯共同照亮了拍摄场景，闪光灯发出的光线与荧光灯发出的光线混合，使整个场景受到相当均匀的、不同色彩平衡的照明，而这是单独使用闪光灯或荧光灯做不到的。

非混合色彩光源的用光如图10.13所示。场景不变，但是现在闪光灯光线直接照向被摄对象而不是天花板。这是一个常见的场景，即场景同时被两种不同的光源分别照亮。

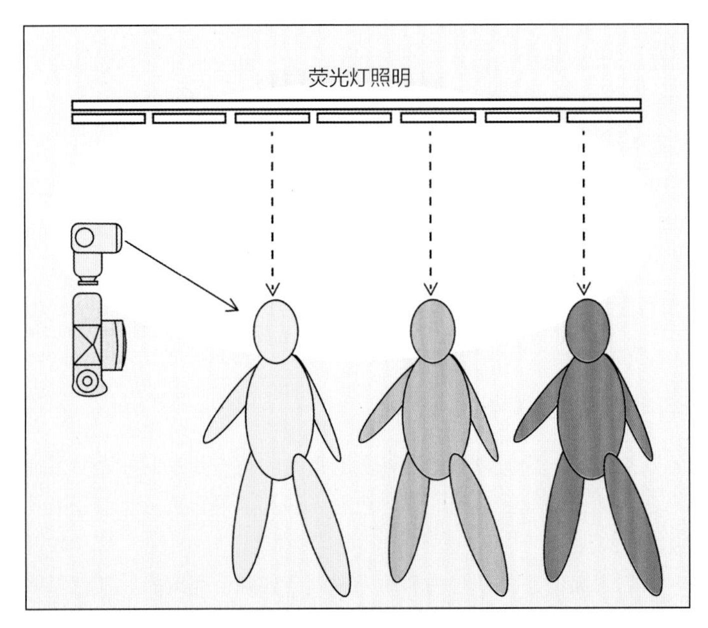

图10.13 闪光灯按图示位置摆放，将导致场景中的不同部分被色彩全然不同的光源所照射。在彩色摄影中，这将引发某些问题

注意图中大部分场景由头顶的荧光灯提供照明，但前景的被摄对象及四周是由闪光灯照亮的。结果就是照片中出现了两个色彩明显不同的区域。

前景的被摄对象及其周围被闪光灯发出的相对偏蓝色的“日光”所照亮，其余场景则接收了来自头顶的黄绿色荧光灯光线。而问题在于相机只能够平衡一种光源的色彩。

有时，非混合光源会不期而至。在图10.14中，被摄对象后方的墙距离闪光灯并不比距离被摄对象远多少。我们可能会期望在照片中闪光灯光线会与环境光线很好地融合到一起。

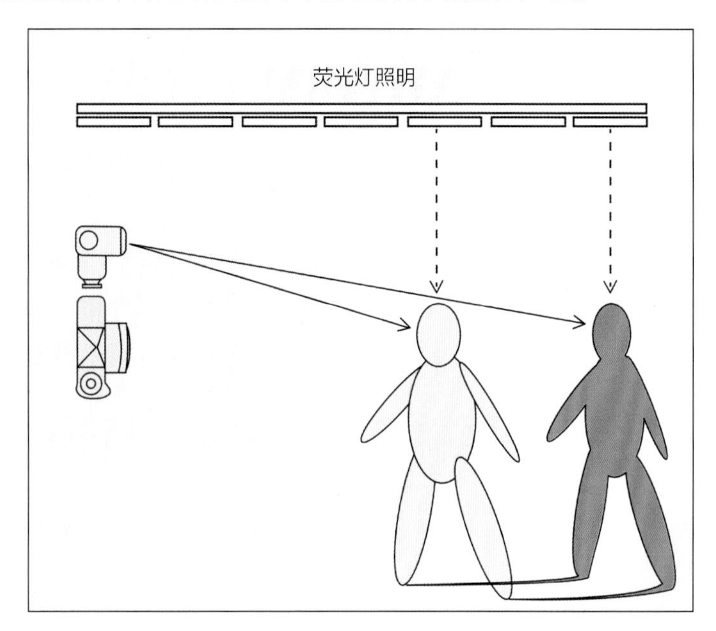

图10.14 荧光灯照亮了闪光灯在墙上投下的阴影，阴影在彩色照片中看上去会偏黄绿色

然而请注意，闪光灯和荧光灯的光线来自不同方向。闪光灯会在墙上投下阴影，但荧光灯却能照亮阴影，并使之呈现出令人厌烦的黄绿色。

校正偏色

我们已经讨论过，混合光源和非混合光源的用光情形较为常见，因此学会如何应对它们至关重要。我们用来校正这两者的方法稍有不同。

校正混合光源

混合光源的校正相对容易一些，因为混合光源造成的不当用光在整个场景中是统一的。换句话说，整个场景是由具有相同色彩平衡的光线照亮的。整张照片的色彩平衡出了问题，但是场景中的所有部分都以同样的方式出现错误。

拍摄中的校正。这种一致的偏色使色彩校正变得简单，我们可通过相机进行。如果这种方法不行，可在闪光灯前加用色彩校正滤光片，使照片略带一点儿暖色调或冷色调也是一种校正方法。最终会获得一张色彩平衡正确的照片，场景中的色彩会得到标准或真实的还原。

拍摄后的校正。因为混合光源所导致的色彩平衡问题在画面中是统一的，我们在后期处理时进行各种色彩调整就相对简单一些。如果你在拍摄时没有进行适当的色彩校正，后期调整会提供一个有用的安全界限。

后期调整色彩平衡可能不如拍摄时就进行调整的效果好。但如果不把它们放到一起进行比较，即使经验丰富的观看者也难以辨别两者的区别。

然而，有一点需要注意。应留意那些包含光源或有镜面反射光源的场景，无论光源色彩如何，这些极度明亮的区域在照片中都会被记录为白色的高光。这些高光区域可能会呈现出你用来校正场景中其他区域的颜色。

你可以解决这一问题，但要做到这一点，需要的不仅是大多数人都知道的在图像处理软件中进行简单的色彩调整，而且在本书中讨论色彩调整的话题，也与摄影用光的主旨相去甚远。

更糟糕的是，只有一流的印厂才具备专门的印前部门来处理色彩调整事宜。为了确保色彩正常，你最好在拍摄时进行色彩调整或重新安排构图，以使照片不会出现令人头疼的高光。

校正非混合光源

白平衡调整无法校正非混合光源导致的偏色，因为适用于一个区域的色彩校正并不适用于另一区域。在两者之间进行折中只适用于空无一物的场景。

当然，你也可以在图像处理软件中尝试校正局部画面的色彩平衡，比如这里加点儿蓝色，那里加点儿黄色，不过这相当无聊，最好不要这样干。

处理非混合色彩光源的最佳方法就是为光源加彩色滤光片，使光源色彩尽可能接近从而相互匹配。加彩色滤光片的目的是使所有光源变成同一色彩，但不一定是准确的色彩。然后由相机来调整整个场景的偏色。

因此，如果我们面对如图10.13或图10.14所示的情况，我们可以在闪光灯前蒙上浅绿色的色彩校正滤光片，以大致匹配现场的荧光灯光源。（许多用于闪光灯的色彩校正滤光片套件中都包含这种颜色的滤光片。）

这种滤光片可为闪光灯增加足够的绿色，能够产生大致匹配许多家用荧光灯的光色。如此一来，整个场景就由大致相同的光线照亮。相机能够获得近乎准确的色彩还原，这可以尽可能减少后期的色彩调整工作。

更令人轻松的是，我们可以对照片的色彩进行整体调整，而无须对照片中的个别景物单独进行润饰。

加彩色滤光片是我们建议的解决方案，在大多数情况下非常有用，但并非总是奏效。特定的滤光效果会随场景的变化而变化。到底应该使用何种滤光片？唯一真正令人满意的方法就是尝试，在不停地试错中找到正确的路径。

过滤日光

窗光也是一种光源，它们也可以像其他光源一样进行过滤。电影摄影师和摄像师就经常使用这种方法，但图片摄影师通常会忽视这种可能性。

思考如何拍摄这样一个场景：在一个由钨丝摄影灯照亮的房间内，日光从窗户或打开的门照射进来。一个快速的解决办法就是在钨丝摄影灯前蒙上一块蓝色滤光片，使之与日光匹配，然后将相机设置为日光白平衡进行拍摄。然而，人造光往往要比太阳光弱一些，所以我们通常不会考虑会使光线变暗的方法，更不用说还有一些光线会被滤光片吸收了。

更理想的办法是，在窗户外侧蒙上一层橙色的滤光片，然后将相机设置为钨丝灯白平衡进行拍摄。这种方法可以得到相同的光色平衡，且可以更好地平衡两种光源的亮度。

后期校正

对于非混合光源，后期校正是最糟糕的解决方案，只有在万不得已的情况下才会使用。单独的色彩校正不可能适用于整个场景。当你学会使用图像处理软件时，局部校正会变得很有趣，但这会耗费你更多的时间和金钱。

不同时长的光源

摄影师经常将摄影专用光源与现有光源混合使用，这样就可以让其中一个作为主光源而另一个作为辅助光源。如果两个光源均为持续发光光源，那测量两者的相对亮度比较容易。例如，这两种光源分别是日光和钨丝灯，我们便可以很容易地测出它们的亮度。

然而，如果摄影光源为闪光灯而不是钨丝灯，比较它与日光的亮度就变得比较困难了。日光是一直“开”着的，但闪光灯的发光时间只有几分之一秒。我们无法看到它们之间的亮度关系。

图10.15所示为常见的户外拍摄情形，在这种情况下闪光灯是很有用的。当我们安排好被摄对象的位置时，发现她们处于逆光位置。因此，正常曝光的结果是照片显得过于黑暗了。

在这种情况下，我们有两种校正方法。一种是充分增加曝光，这种曝光校正法可以提亮被摄对象，但同时透过树叶的日光导致严重的眩光。另一种方法就是用闪光灯对阴影区域进行补光，用光效果如图10.16所示。

图10.15 由于构图需要，被摄对象处于逆光位置。当正常曝光时，拍摄出来的照片显得过暗

图10.16 使用闪光灯使被摄对象和背景都得到了合适的曝光

填充式闪光确实使我们获得了理想的结果，背景和被摄对象的曝光都非常合适。既然在这种情况下使用辅助闪光灯确实是个好主意，那么接下来的问题就是如何计算合适的曝光量。

我们如何计算场景中的环境光与闪光灯的输出光量以获得合适的曝光呢？回答这一问题必须记住以下两点。

- 在这种情况下，闪光灯的曝光几乎完全由光圈决定。这是因为闪光时间极为短暂，不会受快门速度的显著影响。
- 另一方面，环境光线的曝光几乎总是由快门速度决定的。

实际上，这意味着，如果你正在拍摄一张某位名人匆匆冲向他的豪华汽车的照片，你肯定会让相机来决定这一场景中闪光灯与环境光之间的平衡。

但如果你正在为一家大型杂志拍摄一个房间内景的照片，则需要小心谨慎地平衡环境光与人造光。具体操作时，你会降低快门速度以获得更多环境光，反之，你也可提升快门速度以减少环境光曝光。

如果改变快门速度会使照片显得过亮或过暗，你可以进一步调整光圈进行补偿，以获得你想要的平衡。

其他处理方法

另一种处理逆光的方法是，使用各种类型的反光板。便携式反光板随处可见，有白色反光板、银色反光板、金色反光板几种。图10.17展示了拍摄人像照片时我们是如何将反光板设置为主光源的，图10.18为这种设置的拍摄结果。为了拍摄这张照片，我们使用了一块白色反光板，将日光反射到被摄对象的脸上，而日光同时也是发型光。你也可以尝试使用一块银色反光板来达到这个目的。我们经常携带一块一面为聚酯薄膜的白色泡沫板，它可以很容易地来回翻转，方便我们看哪一面更合适。当然，市面上有很多这样的反光板，只不过价格要高得多。

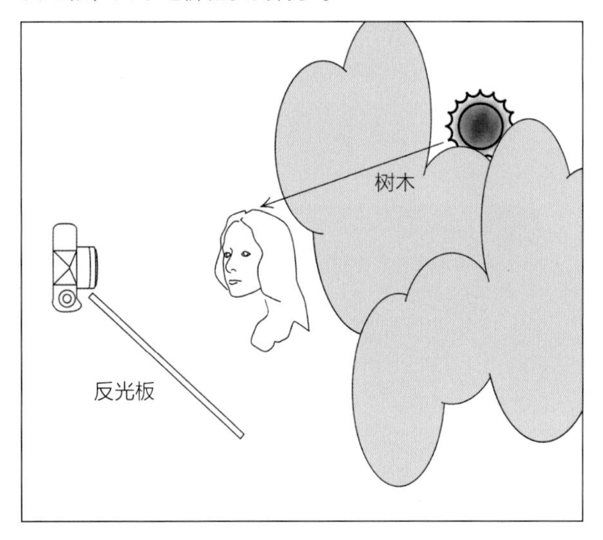

图10.17 使用反光板的方法

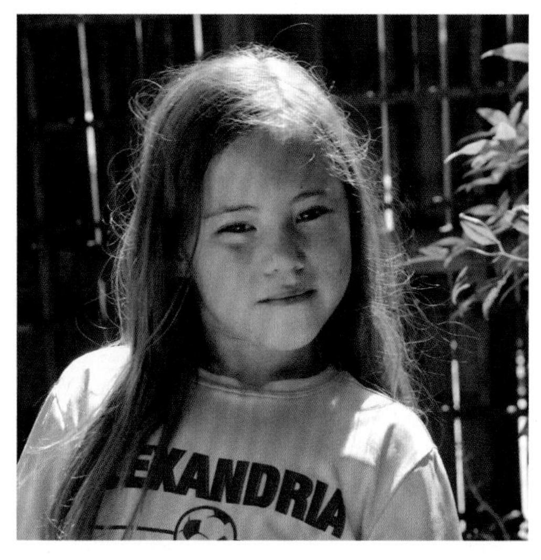

图10.18 一块白色反光板位于被摄对象的前下方，为被摄对象提供了照亮面部所需的光线

正如我们之前所说的，户外拍摄有其困难之处，其中最大的困难是我们难以找到用来拍摄的“正确”光源，在阳光灿烂的日子尤其如此。使被摄对象直接处于阳光下往往会让照片产生令人厌恶的硬质阴影。这种刺眼的非漫射光已经成为毁坏许多户外人像照片和其他照片的罪魁祸首。

所幸有一个办法可以解决这个问题。这种方法的基本原理就是让被摄对象处于树木、建筑或墙壁的阴影中，然后用反光板将周围环境中的光线反射到他们身上。我们运用这一方法拍摄了图10.19和图10.20。

图10.19 附近建筑物的阴影和反射的环境光为这张街头人像照片提供了柔和的漫射光

图10.20 与图10.19相似，但这次我们用树荫挡住照向被摄对象的直射阳光

附近一幢建筑物的阴影，为这个古巴街头的小男孩提供了所需的光线条件。灿烂的热带阳光避开了小男孩，照射在人行道周围的大部分区域。一些环境中的反射光为柔和的漫射光，作为辅助光为这张街头人像照片的拍摄提供了照明。

我们用同样的柔和漫射光拍摄了图10.20这张柔和的人像照片。这一次恰好有一棵树挡住了直射在被摄对象身上的阳光，明亮的阳光照耀在她的周围，反射到她身上的光照亮了她。如果你的模特直接站在树下，你可能会觉得颜色太绿了。数码相机有一些设置，可以让颜色变暖。你需要在你自己的相机上进行测试。

当不平衡光色成为加分项

到目前为止，我们一直将不平衡的光色看作一个令人困扰的问题，但其实并不总是如此！有时不平衡的光色反而能成就一张照片，如图10.21和图10.22所示。

换句话说，有时不平衡的光色能赋予照片特别的意境，使其引人注目。图10.21就是一个例子，其独特的视觉感受很大程度上是因为我们在拍摄时使用了色彩不平衡的光线。

图10.21是在城市街角拍摄的，这里的光线包含了大量不同色彩的混合光。这种混合光照明的结果是，被摄对象的肤色看上去就像你在复古的“黑色电影”里看到的那样。

显然，这不是那种适合用作《体育画报》泳装特辑封面的照片风格。话虽如此，但这种用光正是我们所需要的，可以创造出粗犷、棱角分明的“黑色电影”风格。

图10.21　为了获得“黑色电影”般的视觉效果，我们利用拍摄现场的混合光作为光源。在后期制作时，我们又对图像进行了精心处理，直到取得令人满意的结果

现在来看图10.22，我们看到了一个更为复杂的、使用混合光照明的“正面”案例。在这张人像照片中，被摄对象在录音棚内，被3盏灯具和环境光照亮。

主光源是一个小而明亮的柔光箱，我们将它放在被摄对象前面约1米远的地方。接着，我们将一个装有蜂巢的聚光灯放到相机的右侧。最后，我们把背景灯（同样装有蜂巢）放在被摄对象的身后，用来在他的身后产生明亮的光点。

图10.22　我们将3个便携式闪光灯与录音棚内的环境光结合拍摄了这张照片

这张照片是手持相机拍摄的。由于被摄对象靠近主光源（也是最强烈的光源），所以他的影像相对清晰。同时，照片的背景较暗，并且稍显模糊，这是因为：

- 相机快门在我们设置的1/4秒曝光时间中保持打开状态；
- 拍摄时手有点儿抖（而这正是我们想要的）；
- 录音棚内的环境光相当明亮。

其他装备

正如我们之前提到的，外景摄影充满了挑战，其中最重要的是决定你需要什么装备。显然，这个看似简单的问题并没有什么“标准答案”。对于打算花费两周时间到北极地区抓拍北极熊（事实上我确实这么干过）的短途旅行而言，“必备”器材的选择要比仅花费一天时间去拍摄狂欢节或海滩上的人们困难得多。

然而，尽管有些外景拍摄具有挑战性，而有些拍摄比较简单，但还是有一些基本的用光注意事项已经成为常识。因此，一些类型的装备，如柔光板、滤光镜（片）、反光板及灯架等，已经被证明在任何外景拍摄中都是不可或缺的。

例如，当我们在拍摄办公室和工厂等“内景”时，我们经常会用到许多与在摄影棚内拍摄时相同的装备。除此之外，我们还经常随身携带以下装备：

- 备用电源、用于电脑和灯具的同步线；
- 额外的无线控制系统；
- 覆盖在窗户上用来改变现场光色彩的滤光片；

- 用于各种装备的备用电池；
- 用来将支撑物体夹住当作门或桌面的夹子；
- 电工胶带（有很多品牌，要用好的），但无论如何不要用（用于维修或堵住管道漏洞的）强力胶布；
- 装照片和电脑的大型旅行箱；
- 高质量的重型延长线；
- 基本工具套件；
- “警告”带之类的安全标志和延长线保护罩；
- 小型急救包；
- 小型人字梯；
- 可折叠手推车。

当我们在外景地拍摄的时候，事情可能会（通常确实会）变得更加复杂。除了上面列出的物品，你可能还需要以下装备：

- 安装在手机或笔记本电脑里的天气软件；
- 电话，如有需要还可配备卫星电话；
- “户外”使用的滤光镜，如偏振镜、中灰镜和彩色滤镜；
- 能支撑栅栏桩、树枝、电线杆、标牌等“户外”物体的夹具；
- 手电筒；
- 结实的线或绳子；
- “莱瑟曼”（Leatherman）工具或其他组合工具；
- 坚固的急救包；
- 驱虫剂和防晒霜；
- 预防恶劣天气的装备（根据气候而定）；
- 塑料垃圾袋和用来保护各种装备的防水布；
- 折叠椅；
- 太阳伞；
- 帐篷或其他庇护所（如果外景地的条件允许的话）；
- 水和零食，热的还是凉的视情况而定；
- 冷却器（和用于冷却的冰块）；
- 带锁的高质量包装/装运箱；
- 舒适的高品质鞋子。

即使现在我们有了更小的灯具，也不要小看专业摄影助理的作用。他们可以让摄影师的工作变得更轻松。他们承担了艰苦的工作和大部分准备工作。他们了解设备，知道如何安全地连接电缆。他们让摄影师可以自由地与艺术指导交谈，专注于细节，发挥创意。而且，如果你像我一样经常拍摄合照，摄影助理还能帮助你指出某人在拍摄时眨了眼或是没有站在我安排的地方。他们还会盯着灯具，确保一切正常。刚开始的时候，我不知道有专业的摄影助理。我自己做了所有打包、拆包、设置、拍摄、重新打包和拆包的工作，这让我精疲力竭。一个好的专业摄影助理是很值得你花钱的。我发现找到优秀的摄影助理最好的方法就是与其他摄影师交谈。

如果你的工作需要去往异地，你也可以研究一下当地提供相机租赁服务的商店。虽然使用你熟悉的设备总是更容易，但提前知道哪里可以租到设备也是一个好主意。我们曾经历过，去国外拍摄，但所有的设备并未按照计划送达，但因为做过调研，所以我们很快租到了需要的设备，按时完成了工作。虽然在漫长的职业生涯中，这种情况只发生过一次，但有备无患总是好的。

Macintosh HD
ONE SHOT
327
F11
5500
200
Canon

第11章 11

建立第一个摄影棚

恭喜你来到本书的最后一章，这说明你已经凭借着孜孜以求的学习精神，刻苦钻研了大量有关光线特性和用光表现的知识。我们真诚地希望这些知识能够帮助你拍出理想的照片，同样重要的是，你能够享受拍摄的乐趣。

现在，让我们来看看本章的关键内容。与前面各章有所不同，有关光线的科学知识、光线的特性不是本章探讨的重点；相反，本章更注重一些实践问题。具体而言，本章涵盖了建立一个基本的、功能齐全的摄影棚所涉及的一些关键考虑因素。

当然，建立摄影棚的方式有很多种。根据个人喜好和经济状况，你可以建立初具功能的小型摄影棚，也可以建立设施先进的大型摄影棚。为了讲得清晰明了，也考虑到大家的财务状况，本章介绍的是较为基础的摄影棚配置。也就是说，我们的建议针对中小规模的摄影棚，这种摄影棚能够满足中小型产品、静物及3/4人像的拍摄。

图11.1　这样一个规模不大但设备齐全的摄影棚，对于完成大多数中小型拍摄对象的拍摄任务来说绰绰有余

灯具：首要问题

应该购买什么类型的摄影灯？当你开始考虑建立自己的摄影棚时，这是你问自己的第一个问题。当然，你的回答很大程度上取决于你想从事的摄影类型。

我们不妨以玛丽莲（Marilyn）为例。玛丽莲是一位极具才华的摄影师，她醉心于拍摄五彩缤纷的水果和蔬菜的静物照片，仅仅用经过精心安排的西红柿、草莓或其他沙拉原料，就拍摄出了华丽的照片。

同样令人惊叹的是，她的摄影棚非常简单。玛丽莲在她狭小的厨房储藏室的一张小桌子上完成了她的创作，所有的用光“设置”不过是一扇阳光普照的窗户和几盏老式的鹅颈台灯。

她的用光附件包括几块用泡沫板制成的反光板和遮光板、两块由旧浴帘制成的柔光罩，以及一小套彩色滤光片。这些附件固定在她用衣架、木销、胶带、橡皮筋、长尾夹等拼凑起来的“架子”上，被安放在灯具前。

可能你无论如何也想象不到这种设置构成了被称为“专业”摄影棚。然而，事实就是这样，一位有天赋的摄影师在这样的“摄影棚”里，使用最少的装备，一次又一次地拍摄出真正精彩的照片。我讲这个故事的目的是表明一个简单却重要的观点：规划摄影棚的最佳办法就是像玛丽莲这样，问自己一个简单的问题，“我想拍什么类型的照片？”

据玛丽莲说，她确实很幸运，幸运的是她在职业生涯之初就确定了摄影方向。她在还是一名艺术专业的学生时，就已经受到大师们创作的静物画的熏陶。正如她所说，她被这些作品“震惊”了。从那时起，她就知道自己想要拍什么样的照片了。

你呢？你想在摄影棚里拍摄什么样的照片？例如，你最感兴趣的是开展人像摄影业务吗？你是否对商品、艺术、科学或其他一些摄影门类更感兴趣？

一旦你对这个问题有了一个初步的回答，你就在规划自己的摄影棚方面迈出了重要的一步。只要你决定了从何种类型的照片入手，就可以开始整理所需要的装备了。在着手进行这一工作时，对于器材，你首先要考虑的恐怕就是灯具了。你应该拥有哪些灯具？这将是我们讨论的下一个话题。

购置合适的影室灯

我应该购置什么样的灯具？我需要多少个影室灯？这些都是我们从那些打算建立自己的摄影棚的学生和其他初学者那里最常听到的问题。

诚然，高质量的灯具价格较高，但如果从一开始你就拥有从事某一类型摄影所需的合适光源，你的摄影棚拍摄生涯将有一个良好的开端。

购置何种灯具

正如我们在前几章所提到的，有若干种不同类型的摄影灯具可供选择。虽然说“光线就是光线”，但不同摄影师的用光方式通常各不相同。在摄影光源中，有一种灯具发出的是连续的、持续的光束；另一种属于瞬间发出的闪光。从小型的热靴闪光灯到大功率的影棚闪光灯，我们通常按外形和功率给闪光灯分类。我们常用的连续发光型光源包括荧光灯和LED灯。

无论是持续光源还是闪光灯，都有从价格适中到非常昂贵的各种类型。在本章中，我们着重介绍价格适中的中端灯具。如果成本对你来说不是问题，我们建议你不妨考虑为你的摄影棚配备更高端的闪光灯。与价格适中的闪光灯相比，它们能够提供更强的光线。

闪光灯

现在大多数热靴闪光灯的功率都很大，能够胜任许多摄影棚拍摄任务，特别是几个闪光灯组合到一起“联动”闪光时。我们在上一章中已经讲到，有各种各样可供闪光灯使用的附件，然而，其缺点在于高品质热靴闪光灯的价格较高。另外，它们不具备造型光功能，而这是一项非常有用的功能。

出于这些原因，我们建议你稍微多花一些钱购置中等价位的影棚闪光灯（除非你计划开展更多的外景拍摄工作）。如果你打算拍摄相对较大的被摄对象，如全身人像、家具、电器之类的大型物品，尤其应该如此。这种闪光灯产生的光线足以满足这类对象的拍摄要求。

目前，市面上几种品牌的外拍灯都能够以相对较低的成本提供光线，其体积不大、重量较轻、易于安装和使用。每一个外拍灯都可以直接插入墙壁上的标准插座，都有电池、闪光灯灯管、造型灯和内置于灯头的控制开关，如图 11.2 所示。与热靴闪光灯相同，外拍灯也可以通过无线引闪器进行遥控，有些型号甚至内置有无线收发器。

图11.2　对于许多摄影棚而言，外拍灯是价格合理、功能极强的照明选择。此图中外拍灯的反光罩被取下了

跟购置其他摄影器材一样，我们建议你在决定购买前对打算入手的灯具加以研究。而且，当我们讨论这一话题时，我们不得不强调网络在购买摄影器材时的重要作用。用户评论、厂商报告、技术信息及更多的内容都可以在网络上获取，这些内容都可以帮助我们做出明智的决策。同样重要的是，网络上也有丰富的教程，这些教程介绍了各种灯具及各种用光附件的不同用法。

持续光源

许多摄影师喜欢使用持续光源，持续光源允许你更好地预览你的灯光设置。如果你不仅打算拍摄照片，还打算拍摄视频，我们建议你选择荧光灯或LED灯。如今的LED灯不仅可以控制色温，还可以调节色调、饱和度和强度，从而产生色彩强烈的图像，如图 11.3 所示。更巧妙的是，它们还可以和闪光灯一起使用。和闪光灯一起使用时，你必须调整快门速度和感光度，尤其是当被摄对象为人的时候。但这种方法完全可行，即使是小型LED灯。图 11.4 就是用闪光灯与LED 灯结合拍摄的。除了小型LED灯，其他LED灯的价格都相当高，因此，除非使用小型LED灯，否则我们还是建议选择图 11.5 所示的荧光灯光源。目前市面上有几种类型的荧光灯，价格不等。再说一次，花些时间搜索网络信息，有助于你购买到既满足需要又符合预算的灯具。

图11.3　4个设置为高饱和度高强度的LED灯提供了充满活力的颜色。可将此图与使用类似布局的闪光灯照明的第6章开篇照片进行比较

图11.4　闪光灯结合两个降低了饱和度和强度的LED灯，拍摄出一张有趣而不花哨的照片

图11.5　荧光灯有多种用光附件，可配合柔光箱或反光伞使用

需要多少灯具

一旦你确定了购买某种类型的灯具，你的关注重点就将从质量转移到数量上来。以我们的经验，我们建议你至少购置两个影室灯。如果你的钱包能承受更大压力，最好买3个。

虽然只用一个摄影灯就能创作出很棒的照片，但两个摄影灯可以让你在用光上获得更大的灵活性。当你有3个灯具可支配时，你可以选择使用两个照亮被摄对象，使用第三个照明场景的其他部分，比如背景。

之后，你可能会想增添更多的灯具。例如，我们认识的一些摄影师经常使用6个、8个甚至更多的摄影灯进行拍摄。显然，对于拍摄这种需要大规模用光的照片而言，装备一个这样的摄影棚非常昂贵。

然而幸运的是，你不必为了尝试这种大规模的用光而破产。在许多地方都有许多拥有大量照明器材的租赁公司，它们的服务范围之广令人惊讶。不过，我建议你不要只租一天。我曾经租了一台4 × 5画幅的相机。虽然在实际拍摄时我只需要一天，但我租了一周，因为我希望有时间去适应它。结果这台相机的背部有缺陷，由于租用的时间较长，租赁公司在第二天将替换的设备送了过来。多年来，我一直租用设备，这是我唯一一次遇到问题，但我依然选择让租用的时间超过我的实际需要一两天。我觉得这样做能让自己更安心，值得多花几天的钱。

如果你足够幸运，你甚至能找到一个设备齐全的可供租赁的摄影棚，他们会很开心地租给你一个地方，你可以以合理的价格尝试多种用光设置。

灯具支架

永远不要忽视结实的、高质量的灯具支架的重要性。没有什么比这更令人不安或更有可能付出高昂代价了，质量低劣的灯架在拍摄的过程中有可能摔倒并砸向被摄对象，无论被摄对象是人还是客户带来的珍贵产品原型，这都会导致拍摄不得不终止。

考虑到这一点，在预算允许的情况下，你应该购买质量最好、最结实的灯架。它们不只是站得更稳，能避免摔倒造成尴尬，往往也更耐用、更经得起时间的考验。例如，我最喜欢的一套灯架已经使用35年了。

你打算购买的灯架至少应该满足以下条件：它能够在更高的高度支撑比常用灯头更重的灯头。你可能还想购买带有车轮的灯架，这样的灯架可以很方便地移来移去，哪怕灯架上安装了灯头和吊杆、配重之类的附件。

检查灯架的结构细节同样非常重要。它的撑脚是否能够提供稳定的支撑？在你想要调节支架的时候固定旋钮是否很容易拧开？反过来，你想拧紧支架的时候它们是否足够牢固？灯架的任何零部件是否由太薄的金属或易碎的塑料制成？灯架是否有坚固耐用的外壳？如果以上问题的回答有一个或多个是否定的，恐怕你就应该考虑其他的灯架了。

比较理想的方案是购买一个完全集成的、模块化的照明系统，目前有几家制造商提供这样的系统。这种系统中的灯架的主要优点是，灯架上的所有组件都可以很容易地安装到不同的照明设备中。当你在布置一个复杂的用光场景时，这种兼容性可以使你的工作更快捷、更方便。

吊杆

吊杆是一种重要的配件，我们建议你在第一轮购置时就入手。在拍摄时，我们经常需要在被摄对象的上方悬挂一些器材，如灯头、柔光板、遮光板，使用吊杆通常是最好的方法。

有些吊杆是作为配件单独出售的，通常被连接到灯架上使用；另一些则作为灯架和吊杆套装的一部分出售，这种套装通常比你单独购买吊杆和灯架要便宜得多。吊杆和灯架都必须坚固。刚开始的时候，我买了一个便宜的，它不稳定，很危险，而且浪费金钱。我用过一次，之后马上就买了一个更好的。

需要何种用光附件

无论你购买了什么样的灯具，总是要为它们配置合适的附件以充分发挥灯具的作用。对于特定的拍摄任务，这些附件能够创造出你需要的特定“光线”。考虑到这一点，你就不会惊讶于你最终在用光附件上的支出和在灯具上的支出一样多，甚至更多。许多摄影师，包括我在内，都是这么做的。

柔光设备

正如我们在前几章中所看到的，柔化光线是摄影师获得所需效果最重要的步骤之一。因此，柔光设备是应用最广泛的用光附件之一。

柔光设备相当重要，它们有不同的尺寸、形状和类型。对于你打算从事的摄影类型，哪一种柔光设备作用最大，只有你自己知道。因此，我们在此只是提出一些关于柔光设备的一般性建议。

首先，毫无疑问，无论柔化何种类型的光线，柔光设备的尺寸都是非常重要的。正因为如此，我们建议你购买的第一种柔光设备，无论是柔光伞、柔光板还是柔光箱，都越大越好。“到底要多大？”这个问题没有一个永远正确的答案。一般来说，我们建议你至少购置一个柔光箱或其他类型的柔光设备，它们要比你将要拍摄的被摄对象略大一些。

例如，如果你将要拍摄的静物大约0.6平方米，我们建议你使用的柔光装置至少应该达到0.9平方米。这种尺寸的柔光装置能够提供大量“环绕”被摄对象的柔化光线。

其次，最初应该购买什么类型的柔光设备呢？这是我们经常被问到的另一个问题。我再次申明，没有标准的“正确”答案或“错误”答案。就我个人而言，我更喜欢使用柔光箱。但当手头只有柔光伞时，我也很乐意使用这种柔光设备。我还经常使用柔光板，既有大型的也有小型的。有些柔光设备是我买的，有些是我自己动手做的，动手做比我们想象的容易得多。

最后，要真正地考虑到质量！廉价的柔光设备可以工作一段时间，但不久后它们可能就会散架，因此从长远来看，优质的柔光伞和柔光箱其实会帮你省钱。

反光板

有两个词可以用来形容反光板：“简单”和“有效”。从反光镜到泡沫板，以及有不同色彩的反光面料的反光板，每一种反光板都被用于摄影棚拍摄和外景拍摄。我们经常使用上述反光板。

有几家公司生产的反光板可以折叠成较小的体积，以方便携带。此外，也有集反光板/柔光板于一身的产品。这对摄影师都很有用。然而，高质量的产品价格往往相当高。

如果你打算既在摄影棚内拍摄，也到户外拍摄，我们建议你购买配有坚固把手的反光板，这样当你在户外拍摄时，即便有微风吹过，你也能更容易地稳住反光板。

束光筒、蜂巢和遮扉

当你需要集中光线照射场景中的特定部分时，束光筒、蜂巢和遮扉都能发挥重要作用。大多数厂商都会为自己制造的灯具提供这种用光附件。

束光筒没有什么特别之处，它基本上只是一个安装在灯前的筒，只允许光束的中心部分照射它所对准的被摄对象。束光筒的长度和直径各不相同，价格相对较低。选择哪一种束光筒取决于你想要获得多大的光束范围。自己动手，用较厚的黑色铝箔制作束光筒也很简单。这种铝箔可从许多戏剧用品商店和摄影用品商店买到。

蜂巢是带有蜂巢形开孔的金属或塑料屏。与束光筒一样，也是安装在灯前，其效果与束光筒大致相同。然而，蜂巢产生的光束中间明亮、四周柔和，明亮的光线会逐渐消失于四周越来越深的影调之中。

遮扉的安装方式与束光筒和蜂巢相同。它有4个铰接的金属块，可以单独移动，以限制光线的传播。你当然可以用坚固的黑板和胶布自己制作遮扉，但专业遮扉会永远保持在你想要的位置，不会下垂。

挡光板和旗形挡光板

这类附件可以是任何不透明的物品，被安放在光源和被摄对象、背景或镜头之间。这些“光线阻隔器”的尺寸从小型的手持式黑卡到8英尺×10英尺或更大的黑板不等。挡光板和旗形挡光板制作简单，我们经常用泡沫板或重型硬纸板之类的轻型不透明材料自己动手制作。

投影图案片（cucoloris或cookie）是挡光板的一种，它可以帮你创造出有图案的阴影，无论是像百叶窗一样的间隔条形还是其他不规则的形状。你可以很容易地制作投影图案片，也可以购买专业设备。带花边的材料、有切口的硬纸板、漏勺或其他现成的物品，无论你用的是什么，只需要有不透明区域和透明区域混合就行。你可以将其放置在照亮主体或背景的灯光前，边缘的锋利或柔软取决于投影图案片与主体和光线的关系。在图11.6中，整个主体的上方有柔软的、不规则的阴影，非常微妙。我们使用了如图11.7所示的专业投影图案片。如果你回看图9.4，你会看到条纹阴影，这是使用自制的纸板投影图案片的结果，但更大胆，主要放置在用于照亮背景的灯光前。

由纺织物制成的折叠式光线阻隔器也有不同的尺寸，其中一些配备了额外的布质柔光板。

图11.6 这张照片看起来就像是在树下斑驳的光线下拍摄的，但实际上，这是在工作室内用一盏灯、一块投影图案片、一个白色的反射板和一块浅绿色滤光片拍摄完成的，我们以此模拟树下的光线产生的绿色投射

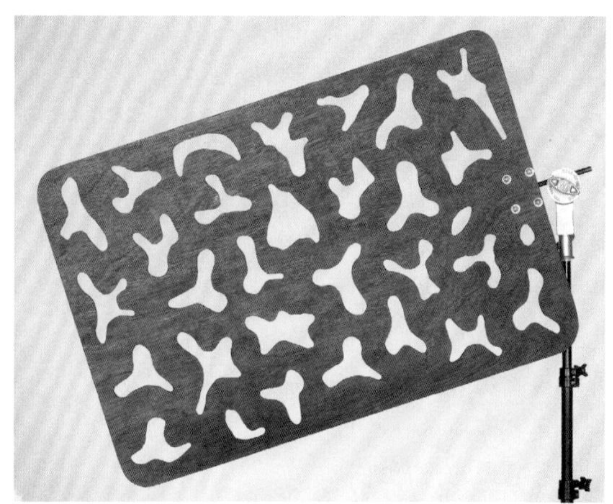

图11.7 用来制造斑驳光效的专业投影图案片

背景

在每一张照片中，背景都是重要元素。正因为如此，考虑为你的摄影棚添置何种背景相当重要。无缝背景纸可能是最实用、应用最广泛的摄影背景材料。

无缝背景纸价格较低，除了黑色、白色和灰色，还有多种不同的颜色。使用无缝背景纸最简单的方法，就是将它们悬挂在由两根重型支架支撑着的、可以旋转的横杆上。

许多图案和场景都可用作背景。有些背景具有独立的支架，有些背景则悬挂在用来支撑无缝背景纸的支架上。

此外，我们也会在胶合板上绘制我们需要的图案，将之作为背景。图11.8展示的是使用波纹状的金属板作为背景。

图11.8 将一块明亮的波纹状金属板贴在摄影棚的墙上，构成了一个富于吸引力的背景

电脑及相关设备

你也许和大多数摄影师一样，想要为你的摄影棚配备一台或多台电脑和显示器，以及各种各样的数据线、电缆和其他用来保持各种设备互相“交流”的装备。

上述设备的配置方法有很多种。我更喜欢用数据线将相机连接到附近的笔记本电脑上，这样在拍摄时，我就能够方便、快速地查看拍摄结果。我们也可以在摄影棚内使用更强大的桌面系统“编辑站”，这种设备与几个高密度的外部驱动器相连，我们可以通过它们处理和存储最终照片。

此外，我认识的一些摄影师会在摄影棚的墙上安装大型平板显示器。这是非常有用的，它使得客户、艺术指导等能够很容易地看到你正在进行的工作。在我们看来，这种参与会导致太多的“群体思维”。然而你会发现，你的客户很喜欢它。

其他设备

除了我们已经提到的设备，还有许多其他设备也是一个设备齐全的摄影棚所需要的，包括以下物品：

- 放置各种工具的基本工具箱；
- 遮挡窗外光线的黑色窗帘；
- 不同种类和尺寸的夹子；
- 重型延长电缆；
- 给人造烟雾和头发吹风的风扇；
- 各种镜头；
- 微距（特写）转接环；
- 各种滤光镜，包括偏振镜、中灰密度镜和星光镜；
- 灭火器，有的经过认证可用于电气火灾；
- 急救包；
- 手电筒；
- 用于捆扎物品的扎线带和电工胶带；
- 用于过滤光色和色彩校正的各种滤光片；
- 用于稳定支架的沙袋；
- 梯子；
- 安全结实的储物柜；
- 用于拍摄产品的台面和架子；
- 可调节摆姿的凳子和桌子（如果你拍摄人像比较多）；
- 椅子、沙发、桌子及其他“办公”家具；
- 咖啡壶和迷你冰箱。

寻找合适的空间

当谈到摄影棚需要多大及何种类型的空间时，我还是没有固定的答案。我的一位合作者在一个废弃的电影院里建立了他的第一个摄影棚。我认识的另一位摄影师，在废弃的汽车修理厂里建立了他的摄影棚。一开始，我将自己的摄影棚建立在我公寓的客厅里（我的公寓是商业公寓，所以是合法的）。当我需要更大的空间时，我就利用地下室的聚会厅。显然，这些空间各不相同，但在我刚开始职业生涯时，它们都很适合。

当你为自己的摄影棚选择空间时，需要考虑的首要问题就是它的大小。根据我自己的经验，我建议你选择一个至少五六十平方米的空间，屋顶应该为3.6米高或更高，如图11.9所示。如果你打算拍摄更大的物体，如家具、摩托车或集体照等，你将需要更大的空间。在太小的空间内工作，既让人不愉悦，又存在潜在的危险：你将不可避免地碰到桌子，这意味着你必须重新布景你可能花了几个小时才布置好的场景；你必须让自己的身体扭曲着，才能得到合适的灯光；当然，东西可能会被打翻。这样一天下来，你会变得相当暴躁。

无论你考虑用多大的空间，一定要确保它的电气线路是充足且安全的，或者能够以合理的价格重新安排。特别是要确保任何空间都应该有足够的电源插座，并且它们的线路连接没有问题。插头和金属灯架之间的不当连接带来的危险有可能是致命的。所以，除非你精通这些问题，否则还是雇用有资质的电工来帮忙吧。毕竟，在即将开业时，你最不希望的是接到高昂的、做梦也没有想到的电气维修账单！

然后是防盗的问题。摄影棚内通常都摆放着各种昂贵的设备，它们会成为窃贼觊觎的目标。因此，要确保摄影棚的门窗足够坚固。基于同样的考虑，你在搬进来之前，最好安装好防盗报警系统。此外，购买防盗险同样重要。如果打算让客户或模特参观你的摄影棚，一定要在险种中添加责任险。你最不想发生的事情就是，任何人因为重型灯具砸到他留下难看的伤疤而对你提起诉讼！

图11.9　这张图片展示的是一个典型的中型摄影棚。请注意，它的天花板位置较高，让我们可以将光源设置在被摄对象的上方，但又与被摄对象保持一定距离，以实现我们所追求的特定视觉效果

现在，让我们调整一下节奏。请回过头去看看本章的开篇照片，然后阅读“我们如何运用本章开篇照片的用光设置”这部分内容。

我们如何运用本章开篇照片的用光设置

我们用本章开篇照片中的用光设置拍摄了一系列照片，图11.10就是其中一张。拍摄这张照片时，我们使用了3个光源。

第一个光源是主光源，为一个大型柔光箱。我们在主光源前放置了一块大型柔光板，并使它靠近我们将要拍摄的花朵，以进一步柔化光线。接下来，我们把一个闪光灯放到背景后面，将它的功率调得非常低，并使之朝向天花板以反射光线，这是第二个光源。第三个光源是加蜂巢的聚光灯。我们把它放在柔光屏的后面使之照向柔光屏，使大部分汇聚光束都照在花朵上。

图11.10　这是一张花卉的静物摄影照片，其用光设置与我们在第8章中拍摄部分人像照片时的用光设置类似

本书的这一版本，大部分扩充内容都是在应对新冠肺炎疫情期间编写的。也许这就是为什么我们想要为这本书拍摄一些昏暗、神秘、朦胧的照片，一些唤起生命起源的东西，比如水、光，以及在这些混合物中生长的东西。本书第1章和第7章的开篇照片就是这样。

第1章的开篇照片，是我手动将相机对准洗衣机的内部，在其开口处粘上一层深绿色的滤光片，将相机快门调到长时间曝光，并关掉顶灯拍摄得到的。在大部分的曝光过程中，我晃动一个设置为狭窄光束的手电筒，然后轻快地移动我的手腕以调整光线的角度。其拍摄结果就像海下或星系的一部分。

第7章开篇照片中的发光球体，我同样是想创造一些神秘的东西。我设置了一个水晶球，使用一支加装了近摄转接环的长焦镜头，用黄色滤光片准备了一个暗视场照明。然后我点燃了水晶球后面的两根火柴。同样，我在一个黑暗的房间里长时间曝光。火焰摇曳时，我拍了几张照片。你可能想知道照片中的这些黑色斑点是从哪里来的。我打破了玻璃必须非常干净的基本原则——保留了水晶球上积了多年的灰尘，它又脏又花。在擦干净后，我也拍了一些照片，但我更喜欢脏版，这些斑点让照片看起来更像是有东西在培养皿里生长。懒惰有时也是有好处的！

所以，不要忘记偶尔打破规则，你会得到惊喜，而这也许是你将来可以用到的。

本书的内容到此就结束了。我们真诚地希望，无论你从中学到了什么，它都能对你有所帮助，希望你在光、科学和魔法的奇妙世界里的冒险，都是值得的，而且是充满乐趣的。

最后，我们非常感谢你对本书感兴趣，祝愿你能享受摄影的乐趣并不断有新的发现。